Cepheid
세페이드

2F 물리학 (하)

★ ★ ★ ★ ★

세페이드 시리즈의 구성

이제 편안하게 과학공부를 즐길 수 있습니다.

1F
중등과학 기초
물리학 · 화학 (초5~중1)

2F
중등과학 완성
물 · 화 · 생 · 지 (중1~3)

3F
고등과학 Ⅰ
물 · 화 · 생 · 지 (중2~고3)

4F
고등과학 Ⅱ
물 · 화 · 생 · 지 (중3~고3)

5F
실전 문제 풀이
물 · 화 · 생 · 지 (중3~고3)

세페이드
모의고사

세페이드
고등 통합과학

세페이드
고등학교 물리학 Ⅰ

http://cafe.naver.com/creativeini

세페이드

2F 물리학 (하)

창의력과학의 대표 브랜드

과학 학습의 지평을 넓히다!
단계별 과학 학습
창의력과학 세페이드 시리즈!

단원별 내용 구성

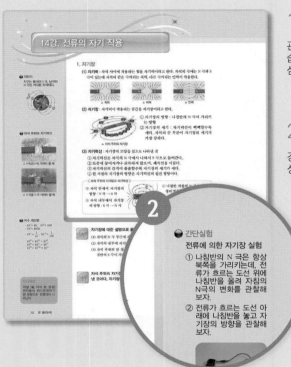

1.강의

관련 소단원 내용을 4~6편으로 나누어 강의용/학습용으로 구성했습니다. 개념에 대한 이해를 돕기 위해 보조단에는 풍부한 자료와 심화 내용을 수록했습니다.

2.간단 실험 / 생각해보기

강의 내용을 이용하여 쉽게 풀고 내용을 정리할 수 있는 문제로 구성하였습니다.

🔵 간단실험
전류에 의한 자기장 실험
① 나침반의 N 극은 항상 북쪽을 가리키는데, 전류가 흐르는 도선 위에 나침반을 올려 자침의 N극의 변화를 관찰해 보자.
② 전류가 흐르는 도선 아래에 나침반을 놓고 자기장의 방향을 관찰해 보자.

🔵 생각해보기★
전류를 발생시키는 유도 코일은 전지라고 할 수 있을까?

3.개념확인, 확인+, 개념다지기

강의 내용을 이용하여 쉽게 풀고 내용을 정리할 수 있는 문제로 구성하였습니다.

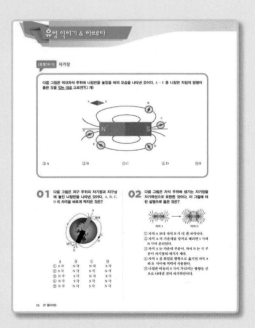

4. 유형 익히기 & 하브루타

관련 소단원 내용을 유형별로 나누어서 각 유형별로 대표 문제와 연습 문제를 제시하였습니다.

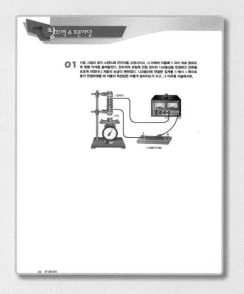

5.창의력 & 토론 마당

관련 소단원 내용에 관련된 창의력 문제를 풍부하게 제시하여 창의력을 향상시킴과 동시에 질문을 자연스럽게 이끌어 낼 수 있도록 하였고, 관련 주제에 대한 토론이 가능하도록 하였습니다.

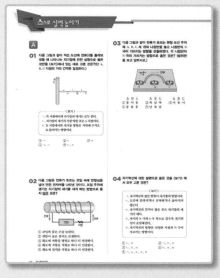

6.스스로 실력 높이기

학습한 내용에 대한 복습 문제를 오답문제와 같이 충분한 양을 제공하였습니다. 연장 학습이 가능할 것입니다.

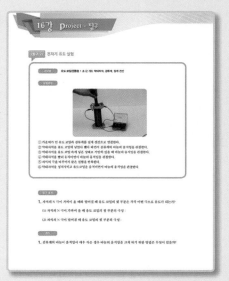

7.Project

대단원이 마무리될 때마다 충분한 읽기자료를 제공하여 서술형/논술형 문제에 답하도록 하였고, 단원의 주요 실험을 할 수 있도록 하였습니다. 융합형 문제가 같이 제시되므로 STEAM 활동이 가능할 것입니다.

CONTENTS |목차

2F 물리학(하)

IV

전기와 자기

SCIENC

전기와 자기장은 어떠한 관련이 있을까?

1. 자기장

(1) 자기력 : 자석 사이에 작용하는 힘을 자기력이라고 한다. 자석의 극에는 N 극과 S 극이 있는데 자석의 같은 극끼리는 척력, 다른 극끼리는 인력이 작용한다.

 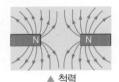 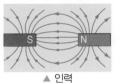

▲ 척력　　　　　　　　▲ 척력　　　　　　　　▲ 인력

(2) 자기장 : 자기력이 작용하는 공간을 자기장이라고 한다.

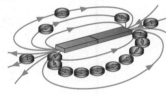

① 자기장의 방향 : 나침반의 N 극이 가리키는 방향

② 자기장의 세기 : 자기력선이 **빽빽**할수록 세다. 자석의 끝 부분이 자기장의 세기가 가장 강하다.

▲ 자석 주위의 자기장

(3) 자기력선 : 자기장의 모양을 선으로 나타낸 것

① 자기력선은 자석의 N 극에서 나와서 S 극으로 들어간다.
② 도중에 끊어지거나 교차하지 않으며, 폐곡선을 이룬다.
③ 자기력선의 간격이 촘촘할수록 자기장의 세기가 세다.
④ 한 지점의 자기장의 방향은 자기력선의 접선 방향이다.

〈 자석 주위의 자기장과 자기력선 〉

ⓐ 자석 밖에서 자기장의 방향 : N 극 → S 극

ⓑ 자석 내부에서 자기장의 방향 : S 극 → N 극

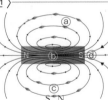

ⓒ 나침반 자침의 N 극은 자기장의 방향을 가리킨다.

ⓓ 자극 부분에서 자기력선이 촘촘하게 모여 있으므로 자기장의 세기가 가장 세다.

 개념확인 1

자기장에 대한 설명으로 옳은 것은 O 표, 옳지 않은 것은 X 표 하시오.

(1) 자석의 N 극 부근에 자기장이 0 인 곳이 있다.　　　　　　　　(　)

(2) 자석의 내부에 자기장이 0 인 곳은 나타나지 않는다.　　　　　(　)

(3) 자석 주위의 한 점에서의 자기장의 방향은 그 지점에 나침반을 놓았을 때, 나침반의 S 극이 가리키는 방향과 같다.　　　　　　　　　　　　　　(　)

 확인 +1

자석 주위의 자기장을 자기력선을 이용하여 나타낸 것이다. 자기장이 가장 센 곳은?

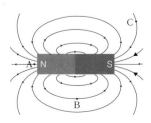

(　)

2. 직선 도선 주위의 자기장

(1) 자기장의 모양과 방향

① 직선 도선 주위에 동심원 모양의 자기장이 생긴다.

② 오른손의 엄지손가락을 전류의 방향과 일치시키고 나머지 네 손가락으로 도선을 감아쥘 때, 네 손가락이 가리키는 방향이다.

③ 전류의 방향이 반대가 되면 자기장의 방향도 반대가 된다.

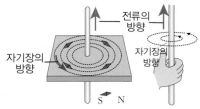
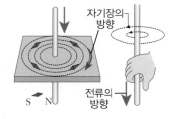

▲ 전류가 위쪽으로 흐를 때   ▲ 전류가 아래쪽으로 흐를 때

(2) 자기장의 세기 : 직선 전류 주위의 자기장의 세기는 전류의 세기에 비례하고, 직선 도선과의 거리에 반비례한다. (단위 : T(테슬라))

$$B \propto \frac{I}{r}$$

I : 전류의 세기(A), r : 도선과의 거리(m)

(3) 두 직선 도선에 의한 합성 자기장 : 자기장의 세기를 서로 합할 수 있다.

구분	두 도선에 의한 자기장의 방향이 서로 반대일 때	두 도선에 의한 자기장의 방향이 서로 같을 때
합성 자기장의 세기	$B_a - B_b$ (단, $B_a \geq B_b$)	$B_a + B_b$
합성 자기장의 방향	자기장의 세기가 큰 쪽의 방향	두 도선에 의한 자기장의 방향

정답 및 해설 **02쪽**

 직선 전류에 의한 자기장에 대한 설명이다. 옳은 것은 O 표, 옳지 않은 것은 X 표 하시오.

(1) 직선 전류에 의한 자기장의 세기는 도선에 가까울수록 세다. ( )

(2) 전류의 방향이 반대가 되면 자기장의 방향은 반대가 된다. ( )

(3) 전류가 매우 커지면 자기장의 방향이 반대로 된다. ( )

(4) 직선 전류에 의한 자기장의 세기는 전류의 세기와는 관계없다. ( )

 직선 도선에 전류가 흐르고 있다. $I = 2$ A 이고 $r_1 = 1$ m 인 지점 P_1과 $r_2 = 2$ m 인 지점 P_2 에서의 자기장의 세기 B_1, B_2 를 부등호를 이용하여 비교하시오.

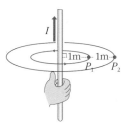

$$B_1 (\quad) B_2$$

● 간단실험

전류에 의한 자기장 실험

① 나침반의 N 극은 항상 북쪽을 가리키는데, 전류가 흐르는 도선 위에 나침반을 올려 자침의 N극의 변화를 관찰해 보자.

② 전류가 흐르는 도선 아래에 나침반을 놓고 자기장의 방향을 관찰해 보자.

● 오른 나사를 이용한 자기장의 방향 찾기

● 평면에 도선을 두었을 때 직선 전류에 의한 자기장의 방향

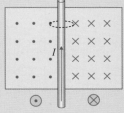

$\otimes$: 지면(종이면)에 수직으로 들어가는 방향

$\odot$: 지면에서 수직으로 나오는 방향

● B

자기장의 세기는 B 로 나타낸다.

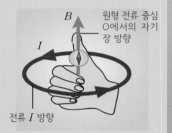
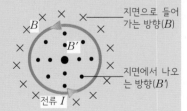
3. 원형 도선 주위의 자기장

(1) 자기장의 모양 : 직선 전류에 의한 자기장이 원형으로 휜 모양으로 자기장을 찾는 방법은 직선 전류와 같다.

(2) 원형 전류 주위에서의 자기장의 방향

① 오른손의 엄지손가락을 전류의 방향과 일치시키고 나머지 네 손가락으로 도선을 감아쥘 때, 네 손가락이 가리키는 방향이다.
② 전류의 방향이 반대가 되면 자기장의 방향도 반대가 된다.

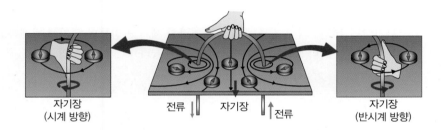

(3) 원형 전류 중심에서의 자기장의 세기 : 원형 전류의 중심에서 자기장의 세기는 전류의 세기(I)에 비례하고, 원형 도선의 반지름(r)에 반비례한다.

$$B(\text{원형전류 중심}) \propto \frac{I}{r}$$

I : 전류의 세기(A), r : 원형 도선의 반지름(m)

 개념확인 3

원형 도선에 전류가 흐를 때 원형 도선의 중심에서 자기장이 세지는 경우에 대해 옳은 것은 O 표, 옳지 않은 것은 X 표 하시오.

(1) 원형 도선의 반지름을 작게 한다. ( )
(2) 전류가 흐르는 도선 위에 철가루를 뿌린다. ( )
(3) 도선에 흐르는 전류의 방향을 바꿔 준다. ( )
(4) 도선에 흐르는 전류를 크게 한다. ( )

 확인 +3

오른쪽 그림과 같이 전류가 흐르는 원형 도선의 중심 P 점에 나침반을 놓았을 때 나침반 N 극이 가리키는 방위표 상의 방향은?

① 동쪽　　② 서쪽　　③ 남쪽　　④ 북쪽　　⑤ 회전한다

4. 코일(솔레노이드) 주위의 자기장

(1) **자기장의 모양** : 코일(솔레노이드)에 전류가 흐르면 자석이 만드는 자기장과 같은 모양의 자기장이 생긴다.

(2) **자기장의 방향** : 오른손의 네 손가락을 전류의 방향으로 감아쥐고 엄지손가락을 폈을 때, 엄지손가락이 가리키는 방향이 코일 안쪽에서의 자기장의 방향이다. 코일 바깥쪽에서 자기장의 방향은 코일 안쪽과 반대 방향이다.

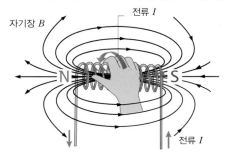

▲ 코일의 자기장의 방향

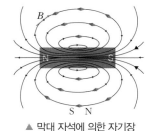

▲ 막대 자석에 의한 자기장

(3) **코일 내부에서 자기장의 세기** : 코일 내부의 자기장의 세기는 코일에 흐르는 전류가 셀수록 커지고, 코일을 많이 감을수록 커진다.

$$B(\text{코일 내부}) \propto nI$$

$$n = \frac{\text{총 감은 횟수}(N)}{\text{솔레노이드의 길이}(l)} \quad (n : \text{단위 길이 당 감긴 횟수})$$

(4) **전자석** : 전류가 흐르는 코일에 철심을 넣으면 철심이 자화되는데 이것을 전자석이라고 한다.

① 전류의 방향과 세기를 조절하여 전자석의 극과 세기를 바꿀 수 있다.
② 전류의 세기를 강하게 흘리면 매우 강력한 자석을 만들 수 있다.

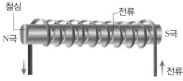

▲ 철심을 넣으면 자기장이 더 강해진다.

정답 및 해설 02쪽

 오른쪽 그림과 같이 코일에 전류를 흘려보냈을 때 오른손의 엄지손가락이 가리키는 방향으로 옳은 것은?

① 전류가 흐르는 방향
② 자기장의 접선 방향
③ 전자가 이동하는 방향
④ 전류가 흐르는 반대 방향
⑤ 코일 내부에 생기는 자기장의 방향

 오른쪽 그림과 같이 코일에 전류를 통해 주고 A, B 지점에 나침반을 두었을 때 나침반의 N극이 가리키는 방향을 각각 쓰시오.

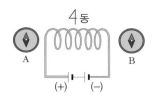

A : (   ), B : (   )

● **간단실험**
전자석 만들기

① 다음 사진과 같이 회로를 구성한다.
② 스위치를 닫은 후 핀이 못에 달라 붙는지 관찰한다.
③ 전지의 갯수를 늘려서 핀이 더 많이 붙는지 관찰한다.
④ 전지의 갯수와 전자석의 세기의 관계를 추리해 본다.

● **철심을 넣으면 자기장이 더 강해지는 이유**

철과 같은 물질은 자기장 속에 놓으면 하나의 자석과 같이 된다. 따라서 코일에 철심을 넣은 후 코일에 전류를 흐르게 하면, 코일에 의한 자기장과 자석이 된 철심에 의한 자기장이 합쳐져, 철심이 없을 때보다 더 센 자기장이 생긴다.

● **솔레노이드(전류가 흐르는 코일) 내부 자기장의 세기**

많은 원형 전류에 의한 자기장이 합성된 결과로, 원형 전류 한 개에 의한 자기장의 세기보다 세고 균일하다.

● **전자석의 이용**

▲ 초인종

▲ 스피커

미니사전

전자석 [電 전기 –자석] 전류가 흐르는 동안 자기장이 형성되는 자석

01 자석과 자기장, 자기력선에 대한 설명으로 옳지 <u>않은</u> 것을 고르시오.

① 자기력선은 끊어지거나 교차하지 않는다.
② 자기력을 받는 공간을 자기장이라고 한다.
③ 자기력선은 N 극에서 나와 S 극으로 들어간다.
④ 자석 내부에는 자기장이 형성되어 있지 않다.
⑤ 자기장의 방향은 자침의 N 극이 가리키는 방향이다.

02 전류에 의한 자기장에 대한 설명으로 옳은 것은 O 표, 옳지 않은 것은 X 표 하시오.

(1) 직선 전류 주위에는 균일한 자기장이 형성된다.   (   )
(2) 원형 전류 중심에서 자기장의 세기는 전류의 세기에 비례한다.   (   )
(3) 솔레노이드 내부에서 자기장의 세기는 코일로부터의 거리와 관계없다. (   )
(4) 코일 내부에 철심 대신 다른 물질을 넣어도 철심과 같은 세기를 가진 전자석을 만들 수
    있다.   (   )

03 오른쪽 그림은 전류가 흐르는 직선 전류에 의해 나침반의 바늘이 정렬한 모습이다. 이때 전류의 방향과 위에서 볼 때 자기장의 방향이 바르게 짝지어진 것은?

	전류의 방향	자기장의 방향		전류의 방향	자기장의 방향
①	위 → 아래	시계 방향	②	위 → 아래	반시계 방향
③	아래 → 위	시계 방향	④	아래 → 위	반시계 방향
⑤	위 → 아래	왼쪽 → 오른쪽			

정답 및 해설 02쪽

04 오른쪽 그림처럼 전류가 흐르는 원형 도선 주위에 A, B 두 개의 나침반을 놓고 나침반의 N 극이 가리키는 방향을 관찰하였다. 각 나침반의 N 극이 가리키는 방향으로 옳은 것은? (방위판을 보고 답하시오.)

	A	B		A	B		A	B
①	북	남	②	남	남	③	북	북
④	남	북	⑤	서	서			

05 오른쪽 그림과 같이 솔레노이드에 전류가 흐르고 있다. 점 A ~ D 에서의 자기장의 방향을 각각 바르게 나타낸 것은? (단, 점 A ~ D 는 솔레노이드의 중심 축을 지나는 평면상에 있다.)

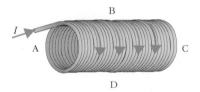

	A	B	C	D
①	왼쪽	왼쪽	오른쪽	오른쪽
②	왼쪽	오른쪽	왼쪽	오른쪽
③	왼쪽	오른쪽	오른쪽	왼쪽
④	오른쪽	왼쪽	오른쪽	왼쪽
⑤	오른쪽	왼쪽	왼쪽	오른쪽

06 다음 그림과 같이 코일의 양쪽 끝에 나침반을 놓고 전류를 흐르게 하였다. 이때 나침반 (가) 와 (나) 의 자침의 N 극이 가리키는 방향을 옳게 짝지은 것은?

	(가)	(나)		(가)	(나)		(가)	(나)
①	A	C	②	A	D	③	B	C
④	B	D	⑤	정지	정지			

[유형14-1] 자기장

다음 그림은 막대자석 주위에 나침반을 놓았을 때의 모습을 나타낸 것이다. A ~ E 중 나침반 자침의 방향이 옳은 것을 있는 대로 고르면?(2 개)

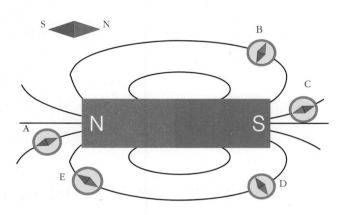

① A　　　　　② B　　　　　③ C　　　　　④ D　　　　　⑤ E

01 다음 그림은 지구 주위의 자기장과 지구상에 놓인 나침반을 나타낸 것이다. A, B, C, D 의 자극을 바르게 짝지은 것은?

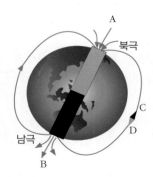

	A	B	C	D
①	S극	N극	N극	S극
②	S극	N극	S극	N극
③	N극	S극	N극	S극
④	N극	S극	S극	N극
⑤	N극	N극	S극	N극

02 다음 그림은 자석 주위에 생기는 자기장을 자기력선으로 표현한 것이다. 이 그림에 대한 설명으로 옳은 것은?

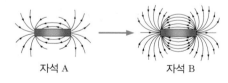

① 자석 A 보다 자석 B 가 더 센 자석이다.
② 자석 A 의 가운데를 망치로 때리면 S 극과 N 극이 분리된다.
③ 자석 A 는 가운데 부분이, 자석 B 는 극 부분이 자기장의 세기가 세다.
④ 자석 A 를 화살표 방향으로 옮기면 자석 A 와 B 사이에 척력이 작용한다.
⑤ 나침반 바늘의 S 극이 가리키는 방향을 선으로 나타낸 것이 자기력선이다.

[유형14-2] 직선 도선 주위의 자기장

다음 그림과 같이 전기 회로를 장치하고 도선 아래에 나침반을 놓았다. 스위치를 닫았을 때 나침반의 모습으로 옳은 것은? (단, 지구 자기장의 영향은 무시한다.)

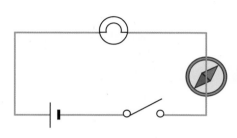

① ② ③ ④ ⑤

03 다음 그림과 같이 전류가 흐르는 무한히 긴 직선 도선으로부터 r, $2r$, $3r$ 만큼 떨어진 A, B, C 세 곳이 있다.

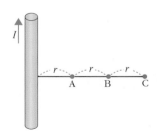

세 지점에서의 자기장의 세기(B)의 비는?

$$B_A : B_B : B_C = (\quad : \quad : \quad)$$

04 그림과 같이 직선 전류가 흐르는 도선 주위에 나침반을 놓았을 때 나침반 바늘의 모양으로 올바른 것은? (단, 나침반 바늘의 붉은 색이 N 극이다.)

① 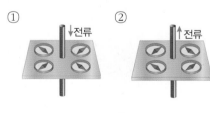 ②

③  ④

⑤

[유형14-3] 원형 도선 주위의 자기장

원형 도선에 흐르는 전류에 의한 자기장의 모습을 자기력선으로 바르게 나타낸 것은?

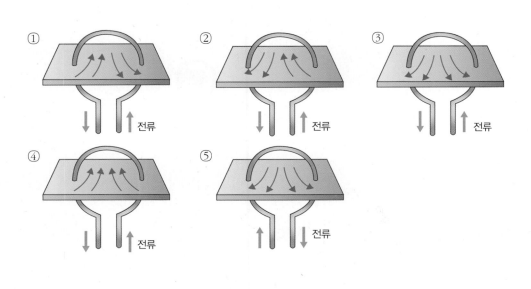

Tip!

05 다음 〈보기〉에서 원형 도선에 의한 자기장에 대한 설명 중 옳은 것을 모두 고른 것은?

〈 보기 〉

ㄱ. 전류가 흐르는 방향으로 오른손의 네 손가락을 감아쥐었을 때, 엄지손 가락이 가리키는 방향이 원형 도선 중심에서 자기장 방향이다.
ㄴ. 원형 전류 중심에서 자기장의 세기는 원형 도선의 반지름에 비례한다.
ㄷ. 전류의 방향이 반대가 되면, 자기장의 방향도 반대가 된다.

① ㄱ   ② ㄴ   ③ ㄷ   ④ ㄱ, ㄴ   ⑤ ㄱ, ㄷ

06 오른쪽 그림처럼 전류가 흐르는 원형 도선 주위에 A, B 두 개의 나침반을 놓고 나침반의 N 극이 가리키는 방향을 관찰하였다. 각 나침반의 N 극이 가리키는 방향으로 옳은 것은? (방위판을 보고 답하시오.)

	A	B		A	B		A	B
①	북	남	②	남	남	③	북	북
④	남	북	⑤	서	서			

[유형14-4] 코일(솔레노이드) 주위의 자기장

다음 그림과 같이 나침반을 코일 내부의 A 지점과 B 지점에 놓고 코일에 전류를 흘려 줄 때 나침반 A, B의 자침의 방향으로 옳은 것은?

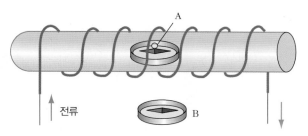

①
A   B

②
A   B

③
A   B

④
A   B

⑤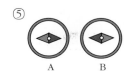
A   B

07 오른쪽 그림은 코일에 전류가 흐르는 모습을 나타낸 것이다. 이에 대한 설명으로 옳은 것을 〈보기〉에서 모두 고른 것은?

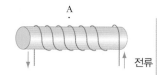

〈 보기 〉
ㄱ. 코일의 안과 바깥 지점 A 에서 자기장의 방향은 같다.
ㄴ. 코일 내부의 자기장은 코일의 감은 수가 많을수록 세다.
ㄷ. 코일 주위의 자기장은 막대 자석 주위의 자기장과 모양이 비슷하다.

① ㄱ   ② ㄴ   ③ ㄷ   ④ ㄱ, ㄴ   ⑤ ㄴ, ㄷ

Tip!

08 오른쪽 그림과 같이 전자석 주위에 나침반을 놓았다. A ~ D 위치 중 나침반의 N극이 왼쪽을 가리키는 곳을 모두 고른 것은?

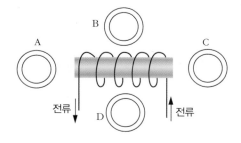

① A, B   ② A, C   ③ B, C   ④ B, D   ⑤ C, D

01 다음 그림과 같이 스탠드에 전자석을 고정시키고, 그 아래의 저울에 N 극이 위로 향하도록 원형 자석을 올려놓았다. 전자석의 코일에 전원 장치와 니크롬선을 연결하고 전류를 흐르게 하였더니 저울의 눈금이 변하였다. 니크롬선에 연결한 집게를 B 에서 A 쪽으로 옮겨 연결하였을 때 저울의 측정값은 어떻게 달라지는지 쓰고, 그 이유를 서술하시오.

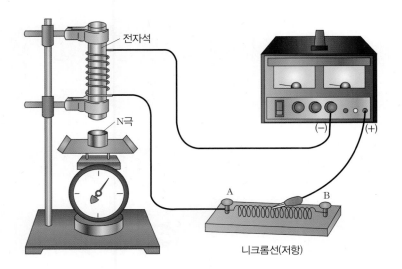

02 다음 그림은 전류가 흐르는 도선 주위의 자기장을 알아보는 실험이다. 그림과 같이 전원 장치, 니크롬선, 전류계, 알루미늄 막대, 스위치, 나침반 등을 사용하여 직선 도선에 전류가 흐를 때 그 주위에 생기는 자기장에 대해서 조사하려고 한다. 나침반 (가) 는 알루미늄 막대 위에, 나침반 (나) 는 알루미늄 막대 아래에 놓여 있다. 다음 물음에 답하시오.

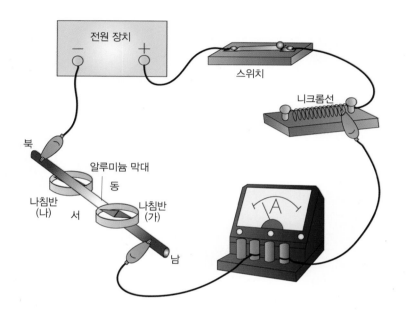

(1) 나침반과 알루미늄 막대 모두 남북으로 향하도록 한 후, 스위치를 닫아 전류를 흘리면 나침반 (가) 와 (나) 의 자침의 N 극이 각각 어느 방향으로 돌아가는지 쓰시오.

(2) 위의 그림과 같은 상황에서 나침반이 돌아가는 정도를 크게 하려고 한다. 가능한 방법을 2가지 이상 서술하시오.

03 그림 (가) 는 반지름이 각각 R, $2R$ 인 두 원형 도선 A 와 B 가 종이면 위에 중심이 일치하도록 놓여 있는 것을 나타낸 것이다. A 와 B 에는 각각 화살표 방향으로 전류가 흐르고 있으며, 그래프 (나) 는 A 와 B 에 흐르는 전류의 세기 변화를 시간에 따라 각각 나타낸 것이다. 다음 물음에 답하시오.

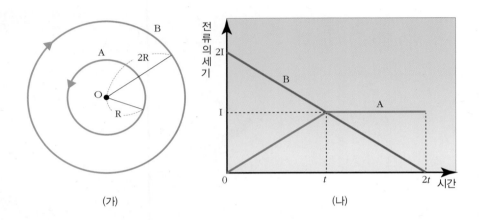

(가)   (나)

(1) 시간 t 일 때 중심 O 에서 자기장의 방향을 쓰시오.

(2) 시간 $2t$ 일 때 중심 O 에서 자기장의 세기는 시간이 t 일 때의 몇 배인지 구하시오.

04

다음 그림과 같이 어떤 사람이 도르래를 이용하여 자신이 탄 자석으로 된 바구니를 끌어 올리고 있다. 바구니의 밑면의 극은 아직 모르는 상태이다. 그리고 아래는 전자석이 준비되어 있으며 전류 I 가 흐르면 자석과 같은 효과를 낸다. 다음 물음에 답하시오.

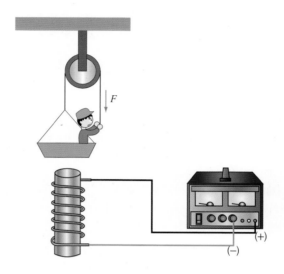

(1) 전류 I 가 흐를 때 당기는 힘이 F 이고 전류 I 가 흐르지 않을 때 당기는 힘은 F 보다 작다. 이때 바구니 밑면의 극은 N극일까? S극일까? 답을 쓰고 그 이유를 서술하시오.

(2) 전자석이 작동하는 상태에서 당기는 힘을 F 보다 작게 해서 바구니를 더 많이 끌어올리고 싶다면 어떻게 해야 하는지 가능한 방법 2 가지를 서술하시오.

A

01 다음 그림과 같이 직선 도선에 전류(I)를 흘려보 냈을 때 나타나는 자기장에 관한 설명으로 옳은 것만을 〈보기〉에서 있는 대로 고른 것은?(단 A, B, C 지점의 거리 간격은 일정하다.)

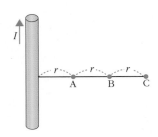

─────〈 보기 〉─────
ㄱ. 각 지점에서의 자기장의 세기는 모두 같다.
ㄴ. 자기장의 세기가 가장 약한 곳은 A 지점이다.
ㄷ. B 지점에서의 자기장 방향은 지면에 수직으로 들어가는 방향이다.

① ㄱ   ② ㄴ   ③ ㄷ
④ ㄱ, ㄴ   ⑤ ㄴ, ㄷ

02 다음 그림은 전류가 흐르는 코일 속에 연철심을 넣어 만든 전자석을 나타낸 것이다. 코일 주위에 생기는 자기장의 세기를 세게 하는 방법으로 옳지 않은 것은?

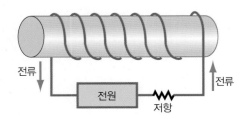

① 코일의 감은 수를 늘린다.
② 전압이 높은 전지로 교체한다.
③ 회로에 저항을 병렬로 하나 더 연결한다.
④ 회로에 저항을 직렬로 하나 더 연결한다.
⑤ 회로에 전지를 직렬로 하나 더 연결한다.

03 다음 그림과 같이 전류가 흐르는 원형 도선 주위에 A, B, C 세 개의 나침반을 놓고 나침반의 N 극이 가리키는 방향을 관찰하였다. 각 나침반의 N 극이 가리키는 방향으로 옳은 것은? (방위판을 보고 답하시오.)

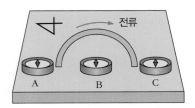

<u>A</u> <u>B</u> <u>C</u>   <u>A</u> <u>B</u> <u>C</u>   <u>A</u> <u>B</u> <u>C</u>
① 동 서 동   ② 북 남 북   ③ 서 동 서
④ 동 동 동   ⑤ 남 북 남

04 자기력선에 대한 설명으로 옳은 것을 〈보기〉에서 모두 고른 것은?

─────〈 보기 〉─────
ㄱ. 자기력선의 접선 방향이 자기장의 방향이다.
ㄴ. 도중에 갈라지거나 교차하거나 끊어지지 않는다.
ㄷ. 자기력선의 간격이 좁은 곳은 자기장의 세기가 세다.
ㄹ. 자석의 N 극과 S 극 쪽으로 갈수록 자기력선이 조밀해진다.
ㅁ. 자기력선의 방향은 나침반 자침의 N 극이 가리키는 방향이다.

① ㄴ, ㅁ   ② ㄱ, ㄷ, ㅁ
③ ㄴ, ㄷ, ㄹ   ④ ㄴ, ㄹ, ㅁ
⑤ ㄱ, ㄴ, ㄷ, ㄹ, ㅁ

05 전류가 흐르는 직선 도선으로부터 거리가 r 인 지점에서 자기장의 세기가 B 이었다. 전류의 세기를 2 배로 했을 때 거리 $2r$ 인 지점에서의 자기장의 세기는 얼마가 되겠는가?

① $\dfrac{B}{4}$　　　② $\dfrac{B}{2}$　　　③ B

④ $2B$　　　⑤ $4B$

07 다음 그림과 같이 철심에 코일을 감고 전류를 흘려 주었다. 각 그림의 ⓐ 와 ⓑ 부분은 각각 무슨 극을 띠는가?

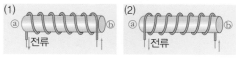

　　(1) ⓐ : (　　　)극　　(2) ⓐ : (　　　)극
　　　ⓑ : (　　　)극　　　　ⓑ : (　　　)극

08 다음 그림과 같이 직선 도선 옆에 쇠구슬을 놓았다. 도선에 전류가 흐를 때 쇠구슬 (가) ~ (다)의 위치에 생기는 자기장의 세기를 바르게 비교한 것은?

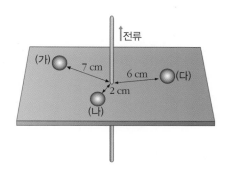

① (가) 〉 (나) 〉 (다)　　② (가) 〉 (다) 〉 (나)
③ (나) 〉 (가) 〉 (다)　　④ (나) 〉 (다) 〉 (가)
⑤ (다) 〉 (나) 〉 (가)

06 오른쪽 그림과 같이 직선 도선 위(A)와 아래(B)에 나침반이 놓여있다. 도선에 전류를 그림과 같이 흐르게 하면 A, B 위치에 있는 나침반의 N 극은 어느 방향을 가리키겠는가? (단, 지구 자기에 의한 영향은 무시할 수 있다고 하고, 그림의 방위표를 보고 답하시오.)

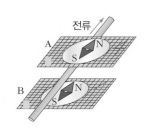

　　　A　B　　　　A　B　　　　A　B
① 동　서　　② 서　서　　③ 서　동
④ 남　북　　⑤ 북　남

09 연철 막대에 코일을 감아 전류를 흐르게 하였더니 연철 막대가 전자석이 되었다. 전자석의 극을 바꿀 수 있는 방법은?

① 전류의 세기를 세게 한다.
② 전류의 방향을 바꾸어 준다.
③ 코일의 감은 횟수를 늘인다.
④ 전류의 세기를 약하게 한다.
⑤ 코일의 감은 횟수를 줄인다.

10 철심에 코일을 감고 전원을 연결하여 전류를 흐르게 하였더니 나침반의 자침이 그림과 같이 정렬하였다. 코일(전자석)에 흐르는 전류의 방향과 자기장의 방향이 옳은 것을 고르시오.

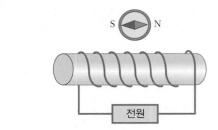

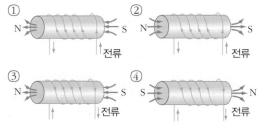

B

11 다음 그림과 같이 지면(종이 면)에 수직으로 뚫고 들어가는 방향으로 도선에 전류가 흐르고 있다. A, B, C, D 네 지점에서의 자기장의 방향을 각각 쓰시오.(단, 동, 서, 남, 북으로 쓰시오.)

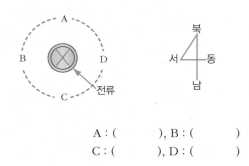

A : (   ), B : (   )
C : (   ), D : (   )

12 다음 그림과 같이 두 평행 도선 A, B 에 전류가 반대 방향으로 흐르고 있다. 두 평행 도선 사이의 가운데에 놓인 나침반의 N 극이 가리키는 방향은?

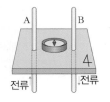

① 동쪽   ② 서쪽   ③ 남쪽
④ 북쪽   ⑤ 북동쪽

13 다음 그림과 같이 전류를 흘려보냈을 때 각 지점에서 나침반의 N 극이 가리키는 방향이 오른쪽인 것만 고르면?

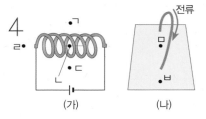

(가)   (나)

① ㄱ, ㄴ, ㄷ   ② ㄴ, ㄹ, ㅁ   ③ ㄴ, ㄹ, ㅂ
④ ㄷ, ㅁ, ㅂ   ⑤ ㄹ, ㅁ, ㅂ

14 다음 그림과 같이 도선 아래에 나침반의 N 극과 도선을 평행하게 장치한 후 스위치를 닫아 도선에 전류를 통해줄 때 자침의 움직임에 관한 설명 중 옳지 <u>않은</u> 것은?(단, r 은 나침반과 도선 사이의 거리이다.)

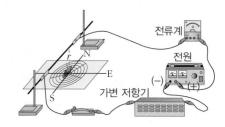

① 가변 저항을 감소시키면 회전각이 커진다.
② 도선에 전류를 흐르게 하면 자침은 정확히 동쪽을 향한다.
③ 스위치를 닫아 전류를 통하면 나침반은 시계 방향으로 회전한다.
④ 나침반이 있는 곳의 직선 전류에 의한 자기장의 방향은 동쪽이다.
⑤ 전류를 통하지 않을 때 나침반은 지자기의 영향을 받아 북쪽을 향한다.

15 다음 그림은 ⓛ 과 ② 을 지나는 두 직선 도선에 크기가 같고 방향이 반대인 전류가 흐르는 모습을 나타낸 것이다. ㉠~㉤ 사이의 간격이 모두 *r* 로 같다면 ㉠, ㉤ 에서 자기장의 방향을 바르게 짝지은 것은?(단, 지구 자기장의 영향은 무시한다.)

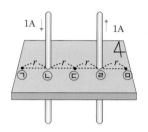

	㉠	㉤			㉠	㉤			㉤	㉤
①	북	북		②	북	남		③	북	서
④	남	남		⑤	남	북				

16 다음 그림은 나란하게 놓여 있는 두 평행한 직선 도선에 각 2 A, 3 A 의 전류가 각각 흐르고 있다. 세 점 중 자기장이 가장 강한 곳(가)과 가장 약한 곳(나)를 바르게 짝지은 것은?(단, 모눈종이 한 칸의 거리는 *r* 이다.)

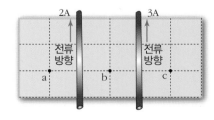

	(가)	(나)			(가)	(나)			(가)	(나)
①	a	b		②	a	c		③	b	a
④	c	a		⑤	c	b				

17 다음 그림과 같은 여러 가지 코일에 전류가 흐르고 있다. 코일 내부에 생기는 자기장의 세기가 센 것부터 순서대로 바르게 나열한 것은?

(가) ↑1A (나) ↑1A (다) ↑2A (라) ↑2A

① (가) - (나) - (다) - (라)
② (나) - (가) - (라) - (다)
③ (다) - (라) - (나) - (가)
④ (라) - (가) - (나) - (다)
⑤ (라) - (다) - (나) - (가)

18 다음 그림은 전자석과 영구자석을 나타낸 그림이다. 각 자석 사이에 작용하는 힘을 바르게 나타낸 것은?

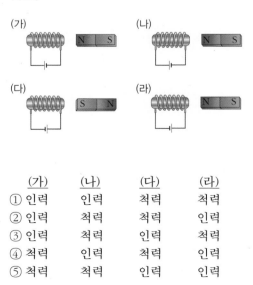

	(가)	(나)	(다)	(라)
①	인력	인력	척력	척력
②	인력	척력	척력	인력
③	인력	척력	인력	척력
④	척력	인력	척력	인력
⑤	척력	척력	인력	인력

19 다음 그림과 같이 솔레노이드 안에 두 개의 철 막대를 넣은 후, 솔레노이드에 전류를 흘려 주었다.

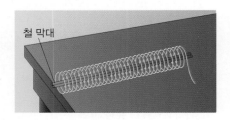

철 막대는 어떻게 되겠는가?

① 서로 벌어진다.
② 왼쪽이 벌어진다.
③ 오른쪽이 벌어진다.
④ 그대로 붙어 있는다.
⑤ 벌어졌다 붙었다를 반복한다.

20 다음 그림과 같이 동심원 모양으로 같은 세기의 전류 I 가 흐르고 있다. 두 원형 도선의 반지름은 r, $2r$ 이고, 전류는 서로 반대 방향으로 흐른다. 동심원의 중심에서의 자기장의 방향을 고르시오.

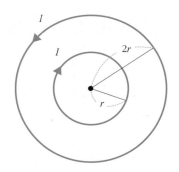

지면에서 수직하게 (㉠ 나오는 ㉡ 들어가는) 방향

C

21 다음 그림과 같이 정삼각형의 꼭지점 A, B, C 에 충분히 긴 직선 도선이 있고, 이 세 직선 도선에 동일하게 전류가 지면으로 나오는 방향으로 흐르고 있다. 이 삼각형의 중심에 자침을 놓았을 때 자침의 N 극이 가리키는 방향은 어디이겠는가?(단, 자침은 지자기의 영향을 받고 있다.)

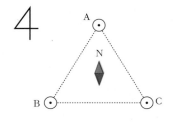

① 동쪽   ② 남쪽   ③ 북쪽
④ 북서쪽   ⑤ 남동쪽

22 다음 그림과 같이 도선 a, b 에 전류가 화살표 방향으로 흐르고 있다. P 점에서의 자기장의 세기가 0 일 때 P 점은 도선 b 로부터 얼마나 떨어져 있는가?

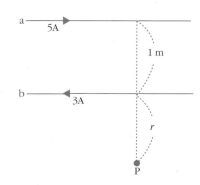

(   ) m

23 다음 그림과 같이 왼쪽 방향으로 전류가 흐르는 직선 도선 A 와 위쪽 방향으로 전류가 흐르는 도선 B 가 수직 방향으로 놓여있다. 이때 자기장의 세기가 0 이 되는 지점이 존재하는 영역을 ㉠∼㉣ 중 있는 대로 골라 쓰시오.

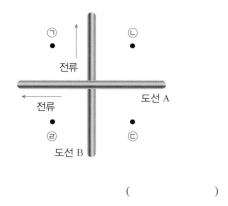

(   )

24 다음 그림은 솔레노이드에 의한 자기장에 관한 실험을 나타낸 것이다. 스위치 S를 닫기 전에는 자침의 N극이 북쪽을 가리키고 있다.

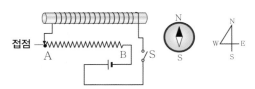

스위치 S를 닫고 접점을 A에서 B까지 이동시킬 때 자침의 N극의 움직임을 바르게 설명한 것은?

① 북쪽을 중심으로 진동한다.
② 동쪽을 향해 회전한다.
③ 서쪽을 향해 회전한다.
④ 동쪽으로 회전했다가 다시 북쪽으로 돌아온다.
⑤ 서쪽으로 회전했다가 다시 북쪽으로 돌아온다.

25 다음 그림은 원형 도선, 원통형 금속 막대, 전압이 일정한 전원 장치를 이용한 전기 회로를 모식적으로 나타낸 것이다. 원형 도선은 지면에 놓여 있고, 점 P 는 원형 도선의 중심이다. 표는 비저항이 같은 두 금속 막대 a, b 의 길이와 단면적을 나타낸 것이다.

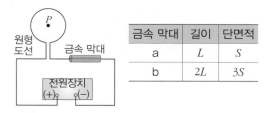

금속 막대	길이	단면적
a	L	S
b	$2L$	$3S$

이에 대한 설명으로 옳은 것을 〈보기〉에서 모두 고른 것은? (단, 원형 도선에 의한 자기장 이외의 자기장과 온도에 따른 저항 변화는 무시한다.)

〈 보기 〉
ㄱ. 저항값은 a 가 b 보다 크다.
ㄴ. P점에서 자기장의 방향은 지면에서 수직으로 나오는 방향이다.
ㄷ. P점에서 자기장의 세기는 금속 막대 b 를 연결했을 때가 a 를 연결했을 때보다 크다.

① ㄱ   ② ㄴ   ③ ㄱ, ㄷ
④ ㄴ, ㄷ   ⑤ ㄱ, ㄴ, ㄷ

26 다음 그림은 막대자석의 모습이다. 막대자석 주위의 자기장의 모양과 방향을 알 수 있는 방법을 각각 서술하시오.

27 다음 그림 (가), (나), (다) 와 같이 동일한 철심에 코일을 감고 전지에 연결하여 전자석을 만들었다. 스위치를 닫았을 때 철심에 생기는 자기장이 센 것부터 순서대로 쓰고, 그렇게 생각한 이유를 간단히 설명하시오. (단, 코일의 저항은 무시한다.)

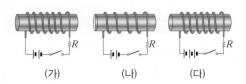

(가)   (나)   (다)

29 다음 그림과 같이 철심에 코일을 감아 전자석을 만들었다. 전구와 전지, 코일의 감은 수 등을 변화시킬 수 있을 때 전자석의 세기를 세게 하는 방법 2 가지를 서술하시오.

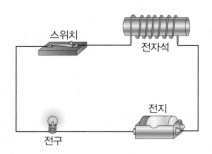

28 다음 그림은 직선 도선 위에 나침반을 올려놓고 전류의 세기에 따른 자기장의 세기 변화를 알아보는 실험이다.

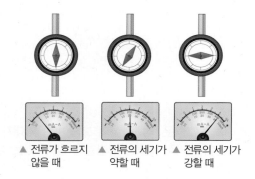

▲ 전류가 흐르지   ▲ 전류의 세기가   ▲ 전류의 세기가
않을 때   약할 때   강할 때

이 실험을 통해 알 수 있는 사실을 서술하시오.

30 다음 그림과 같이 고리 모양의 도선에 전류가 흐르고 있다. A 점과 B 점에서의 자기장의 방향을 쓰고, 그 이유를 서술하시오.

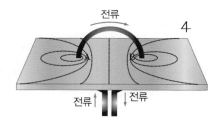

창의력 서술

31 전류가 흐르는 도선 주위에 자기장이 생기는 현상은 1820년 덴마크 물리학자 외르스테드에 의해 우연히 발견되었다. 그는 이 현상을 실험 강의 도중 발견하게 되었고, 전혀 예상하지 못했던 일이라 당황했다고 한다. 그렇다면 도선에 전류가 흐를 때 도선 주위의 나침반 바늘이 움직이는 것을 왜 오랫동안 발견할 수 없었을까? 자신의 생각을 서술하시오.

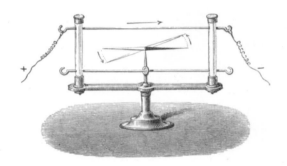

32 전철 열차는 전기를 이용하여 움직이는 교통수단이다. 이제 내부의 회로에 센 전류가 흐르는 열차가 승강장으로 들어오고 있다.

승강장에 나침반을 들고 서 있을 때 열차가 승강장으로 진입한다면, 나침반의 자침은 움직일까? 자신의 생각을 서술하시오. (단, 승강장 방향과 전철에 전기를 공급하는 도선은 나란한 방향이다.)

● 간단실험

자기장 속에서 전류가 흐르는 도선이 받는 힘

① 사진과 같이 지지대에 고리 모양의 코일을 그 네처럼 연결하고 고리 의 한 부분이 막대 자 석 사이에 들어가도록 장치한다.
② 전원 장치를 켜고, 전류 를 세게 하거나, 전류를 반대로 흘려주며 코일 의 움직임을 비교 관찰 한다.

● 자기장 속에서 전류가 흐르는 도선이 힘을 받는 이유

두 자기장이 상호 작용할 때 자기장이 강한 쪽(자기 력선이 밀한 쪽)에서 자기 장이 약한 쪽(자기력선이 소한 쪽)으로 힘을 받는다.

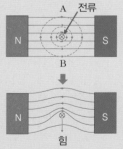

· A 지점 : 자석과 전류에 의한 자기장이 같은 방향 이므로 자기장이 서로 보 강된다.
· B 지점 : 자석과 전류에 의한 자기장이 반대 방향 이므로 자기장이 서로 상 쇄된다.
→ 자기장이 강한 A 쪽에 서 약한 B 쪽으로 밀리 는 힘이 작용한다.

1. 전자기력

(1) 자기장 속에서 전류가 흐르는 도선이 받는 힘(전자기력) : 자석에 의한 자기장 과 전류가 흐르는 도선 주위에 발생한 자기장의 상호 작용에 의하여 도선이 힘을 받는다.

(2) 전자기력의 방향과 크기

① 전자기력의 방향 : 전류가 흐르는 도선이 받는 힘의 방향은 형성되어 있는 자기 장의 방향과 수직이고, 전류가 흐르는 방향과도 수직이다.

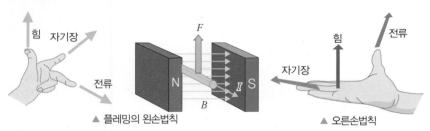

▲ 플레밍의 왼손법칙 　　　　　　　　　　　　　 ▲ 오른손법칙

② 전자기력(F)의 크기

· 전류의 세기(I)가 셀수록, 자기장의 세기(B)가 셀수록 크다.
· 전류의 방향과 자기장 방향이 수직일 때 가장 큰 힘을 받고, 나란할 때 힘을 받지 않는다.

전류와 자기장이 이루는 각	수직(90°)일 때	비스듬할 때	나란(0° 또는 180°)할 때
	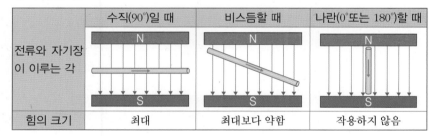		
힘의 크기	최대	최대보다 약함	작용하지 않음

개념확인 1

전자기력에 대한 설명으로 옳은 것은 O 표, 옳지 않은 것은 X 표 하시오.

(1) 자기장의 방향에 관계없이 도선이 받는 힘의 방향은 일정하다. 　　　(　)

(2) 도선에 흐르는 전류의 세기가 세질수록 힘은 커진다. 　　　　　　(　)

(3) 전류의 방향과 자기장의 방향이 나란할 때 힘이 가장 크다. 　　　(　)

확인 +1

자기장에서 전류가 흐르는 도선이 받는 힘을 알아보기 위해 아래 그림과 같 이 펼친 오른손을 사용한다. 빈칸에 알맞은 말을 각각 쓰시오.

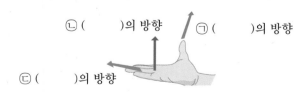

ⓛ (　　　)의 방향　　㉠ (　　　)의 방향

ⓒ (　　　)의 방향

2. 전자기력의 이용

(1) **전동기** : 영구 자석 속에서 전류가 흐르는 도선이 힘을 받아 회전하게 만든 장치로 전기 에너지를 역학적 에너지로 전환한다.

① 　② 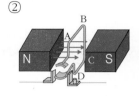　③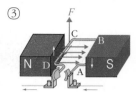

| 사각형 도선의 AB 부분은 위로 CD 부분은 아래로 힘을 받아 정류자 방향에서 봤을 때 시계 방향으로 회전한다. (전류 방향 : D → C → B → A) | 사각형 도선에는 전류가 흐르지 않는다. 하지만 코일은 관성으로 계속 회전한다. | 정류자에 의해 코일에 흐르는 전류의 방향이 반대로 되면서 사각형 도선은 시계 방향으로 계속 돈다. |

(2) **전류계와 전압계**

구분	전류계	전압계
원리	자석의 자기장 속에 있는 코일에 전류가 흐르면 바늘이 회전한다.	작동 원리는 전류계와 같고, 바늘이 가리키는 눈금을 전압의 단위로 고쳐서 나타낸다.
구조	눈금 바늘 영구 자석 코일 용수철	눈금 바늘 영구 자석 코일 용수철 저항 전압계 아래 큰 저항이 연결되어 있다.
연결	회로에 직렬로 연결	회로에 병렬로 연결

정답 및 해설 07

개념확인 2 오른쪽 그림은 전동기의 사각형 도선에 전류가 흐르는 모습을 나타낸 것이다. 코일의 AB 부분과 CD 부분이 받는 힘의 방향과 정류자 방향에서 볼 때 회전 방향을 각각 고르시오.

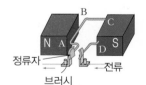

(1) AB 부분 : (위쪽, 아래쪽)

(2) CD 부분 : (위쪽, 아래쪽)

(3) 회전 방향 : (시계 방향, 반시계 방향)

확인 +2 전류가 흐르는 도선이 자기장 속에서 힘을 받는 원리를 이용한 기구가 <u>아닌</u> 것은?

① 전압계　② 전류계　③ 세탁기　④ 전자석　⑤ 선풍기

간단실험
모터를 이용한 전자기력 실험

① 그림과 같이 회로를 구성하여 모터를 작동시킨다.

② 전지의 극을 바꾸거나 전지를 하나 더 직렬로 연결해서 모터의 작동 속도를 비교해 본다.

정류자(본문 전동기 그림 참고)
코일이 일정한 방향으로 힘을 받도록 전류의 방향을 바꿔 주는 장치이다.

① 전류는 브러시 → 정류자 → D → C → B → A → 정류자 → 브러시로 흐른다.

② 브러시와 정류자가 끊어져 있으므로 전류가 흐르지 않는다. (90°회전)

③ 전류는 브러시 → 정류자 → A → B → C → D → 정류자 → 브러시로 흐른다. (180°회전)

즉 회전축이 180° 회전할 때마다 정류자와 브러시가 연결되고 끊어짐을 반복함으로써 코일에 흐르는 전류의 방향을 바꾸어 주므로 코일이 같은 방향으로 회전할 수 있게 한다.

전동기를 이용한 예

▲ 진공청소기　▲ 선풍기

▲ 하드디스크　▲ 세탁기

3. 전자기 유도

(1) 전자기 유도 : 코일 주위에서 자석을 움직일 때 코일을 통과하는 자기장이 변하여 코일에 전류가 유도되어 흐르는 현상

(2) 유도 전류 : 전자기 유도에 의하여 코일에 흐르는 전류

① 유도 전류의 방향 : 코일 속 자기장의 변화를 방해하는(막는) 유도 자기장을 만드는 방향이다. 즉, 자석의 운동을 방해하는 방향으로 유도 전류가 흐른다.

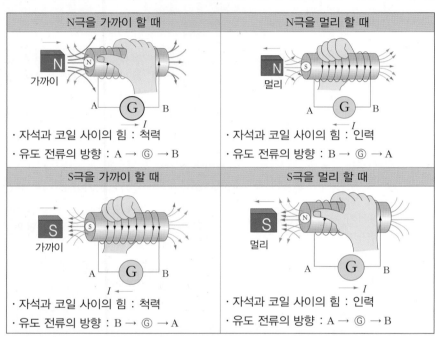

N극을 가까이 할 때	N극을 멀리 할 때
· 자석과 코일 사이의 힘 : 척력 · 유도 전류의 방향 : A → Ⓖ → B	· 자석과 코일 사이의 힘 : 인력 · 유도 전류의 방향 : B → Ⓖ → A
S극을 가까이 할 때	S극을 멀리 할 때
· 자석과 코일 사이의 힘 : 척력 · 유도 전류의 방향 : B → Ⓖ → A	· 자석과 코일 사이의 힘 : 인력 · 유도 전류의 방향 : A → Ⓖ → B

② 유도 전류의 크기 : 자석이 빠르게 움직일수록, 자석이 셀수록, 코일을 많이 감을수록 더 큰 유도 전류가 발생한다.

 개념확인 3 전자기 유도 현상이 일어나는 경우로 옳은 것은 O 표, 옳지 않은 것은 X 표 하시오.

(1) 자석을 코일에서 멀리한다. ( )

(2) 자석을 코일에 가까이 가져간다. ( )

(3) 코일 속에 자석을 넣고 가만히 있는다. ( )

(4) 자석을 정지시키고 코일을 자석 가까이로 가져간다. ( )

 확인 +3 코일에 막대자석의 N극을 가까이 하는 모습을 나타낸 것이다. ( )안에서 알맞은 말을 고르시오.

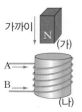

(1) 코일에는 자석을 ㉠(밀어내는, 끌어당기는) 자기장이 유도되므로, 코일의 (가)부분에 ㉡(N, S)극이 유도된다.

(2) 코일에서 오른손 엄지손가락을 ㉠(가, 나) 쪽으로 향할 때, 네 손가락을 감아쥔 방향이 ㉡(자기장, 유도 전류)의 방향이다. 따라서 유도 전류의 방향은 ㉢ (A, B)이다.

● 간단실험
전자기 유도 실험

① 그림과 같이 유도 코일과 검류계를 연결하고 막대 자석을 유도 코일에 넣었다 뺐다 하면서 검류계의 바늘의 움직임을 관찰한다.
② 막대 자석을 유도 코일 속에 넣은 상태로 가만히 있을 때 바늘의 움직임을 관찰한다.

● 검류계
매우 미세한 전류나 전압을 검출하는 장치로, 전기 기호로는 Ⓖ 로 표현한다.

● 앙페르의 오른손 법칙
엄지 손가락의 방향이 자기장을 가리킬 때 나머지 네 손가락으로 감아쥐는 방향이 전류의 방향이다.

● 생각해보기★
전류를 발생시키는 유도 코일은 전지라고 할 수 있을까?

미니사전
유도 [誘 꾈다 導 인도하다] 목적한 장소나 방향으로 이끌다

4. 전자기 유도의 이용

(1) 발전기 : 전자기 유도를 이용하여 전기를 생산하는 장치

　① 구조 : 영구 자석 사이에 회전할 수 있는 코일이 있는 구조

　② 원리 : 영구 자석 사이에서 코일을 회전시키면 코일을 통과하는 자기장이 변한다. 따라서 코일에 유도 전류가 흐른다.

　· (가)에서 (나)까지 회전하는 과정 : 코일면을 오른쪽으로 통과하는 자기장이 증가하므로 코일은 왼쪽 방향의 자기장을 만들기 위해 화살표 방향으로 유도 전류를 생성한다.

　· (나)에서 (다)까지 회전하는 과정 : 코일면을 오른쪽으로 통과하는 자기장이 감소하므로 코일은 오른쪽 방향의 자기장을 만들기 위해 화살표 방향으로 유도 전류를 생성한다.

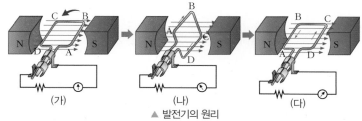

(가)　　　(나)　　　(다)

▲ 발전기의 원리

(2) 기타 : 도난 방지 장치, 교통 카드, 마이크 등

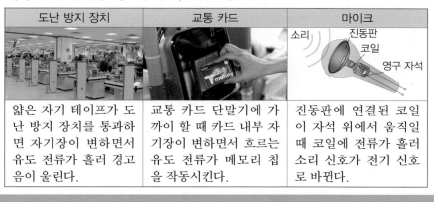

도난 방지 장치	교통 카드	마이크
얇은 자기 테이프가 도난 방지 장치를 통과하면 자기장이 변하면서 유도 전류가 흘러 경고음이 울린다.	교통 카드 단말기에 가까이 할 때 카드 내부 자기장이 변하면서 흐르는 유도 전류가 메모리 칩을 작동시킨다.	진동판에 연결된 코일이 자석 위에서 움직일 때 코일에 전류가 흘러 소리 신호가 전기 신호로 바뀐다.

정답 및 해설 07

 개념확인 4

발전기에서는 코일을 회전시켜 전기를 만들어내고, 전동기는 전류가 흘러서 코일이 회전한다. 빈칸에 알맞은 말을 쓰시오.

> · 발전기 : ㉠ (　　　) 에너지 → 전기 에너지
> · 전동기 : ㉡ (　　　) 에너지 → 역학적 에너지

확인 +4

다음 중 마이크에 포함된 원리를 적용시킨 장치를 있는 대로 고르시오.

> 〈 보기 〉
> ㄱ. 전동기　　　ㄴ. 발전기　　　ㄷ. 스피커
> ㄹ. 선풍기　　　ㅁ. 교통 카드　　　ㅂ. 도난 방지 장치

● **발전기의 종류**

코일(터빈)을 회전시키는 에너지원에 따라 여러 종류로 나눌 수 있다.

· 수력 발전 : 물이 낙하할 때 생긴 운동 에너지를 이용한다.

· 화력 발전 : 연료를 태워 발생하는 열로 물을 끓여 발생하는 수증기의 운동 에너지를 이용한다.

· 풍력 발전 : 바람의 운동 에너지를 이용한다.

· 원자력 발전 : 핵분열할 때 발생하는 열로 물을 끓여 발생하는 수증기의 운동 에너지를 이용한다.

● **전동기와 발전기 비교**

· 전동기에서의 에너지 전환 과정 : 전기 에너지를 역학적 에너지로 바꿔 준다.

▲ 전동기의 구조

· 발전기에서의 에너지 전환 과정 : 역학적 에너지를 전기 에너지로 바꿔 준다.

▲ 발전기의 구조

● **맴돌이 전류**

도체판에서도 전자기 유도로 유도전류가 발생하는데, 이때 전류는 한 방향으로 흐르지 않고 소용돌이치며 회전하는데, 이러한 전류를 맴돌이 전류라고 한다.

01 자석의 극 사이에서 전류가 화살표의 방향으로 흐르고 있다. 이 도선이 받는 전자기력의 방향은 어느 방향인가?

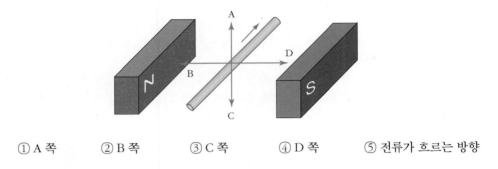

① A 쪽   ② B 쪽   ③ C 쪽   ④ D 쪽   ⑤ 전류가 흐르는 방향

02 그림은 말굽자석 사이에 있는 도선에 전류가 흐르는 방향을 나타낸 것이다. 이때 도선이 받는 힘의 방향이 같은 것끼리 짝지어진 것은? (단, ⊙ 은 전류가 지면에서 수직으로 나오는 방향이고, ⊗ 는 지면에 수직으로 들어가는 방향이다.)

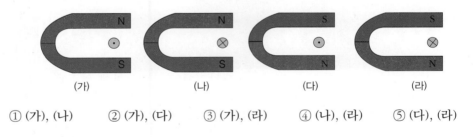

(가)   (나)   (다)   (라)

① (가), (나)   ② (가), (다)   ③ (가), (라)   ④ (나), (라)   ⑤ (다), (라)

03 그림은 전동기의 구조와 회전 원리를 나타낸 것이다. 코일의 움직에 대하여 바르게 설명한 것은?

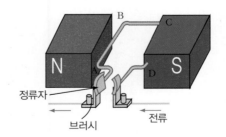

① 계속 정지해 있다.
② 앞에서 봤을 때 시계 방향으로 회전한다.
③ 앞에서 봤을 때 시계 반대 방향으로 회전한다.
④ 시계 방향으로 회전하다 시계 반대 방향으로 회전한다.
⑤ 시계 반대 방향으로 회전하다 시계 방향으로 회전한다.

04 코일에 검류계를 연결한 다음, 코일 안에 자석을 넣었다 뺐다를 반복하는 실험을 하였다. 이에 대한 설명으로 옳지 **않은** 것은?

① 발전 원리이다.
② 코일에 전류가 흐른다.
③ 자석을 넣을 때와 빼낼 때 유도 전류의 방향이 반대이다.
④ 자석을 코일 안에 넣고 움직이지 않으면 코일에 흐르는 전류의 세기는 최대가 된다.
⑤ 자석의 S극을 넣을 때와 자석의 N극을 넣을 때는 검류계의 바늘은 반대로 움직인다.

05 그림 (가) ~ (라) 와 같이 자석의 극이나 움직임을 달리하여 자석을 각각 같은 코일 근처에서 움직였다. 이때 코일에 흐르는 전류의 방향이 같은 것끼리 바르게 짝지은 것은?

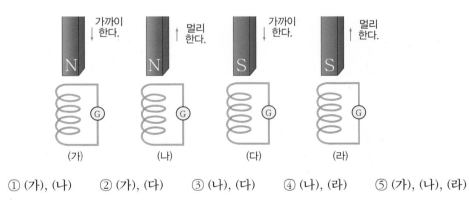

① (가), (나)   ② (가), (다)   ③ (나), (다)   ④ (나), (라)   ⑤ (가), (나), (라)

06 그림 (가) 와 (나) 는 어떤 기구의 구조를 각각 나타낸 것이다. 이에 대한 설명으로 옳지 **않은** 것은?

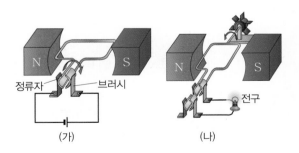

① (가)는 발전기, (나)는 전동기이다.
② (나)는 전자기 유도 현상을 이용한다.
③ (나)에서는 역학적 에너지가 전기 에너지로 전환된다.
④ (가)는 자석 사이에 놓인 전류가 흐르는 코일이 회전한다.
⑤ (가)와 (나)는 구조가 비슷하지만 에너지 전환 과정은 반대이다.

[유형15-1] 전자기력

전류가 흐르는 긴 도선이 자기장으로부터 힘을 받고 있다. 도선이 받는 힘의 크기가 가장 작은 경우는 어느 것인가?

①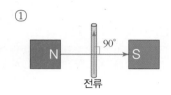

②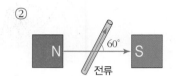

③

④

⑤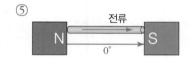

Tip!

01 말굽자석 사이로 알루미늄 막대가 있고, 알루미늄 막대에 그림과 같은 방향으로 전류를 통해 주었을 때 알루미늄 막대가 움직이는 방향은?

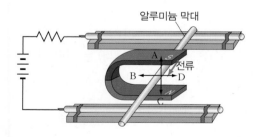

① A 쪽   ② B 쪽   ③ C 쪽   ④ D 쪽   ⑤ 전류가 흐르는 방향

02 자기장에서 전류가 받는 힘에 대한 설명으로 옳지 <u>않은</u> 것은?

① 전류가 클수록 힘이 크다.
② 자기장이 셀수록 힘이 크다.
③ 전류와 자기장의 방향이 수직일 때 가장 크다.
④ 전류와 자기장의 방향이 같으면 힘이 작용하지 않는다.
⑤ 전류와 자기장의 방향이 서로 반대 방향일 때 가장 큰 힘이 작용한다.

[유형15-2] 전자기력의 이용

다음 그림은 전동기의 구조를 나타낸 것이다. 이에 대한 설명 중 옳지 <u>않은</u> 것은?

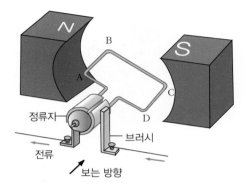

① 그림의 CD 부분은 아래로 힘을 받는다.
② 전류가 셀수록 회전 속력이 빨라진다.
③ 사각형 도선을 앞에서 볼 때 반시계 방향으로 회전한다.
④ 전류가 흐르는 방향으로 보아 그림의 AB 부분은 위로 힘을 받는다.
⑤ 그림의 브러시와 정류자에 의해 반 바퀴 돌 때마다 사각형 도선을 흐르는 전류의 방향이 반대로 된다.

03
오른쪽 그림은 전동기의 구조를 나타낸 것이다. 전동기의 회전 방향을 바꾸는 방법을 <u>있는 대로</u> 고르시오.(2 개)

① 코일의 감은 수를 늘린다.
② 전류의 세기를 증가시킨다.
③ 전류의 방향을 반대로 한다.
④ 영구 자석을 더 센 것으로 바꾼다.
⑤ 영구 자석의 N 극과 S 극의 위치를 바꾼다.

Tip!

04
전동기에서 정류자의 역할에 대한 설명으로 옳은 것은?

① 전류의 세기를 세게 한다.
② 진동기의 힘을 증가시킨다.
③ 도선이 한 방향으로 계속 회전하도록 한다.
④ 도선이 자기장의 영향을 받지 못하도록 한다.
⑤ 정류자 없이 도선을 직접 연결하면 도선이 꼬여 장치가 고장난다.

[유형15-3] 전자기 유도

코일 가까이에서 자석이 화살표 방향으로 움직일 때 코일에 흐르는 유도 전류의 방향으로 옳은 것은?

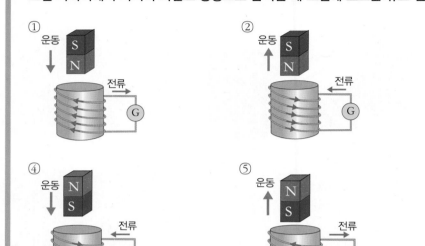

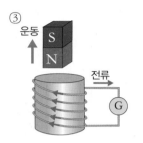

05 사진은 검류계가 연결된 코일 속으로 막대 자석을 넣었다 뺐다 하는 실험을 나타낸 것이다. 이 실험에 대한 설명으로 옳은 것은?

① 코일의 감은 수가 많을수록 코일에 더 큰 전류가 흐른다.
② 자석의 극을 반대로 하면 코일에 전류는 흐르지 않는다.
③ 자석을 가장 깊게 넣었을 때 코일에 가장 큰 전류가 흐른다.
④ 자석을 2 개 묶어서 실험을 하면 코일에 흐르는 전류는 약해진다.
⑤ 자석을 여러 개 묶어서 실험을 하면 자석을 움직이지 않아도 센 전류가 흐른다.

06 원형 도선 위에서 수직으로 자석을 움직여 보았다. 이 도선에 위에서 볼 때 시계 반대 방향으로 전류가 흐르는 경우에 대한 설명으로 옳은 것만을 〈보기〉에서 있는 대로 고른 것은?

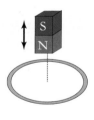

─〈 보기 〉─
ㄱ. 자석을 원형 도선 중심에 위치시킨다.
ㄴ. 자석의 N극을 원형 도선에 가까이 한다.
ㄷ. 자석의 S극을 원형 도선에서 멀리 한다.

① ㄱ   ② ㄴ   ③ ㄱ, ㄷ
④ ㄴ, ㄷ   ⑤ ㄱ, ㄴ, ㄷ

[유형15-4] 전자기 유도의 이용

다음 그림과 같이 코일을 화살표 방향으로 돌리면 전구에 불이 켜진다. 이와 관련된 설명으로 옳지 <u>않은</u> 것을 고르면?

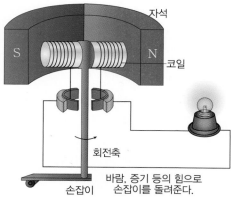

① 전자기 유도 현상을 이용한다.
② 코일에 전류를 흘려보내면 전자기력이 발생한다.
③ 마이크, 교통카드 등은 발전기의 동작 원리와 같다.
④ 역학적 에너지를 전기 에너지로 변환시키는 장치이다.
⑤ 자석이 셀수록, 코일의 감은 수가 많을수록 전기 에너지를 더 많이 생산할 수 있다.

07 다음 그림과 같이 전류가 흐르지 않는 코일 주위에 막대자석을 가까이 하거나 멀리 하면 검류계의 바늘이 움직이는 것을 관찰할 수 있다.

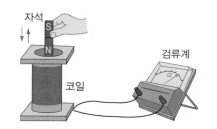

다음 중 이와 같은 원리를 이용한 장치가 <u>아닌</u> 것은?

① 전동기 　② 발전기 　③ 마이크
④ 교통 카드 　⑤ 금속 탐지기

08 전동기와 발전기에 대한 설명으로 옳지 <u>않</u>은 것은?

① 전동기와 발전기의 원리는 비슷하지만, 구조는 다르다.
② 전동기에서는 전기 에너지가 역학적 에너지로 전환된다.
③ 발전기에서는 역학적 에너지가 전기 에너지로 전환된다.
④ 발전기는 자기장 속에 있는 코일이 회전함에 따라 코일에 전류가 유도되는 장치이다.
⑤ 전동기는 자기장 속에 있는 코일에 전류가 흐르면 코일이 회전하는 장치이다.

01 다음 그림과 같이 일정한 전류가 흐르는 직선 도선 옆으로 원형 도선 A 는 전류의 방향을 따라 나란히 이동하고 있고, 원형 도선 B 는 직선 도선으로부터 멀어지고 있다. A 와 B 중 유도 전류가 흐르는 것을 고르고, 그 이유를 서술하시오.

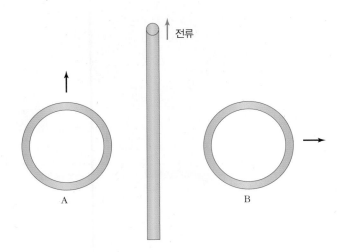

02
다음 그림은 전류의 세기가 각각 다른 A, B 두 도선이 십자가 모양으로 가까이 겹쳐 있는 모습이다. 전류의 방향은 그림과 같고 $I_A = 2I_B$ 일 때 다음 물음에 답하시오.

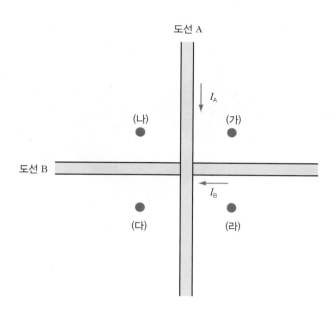

(1) 도선과 같은 평면에 있고, 두 도선으로부터 같은 거리인 (가), (나), (다), (라) 지점에서의 자기장의 방향을 서술하시오.(단, 지면에서 수직으로 나오는 자기장의 방향($\odot$)을 (+) 로 한다.)

(2) 도선 A는 도선 B 로부터 힘을 받는지 여부와 힘의 방향을 함께 서술하시오.

03 최근 스마트폰의 중요한 기술 중 하나가 '무선 충전'이다. 이는 말 그대로 선을 연결하지 않아도 특정 장소에 놓아두기만 하면 저절로 충전된다는 의미로, 충전 케이블을 찾을 필요 없이 충전 패드에 올려놓기만 하면 충전이 되는 편리한 기술이다.

충전패드에서 발생한 유도전류를 수신하는 2차 코일

수신 회로

전자기장을 발생시키는 1차 코일

송신 회로

▲ 무선 충전 패드 위에 휴대폰을 올려놓은 모습　　　▲ 무선 충전 원리

교류는 전류의 방향이 초당 50 ~ 60 번씩 바뀌고 직류는 전류의 세기와 방향이 일정하다. 무선 충전 패드를 작동시키려면 교류와 직류 중 어느 것을 써야 하는지 쓰고 그 이유를 설명하시오.

04 전류를 이용하여 음식물을 조리하는 방법에는 전열기를 사용한 가열 방식과 유도 전류를 이용한 가열 방식이 있다. 사진 (가) 는 유도 가열 방식으로 조리하는 인덕션 레인지에 조리 기구가 놓여 있는 모습이고, 그림 (나) 는 인덕션 레인지의 구조이다.

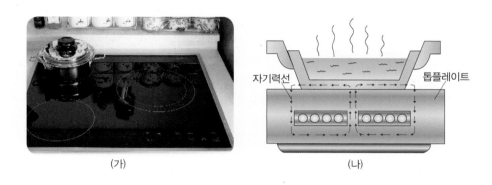

(가)   (나)

전열 방식은 전류가 흐르는 니크롬선에서 발생한 열이 세라믹글라스 상판을 달구고 이 열이 용기에 전달되는 방식으로, 천천히 가열되고 잔열이 남는 단점이 있으나 모든 용기를 사용할 수 있다는 장점이 있다. 반면, 인덕션 레인지는 상판을 가열하지 않은 채로 조리 냄비를 올려놓으면 전기로 발생시킨 자기 에너지가 냄비를 통과하며 열을 발생시키는 원리로 음식을 조리한다. 안전성이 뛰어나고 가열이 빠른 장점이 있으나 전용 용기만 사용할 수 있다는 단점이 있다.

(1) 전열 방식과 유도 가열 방식의 에너지 효율을 위 설명에서 근거를 찾아 비교하시오.

(2) 인덕션 레인지에 사용하는 전용 용기는 어떤 특성을 가지고 있어야 하는지 설명하시오.

A

01 다음 그림과 같이 말굽자석 사이로 사각형 코일의 한 변을 넣고 코일에 전류를 그림처럼 흘려주었다.

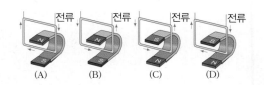

(A) (B) (C) (D)

사각형 코일이 말굽자석에서 바깥으로 밀려나는 힘을 받는 것은 어느 것인가?

① A, B ② C, D ③ A, C
④ B, D ⑤ B, C

[02~03] 그림은 전동기의 구조와 회전 원리를 나타낸 것이다.

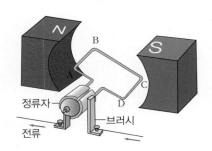

02 코일의 AB 부분과 CD 부분이 받는 힘의 방향을 바르게 짝지은 것은?

	AB	CD		AB	CD
①	위쪽	위쪽	②	위쪽	아래쪽
③	아래쪽	위쪽	④	아래쪽	아래쪽
⑤	위쪽	힘을 안받음			

03 전동기의 코일을 더 빠르게 회전시키는 방법을 〈보기〉에서 모두 골라 기호로 답하시오.

───〈 보기 〉───
ㄱ. 전류의 방향을 바꾼다.
ㄴ. 전원 장치의 전압을 높인다.
ㄷ. 전동기 안에 들어 있는 영구 자석을 자기력이 더 큰 것으로 바꾼다.

(   )

04 그림은 영구 자석 사이의 자기장의 모습과 지면으로 수직으로 들어가는 방향으로 전류가 흐르는 도선 주위의 자기장의 모습을 나타낸 것이다. 자석의 N 극과 S 극 사이에서 흐르는 자기장과 도선 주위에 생기는 자기장이 합쳐진다고 할 때 자기장의 세기가 가장 센 곳은 어디인가?

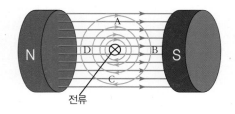

① A ② B ③ C ④ D ⑤ 모두 같다.

05 그림은 전류계의 구조를 나타낸 것이다. 전류계의 작동 원리를 바르게 설명한 것은?

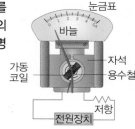

① 코일의 저항과 전류의 세기는 비례한다.
② 코일의 저항과 전압의 크기는 비례한다.
③ 코일이 받는 전자기력은 저항의 크기에 비례한다.
④ 코일이 받는 전자기력은 전류의 세기에 비례한다.
⑤ 코일에 흐르는 전류의 세기와 전압의 크기는 비례한다.

06 그림과 같이 장치한 후 날개를 돌렸더니, 전구의 불이 켜졌다. 이때 에너지 전환 과정으로 옳은 것은?

① 전기 에너지 → 열에너지 → 빛에너지
② 전기 에너지 → 역학적 에너지 → 빛에너지
③ 역학적 에너지 → 열에너지 → 전기 에너지
④ 역학적 에너지 → 전기 에너지 → 열에너지
⑤ 역학적 에너지 → 전기 에너지 → 빛에너지

07 그림과 같이 자기장 속에 있는 전류가 흐르는 도선은 힘을 받는다. 이와 같은 원리를 이용한 기기가 아닌 것은?

① 전동기   ② 전류계   ③ 전압계
④ 스피커   ⑤ 금속 탐지기

08 그림 (가)와 (나)는 각각 스피커와 마이크의 구조를 나타낸 것이다. 이에 대한 설명으로 옳지 않은 것은?

① (가)와 (나)의 기본 구조는 같다.
② (나)에서 소리가 전기 신호로 전환된다.
③ (가), (나) 모두 전자기 유도를 이용한다.
④ (가)에서 전기 에너지가 소리 에너지로 전환된다.
⑤ (가)에서 자기력이 클수록 진동판의 떨림이 크다.

09 다음 그림과 같이 코일을 회전시켜 전류를 발생시키는 방법과 다른 방식으로 전기를 얻는 것은?

① 수력 발전   ② 화력 발전
③ 풍력 발전   ④ 태양광 발전
⑤ 원자력 발전

10 다음 그림의 전기 회로도의 스위치를 닫아서 자석 사이에 있는 도선에 전류가 흐를 때 도선이 받는 힘의 방향은 어느 방향인가?

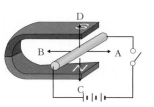

(   )

B

11 두 물체 사이에 작용하는 자기력의 방향이 <u>다른</u> 것은? (단, 자석의 빨간색은 N 극, 파란색은 S 극이다.)

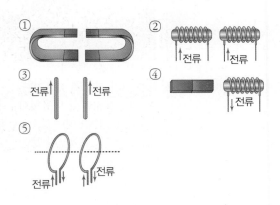

12 그림 (가) ~ (다)는 동일한 자석의 N 극을 코일에 가까이 하는 모습을 나타낸 것이다.

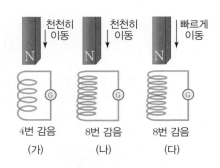

이때 검류계의 바늘이 회전하는 정도를 옳게 비교한 것은?

① (가)<(나)<(다)   ② (가)<(나)=(다)
③ (가)=(나)<(다)   ④ (가)>(나)=(다)
⑤ (가)>(나)>(다)

13 동일한 네오디뮴 자석 A, B 를 같은 높이에서 각각 구리 선과 플라스틱 선으로 만든 코일을 통과하도록 낙하시켰다.

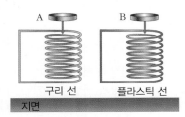

이에 대한 설명으로 옳지 <u>않은</u> 것은? (단, A 와 B 는 낙하하면서 코일과 부딪치지 않는다.)

① 구리 선에는 유도 전류가 흐른다.
② A보다 B가 지면에 먼저 도달한다.
③ 플라스틱 선에는 전자기 유도 현상이 발생하지 않는다.
④ 구리 선에는 A의 운동을 방해하는 자기장이 유도 된다.
⑤ A가 코일 내부를 통과하는 동안에는 코일에 유도 전류가 흐르지 않는다.

14 그림과 같이 코일에 자석을 가까이 할 때 일어나는 현상으로 설명한 것 중 옳은 것만을 〈보기〉에서 있는 대로 고른 것은?

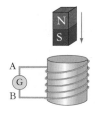

─── 〈 보기 〉───
ㄱ. 유도전류는 B→Ⓖ→A 방향으로 흐른다.
ㄴ. 자석과 코일 사이에는 척력이 작용한다.
ㄷ. 자석이 코일에 접근하다 정지하면 검류계의 바늘이 0을 가리킨다.

① ㄱ   ② ㄴ   ③ ㄱ, ㄴ
④ ㄴ, ㄷ   ⑤ ㄱ, ㄴ, ㄷ

15 그림과 같이 장치하고 알루미늄 막대가 움직이는 모습을 관찰하였다.

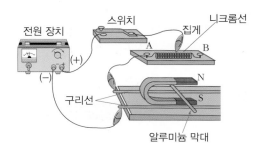

이에 대한 설명으로 옳지 **않은** 것은?

① 스위치를 닫으면 막대가 오른쪽으로 굴러간다.
② 전류계, 전압계 등은 이와 같은 원리를 이용한다.
③ 말굽자석의 극을 바꾸면 막대의 움직임이 빨라진다.
④ 집게를 A쪽으로 옮기면 막대의 움직임이 빨라진다.
⑤ 전원 장치의 (+), (-) 단자를 반대로 연결하면 막대가 왼쪽으로 굴러간다.

16 그림은 원형 도선의 중심부에 자석의 N 극을 가까이 하는 모습을 나타낸 것이다.

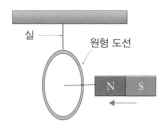

이에 대한 설명으로 옳은 것을 〈보기〉에서 **모두** 고른 것은?

〈 보기 〉
ㄱ. 원형 도선에 전류가 흐른다.
ㄴ. 원형 도선은 자석쪽으로 끌려간다.
ㄷ. 원형 도선에 흐르는 전류의 방향은 자석쪽에서 보면 시계 방향이다.

① ㄱ ② ㄴ ③ ㄱ, ㄷ
④ ㄴ, ㄷ ⑤ ㄱ, ㄴ, ㄷ

17 다음 그림과 같이 크기가 각각 $10\,\Omega$, $20\,\Omega$, $30\,\Omega$ 인 저항을 연결하여 회로를 구성한 후, 여기에 동일한 말굽자석 A, B, C 를 놓고 그 사이로 도선이 지나가도록 배치하였다.

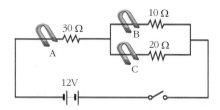

스위치를 닫았을 때 말굽자석을 지나는 도선이 받는 자기력의 크기를 옳게 비교한 것은?

① A = B = C ② A > B = C ③ A > B > C
④ C > B > A ⑤ B = C > A

18 그림 (가), (나) 와 같이 2 개의 원형 코일의 중심 부근에서 자석을 화살표 방향으로 움직였다. 이때 각각의 코일에 유도되는 전류의 방향을 옳게 짝지은 것은?(자석 쪽에서 본 전류의 방향이다.)

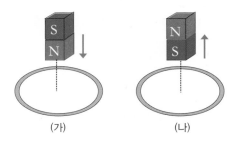

	(가)	(나)
①	시계 방향	시계 방향
②	시계 방향	반시계 방향
③	반시계 방향	시계 방향
④	반시계 방향	반시계 방향
⑤	계속 변한다.	계속 변한다.

19 그림은 자전거 바퀴가 회전할 때 불이 켜지는 발광 바퀴의 구조를 나타낸 것이다. 이에 대한 설명으로 옳은 것만을 〈보기〉에서 있는 대로 고른 것은?

자석

발광
다이오드   코일

〈 보기 〉
ㄱ. 전자기 유도 현상을 이용한 기구이다.
ㄴ. 바퀴가 회전할 때 코일에 유도 전류가 흐른다.
ㄷ. 바퀴의 회전이 빠를수록 유도 전류가 세진다.

① ㄱ   ② ㄴ   ③ ㄱ, ㄷ
④ ㄴ, ㄷ   ⑤ ㄱ, ㄴ, ㄷ

20 두 개의 전자석 사이에 직선 도선을 놓고 전류를 흘려 주었다. 직선 도선에 화살표 방향으로 전류가 흐를 때 이 도선에 작용하는 힘의 방향은?

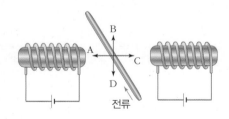

B

A   C

D

전류

① A   ② B   ③ C
④ D   ⑤ 힘이 작용하지 않는다.

21 다음 그림과 같이 말굽자석의 자기장 속에서 전자가 화살표 방향으로 운동한다면 전자가 받는 힘의 방향은 어디인가?

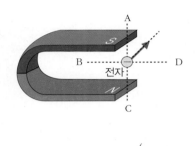

A

S

B -------- D
전자

N

C

(   )

22 오른쪽 그림과 같이 나란한 두 직선 도선에 같은 세기의 전류가 서로 다른 방향으로 흐르고 있다. 두 도선의 움직임을 바르게 설명한 것은?

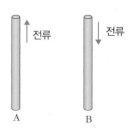

전류   전류

A   B

① 서로 밀어낸다.
② 서로 끌어당긴다.
③ A, B 모두 아무런 움직임이 없다.
④ A 는 위쪽으로, B 는 아래쪽으로 움직인다.
⑤ A 는 아래쪽으로, B 는 위쪽으로 움직인다.

23 그림은 전지에 연결한 전자석 근처에 검류계를 연결한 코일을 놓은 모습이다.

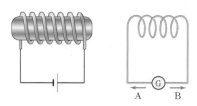

전자석에 흐르는 전류의 세기를 증가시킬 때, 코일에서 일어나는 현상으로 옳은 것을 <u>모두</u> 고른 것은?(2 개)

① 아무런 변화가 없다.
② A 방향으로 전류가 흐른다.
③ B 방향으로 전류가 흐른다.
④ 전자석으로부터 인력을 받는다.
⑤ 전자석으로부터 척력을 받는다.

24 그림은 영구자석 사이에 코일이 감긴 회전자가 들어 있는 전동기의 모습을 나타낸 것이다. 현재 회전자에는 화살표 방향으로 전류가 흐르고 있다. 화살표 방향으로 전류가 흐르는 동안 회전자가 180° 회전했을 때 A 위치과 B 위치에 형성되는 전자석의 극을 옳게 짝지은 것은?

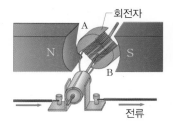

A : (   ) 극
B : (   ) 극

25 원형 구리선을 실로 매달아 놓고 자석을 가까이 접근시켰다. 그림 (A)의 구리선은 끊어진 곳이 없고, 그림 (B)의 구리선은 한 부분이 끊어진 상태다. 이에 대한 설명으로 〈보기〉에서 설명 중 옳은 것을 모두 고른 것은?

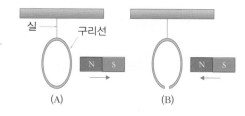

〈 보기 〉

ㄱ. (A)에서는 유도 전류가 발생하나 (B)에서는 발생하지 않는다.
ㄴ. (A)에서는 자석이 구리선을 미는 힘이 발생하나 (B)에서는 잡아당기는 힘이 발생한다.
ㄷ. (A)에서 S극을 가까이하면 구리선과 자석 사이에는 당기는 힘이 발생한다.

① ㄱ   ② ㄴ   ③ ㄷ
④ ㄱ, ㄴ   ⑤ ㄱ, ㄷ

26 그림은 전동기의 구조를 간단히 나타낸 것이다.

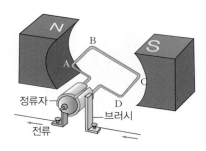

화살표 방향으로 전류가 흐를 때, 도선의 구간 중에서 도선이 회전하는데 영향을 주지 않는 구간 (A ~ B, B ~ C, C ~ D 구간 중)은 어디이며, 그 이유는 무엇인지 설명하시오.

27 다음 그림과 같이 말굽자석 사이에 알루미늄 막대를 놓고 스위치를 닫으면 막대는 힘을 받아 움직인다.

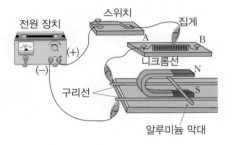

이때 알루미늄 막대가 받는 힘을 커지게 할 수 있는 방법 3 가지를 쓰시오.

28 자기장 속에서 전류가 흐르는 도선이 받는 힘에 대해서 알아보기 위해 다음 그림과 같이 장치하였다. 이후 도선에 전류를 흐르게 하였으나 도선은 움직이지 않았다. 이 도선을 움직이게 할 수 있는 방법을 서술하시오.

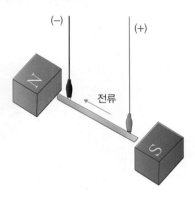

29 동일한 원형 자석을 같은 높이에서 각각 구리관과 플라스틱 관을 따라 떨어뜨렸다. 원형 자석이 더 천천히 떨어지는 관을 쓰고, 그 이유를 간단히 설명하시오.

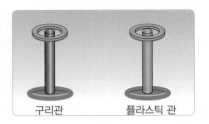

30 동일한 줄에 자석과 플라스틱 물체가 각각 매달려 있다. 자석과 플라스틱 물체를 같은 높이까지 들어 올려 바닥에 놓인 구리판 위를 왕복 운동하게 하였을 때 먼저 멈추는 물체는 무엇이고, 그 이유를 간단히 설명하시오.

창의력 서술

31 전기 기타는 철이나 니켈로 이루어진 줄이 자석
에 코일을 감은 형태인 픽업(pick up) 위에 놓인
구조로 되어 있다.

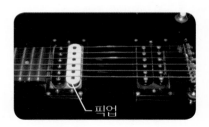
픽업

전기 기타에도 전자기 유도 현상이 이용된다. 기
타에서 소리가 나는 원리를 전자기 유도 현상을
이용하여 설명하시오.

32 그림 (가)는 전류계의 구조, 그림 (나)는 전압계
의 구조를 각각 나타낸 것이다.

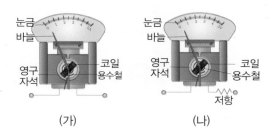

눈금
바늘

영구
자석

코일
용수철

눈금
바늘

영구
자석

코일
용수철

저항

(가)   (나)

두 장치의 기본 구조는 동일하지만 전압계에는
전류계와는 달리 저항이 직렬 연결되어 있다. 또
한 전류계는 회로에 직렬로 연결하고, 전압계는
회로에 병렬로 연결하여 사용한다. 이를 참고로
하여 전압계가 내부에 저항을 직렬로 연결하는
구조를 갖는 이유에 대하여 서술하시오.

오로라
(aurora : 극광)

태양풍(solar wind)은 태양에서 우주 공간으로 쏟아져 나가는 전자, 양성자, 헬륨 원자핵 등으로 이루어진 대전 입자의 흐름을 말한다. 태양으로부터 지구 사이에는 1 ㎤ 당 1 ~ 10 개의 입자가 있으며, 평균 속도는 500 km/s 이다. 지구를 향해서 오는 태양풍은 지구의 커다란 자기장에 의해서 차단되기는 하나 지구를 덮는 정도가 강하면 지구의 자기가 뒤틀리는 현상(자기 폭풍)을 일으키기도 한다.

▲ 오로라

자기 폭풍이 일어날 때 극지방의 상공에서는 오로라가 발생할 뿐만 아니라 강력한 전류도 발생한다. 전류가 전리층을 따라 흐르는 동안 지상에 위치한 송전선이나 원유, 송유관 같은 거대한 도체에 유도 전류를 발생시킨다. 만약 여기에 대한 대비가 부실하면 결국 폭주하는 전력 시스템을 제어하지 못해 시설들이 하나둘씩 심각하게 고장나고 결국 대정전이 일어나게 된다. 실제로 1989 년에 캐나다의 퀘벡 발전소가 고장나 퀘벡 주와 몬트리올 주에 대정전이 발생한 적이 있고, 1994 년에는 미국의 뉴저지 주 발전소가 고장나 큰 피해가 발생된 적이 있다.

태양풍은 지구 근처의 공기 분자와 충돌을 일으켜 공기 분자가 빛을 내게 만든다. 즉, 높이 100 km 에 이르는 빛의 장막인 오로라가 만들어지는 원인이 되는 것이다.

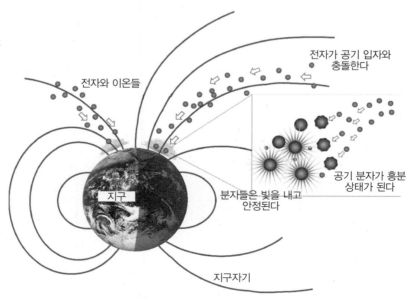

▲ 태양풍에 의한 오로라의 발생 과정

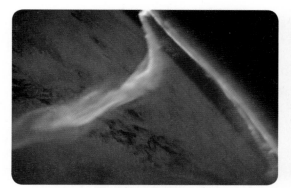
▲ 우주에서도 오로라가 보인다

▲ 토성에서의 오로라

오로라(aurora)는 새벽이란 뜻의 라틴어로, 1621 년 프랑스의 과학자 피에르 가센디가 로마 신화에 등장하는 여명의 신 아우로라(Aurora, 그리스 신화의 에오스)의 이름을 딴 것이다. 오로라의 색과 모양은 다양하다. 가장 보편적인 색은 녹색 혹은 황록색으로, 때로는 적색, 황색, 청색과 보라색이 보이기도 한다.

오로라는 보통 극지방에서 관찰하는 것으로 알려져 있으나 위도 $60° \sim 80°$ 에서도 볼 수 있고, 심지어 우주에서도 관찰할 수 있다.

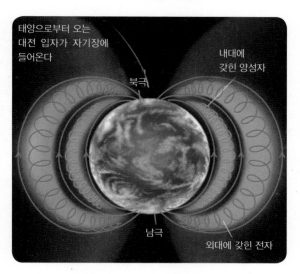

오로라 발생의 직접적인 원인이 되는 우주에서 오는 전자, 양성자와 같은 입자들은 빠른 속도로 지구를 향해 돌진한다. 지구는 커다란 자석이므로 입자들은 지구 자기장 속에서 원운동이나 나선 운동을 하게 된다. 즉, 지구 자기장에 갇히는 것이다. 이렇게 대전 입자들이 갇혀있는 곳을 반알렌대라고 한다. 반알렌대는 지구와 멀리 떨어져 있으나 극지방 만큼은 지구에 닿아 있으므로 공기 분자와의 충돌 현상이 일어나 공기 분자가 빛을 내므로 극지방에서 오로라 현상을 볼 수 있는 것이다.

Q1 자기폭풍이 발생할 때 대정전이 일어나는 이유는 무엇일까?

Q2 오로라는 무엇이며 주로 어디에서 관찰할 수 있을까?

[탐구-1]
스피커 만들기

준비물 플라스틱 컵, 에나멜선, 네오디뮴 자석, 오디오용 전선, 가위, 스카치테이프, 라이터

실험과정

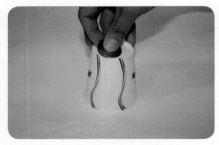

① 플라스틱 컵 바닥에 네오디뮴 자석을 붙인 뒤 자석 한 개를 컵 안쪽에 다른 한 개를 컵 바깥쪽에 붙인다.

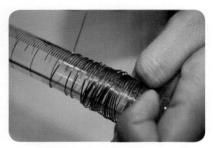

② 둥근 원통을 이용하여 에나멜선을 40 ~ 50 회 정도 촘촘하게 감는다.

③ 에나멜선이 풀리지 않도록 양끝을 5 cm 정도씩 남기고, 원의 양쪽을 감아 고정한다.

④ 에나멜선 양끝을 2 cm 가량 벗겨내고, 네오디뮴 자석을 감싸듯 플라스틱 컵 바닥에 붙인다.

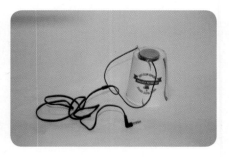

⑤ 오디오용 전선 끝의 피복을 가위로 벗겨내고 두 개의 에나멜선 끝을 각각 연결한다.

⑥ 오디오용 전선 끝을 휴대폰 MP3 에 연결하고 전원을 켠 뒤 소리를 들어본다.

실생활 문제

1. 다음 그림은 스피커의 구조를 나타낸 것이다. 코일이 감겨진 부분과 진동판이 연결되어 있어서 소리가 재생된다. 자석은 왼쪽 그림처럼 원형으로 되어 있어서 바깥쪽은 N 극, 안쪽은 S 극으로 되어 있다. 자석 사이에 코일을 끼우면 코일 안쪽은 자석의 S 극이 코일 바깥쪽은 N 극이 위치하게 될 것이다.

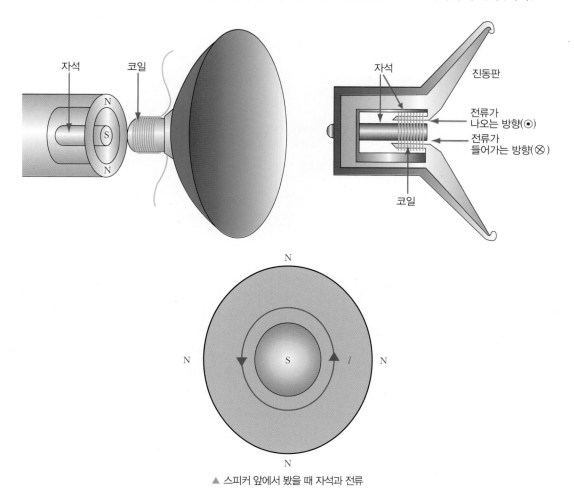

▲ 스피커 앞에서 봤을 때 자석과 전류

(1) 이 상태에서 코일에 전류를 흐르게 할 때 코일의 변화에 대하여 서술하시오.

(2) 가청 주파수 내에서 진동판을 진동시켜야 소리가 재생된다. 어떻게 진동을 시킬 수 있겠는지 방법을 서술하시오.

[탐구-2] 전자기 유도 실험

준비물 유도 코일(원통형 1 조 (2 개)), 막대자석, 검류계, 집게 전선

실험과정

① 가운데가 빈 유도 코일과 검류계를 집게 전선으로 연결한다.
② 막대자석을 유도 코일에 넣었다 뺐다 하면서 검류계의 바늘의 움직임을 관찰한다.
③ 막대자석을 유도 코일 속에 넣은 상태로 가만히 있을 때 바늘의 움직임을 관찰한다.
④ 막대자석을 빨리 움직이면서 바늘의 움직임을 관찰한다.
⑤ 자석의 극을 바꾸어서 같은 실험을 반복한다.
⑥ 막대자석을 정지시키고 유도코일을 움직이면서 바늘의 움직임을 관찰한다.

탐구 결과

1. 자석의 N 극이 가까이 올 때와 멀어질 때 유도 코일의 윗 부분은 각각 어떤 극으로 유도가 되는가?

   (1) 자석의 N 극이 가까이 올 때 유도 코일의 윗 부분의 극성 :

   (2) 자석의 N 극이 멀어질 때 유도 코일의 윗 부분의 극성 :

추리

1. 검류계의 바늘이 움직임이 매우 작은 경우 바늘의 움직임을 크게 하기 위한 방법은 무엇이 있을까?

1. 오른쪽 그림은 질량이 m 인 자석이 N 극을 아래로 하여 코일의 중심을 향해 떨어지는 것을 나타낸 것이다. 코일은 원통형 나무에 감겨 있으며 검류계에 연결되어 있다. 자석이 높이 h 만큼 떨어지는 동안 검류계 바늘이 움직였다. 이에 대한 설명으로 옳은 것을 보기에서 모두 고른 것은? (단, 중력가속도는 g 이며, 공기의 저항은 무시한다.)

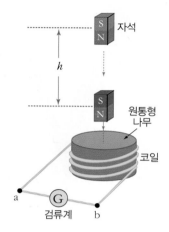

〈 보기 〉
ㄱ. 유도 전류는 a → 검류계 → b 로 흐른다.
ㄴ. 코일의 유도 전류에 의한 자기장이 자석에 작용하는 힘의 방향은 자석의 운동 방향과 같다.
ㄷ. 자석이 h 만큼 떨어졌을 때 자석의 운동 에너지 증가량은 mgh 보다 크다.

① ㄱ   ② ㄴ   ③ ㄷ   ④ ㄱ, ㄴ   ⑤ ㄴ, ㄷ

2. 다음 그림은 자석이 고정된 수레가 검류계 ⑥ 를 연결한 솔레노이드 양 끝을 향해 화살표 방향으로 등속 직선 운동하는 것을 나타낸 것이다.

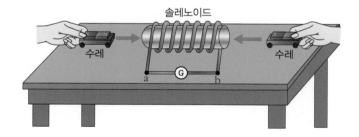

수레가 솔레노이드에 접근하는 동안 검류계에 흐르는 전류에 대한 설명으로 옳은 것을 다음 〈보기〉에서 모두 고른 것은? (단, 솔레노이드는 고정되어 있다.)

〈 보기 〉
ㄱ. 전류의 방향은 a → ⑥ → b 방향이다.
ㄴ. 같은 조건에서 두 수레의 속력만을 크게 하면 더 큰 전류가 흐른다.
ㄷ. 같은 조건에서 오른쪽 수레를 제거하고 왼쪽 수레만을 접근시키면 더 큰 전류가 흐른다.

① ㄱ   ② ㄴ   ③ ㄱ, ㄷ   ④ ㄴ, ㄷ   ⑤ ㄱ, ㄴ, ㄷ

V

파동과 빛

소리와 빛은 공통점이 있을까?

간단실험

정반사와 난반사의 특징 비교

① 알루미늄 호일의 매끄러운 면에 물체를 올려서 비치는 모습을 관찰해 보자.(정반사)

② 알루미늄 호일을 구긴 후 그 위에 ① 번 과정에서 올렸던 물체를 올려 비치는 모습을 비교해 보자.(난반사)

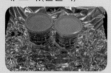

빛의 반사

용어	설명
법선	반사되는 면에 수직으로 그은 선
입사각	입사광과 법선이 이루는 각
반사각	반사광과 법선이 이루는 각

정반사와 난반사

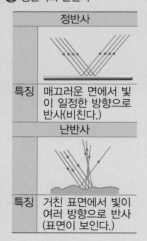

정반사	
특징	매끄러운 면에서 빛이 일정한 방향으로 반사(비친다.)
난반사	
특징	거친 표면에서 빛이 여러 방향으로 반사(표면이 보인다.)

생각해보기★

허상의 위치에 스크린을 대면 상이 나타날까?

1. 빛의 반사

(1) 빛의 반사 : 빛이 진행하다가 장애물을 만났을 때 되돌아 나오는 현상으로, 빛이 반사될 때 파장, 진동수, 속력은 변하지 않는다.

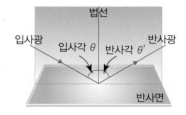

(2) 반사법칙

① 입사광과 반사광은 같은 평면상에 있다.
② 빛이 반사될 때 입사각의 크기와 반사각의 크기는 항상 같다.

$$입사각(\theta) = 반사각(\theta')$$

(3) 거울에 의한 상

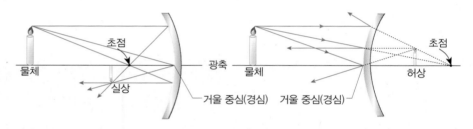

상	거울이나 렌즈를 통해 보여지는 물체의 모습	광축	초점을 통과하여 거울이나 렌즈의 중심을 지나는 선
실상	빛이 한 점에 실제로 모여서 생긴 상	초점(F)	광축과 평행한 빛을 비추었을 때 빛이 한 점에 모이는 곳
허상	빛의 연장선에 모여 이루는 상	구심(C) (곡률 중심)	거울이 구면의 일부인 구면경일 때의 구의 중심

개념확인 1

다음 빈칸에 알맞은 말을 쓰시오.

거울이나 렌즈를 통해 보여지는 물체의 모습을 상이라고 한다. 상은 빛이 한 점에 실제로 모여서 생긴 상인 (   )과 빛의 연장선에 모인 점에 생긴 상인 (   )이 있다.

확인 +1

반사법칙에 대한 설명으로 옳은 것은?

① 빛이 반사될 때 파장은 길어지고, 속력은 느려진다.
② 입사광과 반사면이 이루는 각을 입사각이라고 한다.
③ 입사광과 반사광은 반사면이라는 같은 평면에 있다.
④ 빛이 물체에 반사될 때 입사각과 반사각은 항상 같다.
⑤ 입사광과 반사광에 수직으로 그은 선을 법선이라고 한다.

2. 평면거울

(1) 평면거울 : 반사법칙에 의해 거울 면에서 반사된 빛이 눈에 들어온다.

> 입사각(㉠) = 반사각(㉠')
> 입사각(㉡) = 반사각(㉡')

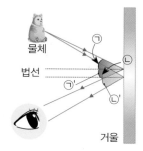

(2) 평면거울에 의한 상 : 평면거울에서 반사되어 눈으로 들어오는 빛의 경로(반사광)를 거울의 뒤쪽으로 연장하면 한 점에 만나게 되는데 이곳에 상이 생긴다.

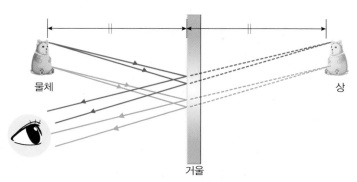

상의 크기	실제 물체와 같은 크기	상까지의 거리	거울에서 상까지의 거리
상의 종류	허상		= 거울에서 물체까지의 거리
상의 모양	좌우만 바뀐 모양		

정답 및 해설 13

 평면거울에서 물체까지의 거리가 30 cm **라면 거울에서 상까지의 거리는 몇** cm **일까?**

(   ) cm

 평면거울에 의한 상에 대한 설명으로 옳은 것은?

① 실상이 생긴다.
② 상하가 바뀐 모양의 상이 생긴다.
③ 실제 물체 크기의 절반 크기의 상이 생긴다.
④ 거울에서 상까지의 거리는 거울에서 물체까지의 거리에 2배이다.
⑤ 평면거울에서 반사되어 눈으로 들어오는 빛의 경로를 거울의 뒤쪽으로 연장하면 한 점에 만나게 되는데 이곳에 상이 생긴다.

● **평면거울의 이용**

잠망경
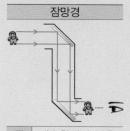

특징	잠수함에서 사용하는 잠망경은 평면거울 2 개를 이용하여 물체를 원래 모양대로 볼 수 있다.

정영경

특징	좌우가 바뀌지 않는 거울이다. 주로 얼굴 표정이나 동작을 보면서 연습이 필요한 배우나 운동 선수들에게 이용된다.

● **생각해보기**★★
전신을 볼 수 있는 거울의 길이는 자신의 키와 비교하였을 때 얼마만큼 일까?

간단실험
오목거울을 이용하여 사물을 비춰보자.

오목거울의 초점

광축 — F —

광축에 평행하게 입사된 빛이 거울 면에 반사된 후 한 점으로 모이는데 이 점을 오목거울의 초점이라 한다.

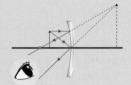

사람이 상을 보는 원리
상으로 부터 빛이 오는 것으로 느낀다.

3. 오목거울

(1) 오목거울에 의한 상 : 오목거울에 물체를 비추어 보면 광축에 평행하게 입사한 빛이 초점에 모이고, 물체의 위치에 따라 상이 다르게 보인다.

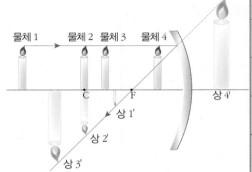

위치	상
물체1	물체가 구심 밖에 위치
	축소된 도립 실상(상1')
물체2	물체가 구심에 위치
	물체와 크기가 같은 도립 실상(상2')
물체3	물체가 구심과 초점 사이에 위치
	확대된 도립 실상(상3')
물체4	물체가 초점 안에 위치
	확대된 정립 허상(상4')

(2) 오목거울에 의한 상의 작도 : 물체의 한 점에서 나온 빛이 각각 반사되어 모이는 지점 또는 반사된 빛의 연장선이 모이는 지점에 상이 생긴다.

① 광축과 평행하게 입사한 광선(㉠)은 거울 면에 반사한 후 초점을 지난다.
② 구심(C)을 지나서 입사한 광선(㉡)은 입사한 경로 그대로 반사한다.
③ 초점(F)을 지나온 광선(㉢)은 광축과 평행하게 반사한다.

(3) 오목거울의 이용

빛을 모으는 성질 이용	초점에 입사한 빛이 광축과 평행하게 반사하는 성질 이용		확대하는 성질을 이용
성화 채화경	자동차 전조등	손전등 반사경	화장용 오목거울

개념확인 3

다음 빈칸에 알맞은 말을 고르시오.

오목거울에 물체를 비추었을 때 물체가 구심 밖에 위치하면 상은 (㉠ 축소된, ㉡ 확대된) (㉠ 도립 ㉡ 정립) (㉠ 허상 ㉡실상)이 생긴다.

확인 +3

오목거울에 의한 상의 작도 방법으로 옳은 것은 O 표, 옳지 않은 것은 X 표 하시오.

(1) 광축과 평행하게 입사한 광선은 거울 면에 반사한 후 구심을 지난다.　（　）
(2) 구심을 지나서 입사한 광선은 입사한 경로 그대로 반사한다.　（　）
(3) 초점을 지나온 광선은 광축과 평행하게 반사한다.　（　）

미니사전

도립 [倒 넘어지다 立 서다] 거꾸로 서다
정립 [正 바르다 立 서다] 바르게 서다

4. 볼록거울

(1) 볼록거울에 의한 상 : 볼록거울에 물체를 비추어 보면 광축에 평행하게 입사한 빛은 퍼지고, 물체의 위치에 상관없이 물체보다 작고 바로 선 상으로 보인다.

항상 물체보다 작은 크기의 허상 (축소된 정립 허상)이 생기고, 물체가 거울에 가까워질수록 상도 거울에 가까워지면서 커진다.

(2) 볼록거울에 의한 상의 작도 : 물체의 한 점에서 나온 빛이 각각 반사된 빛의 연장선이 모이는 지점에 허상이 생긴다.

① 광축에 평행하게 입사한 광선(㉠)은 초점에서 나오는 방향으로 반사한다.
② 구심(C)을 향해 입사한 광선(㉡)은 입사한 경로 그대로 반사한다.
③ 초점(F)을 향해 입사한 광선(㉢)은 광축과 평행한 방향으로 반사한다.
④ 거울 중심으로 입사한 광선(㉣)은 반사 후 광축과 같은 각을 이루며 반사한다.

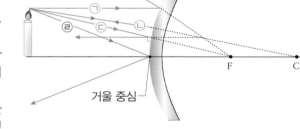

(3) 볼록거울의 이용

넓은 범위를 비춰볼 수 있는 성질을 이용			
자동차 측면거울	도로 반사경	방범용 거울	

정답 및 해설 13

다음 빈칸에 알맞은 말을 고르시오.

볼록거울에 물체를 비추면 상은 (㉠ 축소된, ㉡ 확대된) (㉠ 도립 ㉡ 정립) (㉠ 허상 ㉡실상)이 생긴다.

볼록거울에 의한 상의 작도 방법으로 옳은 것은 O 표, 옳지 않은 것은 X 표 하시오.

(1) 광축과 평행하게 입사한 광선은 초점에서 나오는 방향으로 반사한다. (　)

(2) 구심을 지난 광선은 초점을 지나는 경로로 반사한다. (　)

(3) 거울 중심을 향해 입사한 광선은 광축과 평행하게 반사한다. (　)

볼록거울을 이용하여 사물을 비춰보자.

볼록거울의 초점

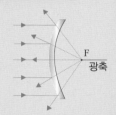

광축에 평행하게 입사된 빛이 거울 뒤의 어느 한 점에서 나오는 것처럼 반사하여 흩어지는데, 이 점을 초점이라고 한다.

01 다음 중 실상과 허상에 대한 설명으로 옳은 것은?

① 실상은 항상 실제 물체의 크기보다 작다.
② 허상은 항상 실제 물체의 크기보다 크다.
③ 실상은 빛의 연장선에 모인 점에 생긴 상이다.
④ 오목거울에 의하여 생기는 상은 항상 허상이다.
⑤ 볼록거울에 의하여 생기는 상은 항상 허상이다.

02 다음 중 초점에 대한 설명으로 옳은 것은?

① 오목거울의 초점은 거울 뒤쪽에 있다.
② 거울이나 렌즈의 중심을 지나는 점을 말한다.
③ 거울이나 렌즈를 통해 보여지는 물체의 모습을 말한다.
④ 거울이 구면의 일부인 구면경일 때의 구의 중심점을 말한다.
⑤ 볼록거울에서 광축과 평행하게 입사된 빛은 거울 뒤의 초점에서 나오는 것처럼 반사한다.

03 다음 그림은 평면거울에 양초를 비춰본 것이다. 이때 양초와 거울까지의 거리는 0.5m 였다면, 상과 거울의 거리는 몇 m 일까?

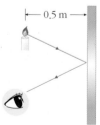

① 0.25 m   ② 0.5 m   ③ 0.75 m   ④ 1 m   ⑤ 1.5 m

04 다음 그림은 오목거울에 양초불을 비추어 본 것이다. 양초의 위치가 구심에 있다면 어떤 상이 생기겠는가?

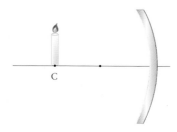

① 축소된 도립 실상
② 물체와 크기가 같은 도립 실상
③ 확대된 도립 실상
④ 물체와 크기가 같은 정립 실상
⑤ 확대된 정립 허상

05 다음 중 오목거울이 이용되는 경우가 <u>아닌</u> 것은?

① 성화 채화경
② 자동차 전조등
③ 손전등 반사경
④ 자동차 측면 거울
⑤ 화장용 거울

06 다음 그림과 같이 광축에 평행하게 입사한 광선의 경로가 바른 것은?

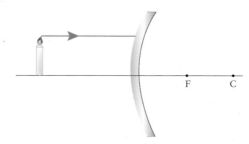

① 　② 　③

④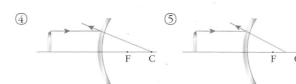

[유형17-1] 빛의 반사

다음 그림과 같이 두 평면거울이 직각을 이루고 있을 때 거울 A 에 빛이 입사하였다. 거울 A 와 30° 를 이루며 입사한 빛이 반사하여 거울 B 에 입사한 뒤 다시 반사될 때, 거울 A 와 거울 B 에서 빛의 반사각을 바르게 짝 지은 것은?

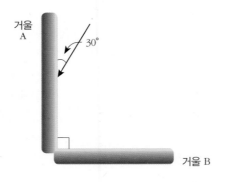

	거울 A 의 반사각	거울 B 의 반사각		거울 A 의 반사각	거울 B 의 반사각
①	30°	30°	②	30°	60°
③	60°	60°	④	60°	30°
⑤	90°	90°			

01 다음 그림과 같이 거울과 흰종이를 놓고 각각 손전등을 비추어 보았다. 이때 나타나는 현상에 대한 설명으로 옳지 <u>않은</u> 것은?

① 거울에서와 같은 반사를 정반사라고 한다.
② 거울과 종이 표면에서 빛의 입사각과 반사각의 크기는 항상 같다.
③ 흰종이에서 반사된 빛은 모두 손전등의 반대편으로 반사되어 빛이 강해진다.
④ 극장 스크린에서 일어나는 반사와 종이에서 일어나는 반사는 같은 종류의 반사이다.
⑤ 흰종이와 거울의 표면이 각각 매끄러운 정도가 다르기 때문에 종류가 다른 반사를 하는 것이다.

02 상에 대한 설명으로 옳은 것은?

① 거울에 의한 상은 항상 초점에 생긴다.
② 렌즈를 통과한 빛은 상을 만들지 못한다.
③ 볼록거울에 의한 상은 거울 앞에 생긴다.
④ 사람은 상으로부터 빛이 오는 것으로 느낀다.
⑤ 빛이 한 점에 실제로 모여서 생긴 상을 허상이라고 한다.

[유형17-2] 평면거울

다음 그림은 벽에 걸린 시계가 평면거울에 비친 모습이다. 원래 시간으로 옳은 것은?

① 1 시 40 분   ② 3 시 55 분   ③ 4 시 55 분
④ 8 시 05 분   ⑤ 11 시 20 분

03 평면거울에 의한 상에 대한 설명으로 옳지 **않은** 것은?

① 거울에 의해 좌우가 바뀐다.
② 거울 면에서 정반사가 일어난다.
③ 거울에 비친 상의 크기가 실제보다 작아 보인다.
④ 거울로부터 물체가 멀어지면 거울 속의 상 도 멀어진다.
⑤ 거울에서 물체까지의 거리와 거울에서 상 까지의 거리는 같다.

04 다음 그림과 같이 거울 A 와 거울 B 를 평행 하게 놓고 거울 A 에 빛을 비추면 다음과 같 이 빛이 진행하게 된다. 거울 A 의 거울 면 과 입사광이 이루는 각이 $43°$ 일 때, 거울 B 에서 반사하는 빛의 입사각은?

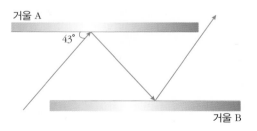

① $43°$ ② $53°$ ③ $63°$
④ $47°$ ⑤ $57°$

[유형17-3] 오목거울

그림은 아르키메데스가 수많은 거울을 이용하여 로마의 전함을 불태운 것을 기록한 것이다. 이와 같은 원리를 이용한 예로 옳은 것은?

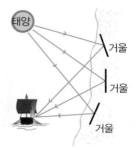

① 굽은 길에 거울을 설치하여 시야를 넓힌다.
② 잠망경을 이용하여 수면 위의 물체를 본다.
③ 성화 채화경을 통하여 성화에 불을 붙인다.
④ 자동차 측면 거울을 통해 넓은 시야를 확보한다.
⑤ 상점의 구석에 거울을 매달아 보이지 않는 곳을 감시한다.

05 오목거울 앞 구심과 초점 사이에 있던 물체가 구심으로 이동할 때 상의 변화는?

① 축소된 도립 실상 → 확대된 도립 실상
② 축소된 도립 실상 → 확대된 정립 허상
③ 확대된 정립 허상 → 축소된 도립 실상
④ 확대된 정립 허상 → 확대된 도립 실상
⑤ 확대된 도립 실상 → 물체와 크기가 같은 도립 실상

06 오목거울 앞에서 광축과 평행하게 입사한 광선의 경로가 바른 것은?

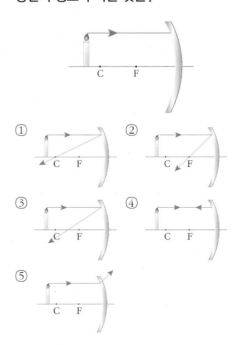

[유형17-4] 볼록거울

그림은 원기둥 거울에 그림을 비춰본 것이다. 이에 대한 설명으로 옳은 것은?

① 원기둥 거울에 의한 상은 실상이다.
② 원기둥 거울에 의한 초점은 거울 앞에 위치한다.
③ 원기둥 거울의 구심을 지난 광선은 광축과 평행한 방향으로 반사한다.
④ 원기둥 거울의 초점에 입사한 빛은 초점에서 나오는 방향으로 반사한다.
⑤ 원기둥 거울에 의한 상은 물체의 위치에 상관없이 물체보다 작고 바로 선 상으로 보인다.

07 넓은 범위를 비춰볼 수 있는 성질을 이용한 거울을 〈보기〉 에서 모두 고른 것은?

─── 〈 보기 〉 ───

ㄱ. 방범용 거울
ㄴ. 손전등 반사경
ㄷ. 자동차 전조등
ㄹ. 자동차 측면 거울
ㅁ. 굽은 도로 위의 반사경

① ㄱ, ㄴ, ㄷ   ② ㄱ, ㄷ, ㄹ
③ ㄱ, ㄹ, ㅁ   ④ ㄴ, ㄷ, ㄹ
⑤ ㄷ, ㄹ, ㅁ

08 그림과 같이 볼록거울에서 반대쪽 구심을 향한 광선의 경로가 바른 것은?

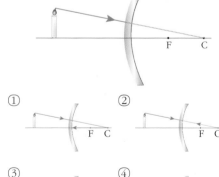

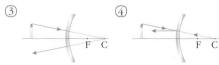

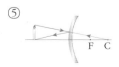

01 다음은 거울과 거울 앞의 두 지점 A, B 를 나타낸 것이다. 그림의 A 점에서 출발한 빛은 반드시 거울 면 위의 한 점에서 반사하여 B 점에 도달해야 한다. 이때 광선의 경로가 가장 짧아지도록 반사하는 지점을 찾아 경로를 그려 보고, 그 경로가 가장 짧은 이유를 설명하시오.

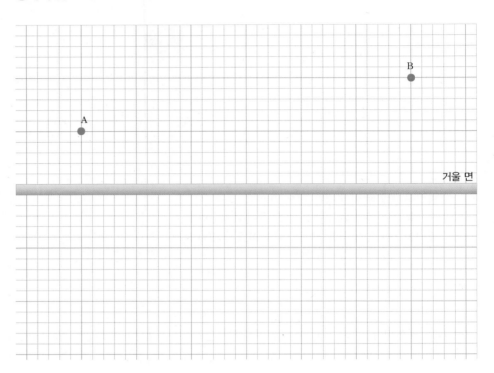

02 그림은 연필을 떼지 않고 별을 그리는 방법이다. 이를 참고로 하여 레이저와 평면거울을 이용하여 별을 만들어 보려고 한다. 필요한 평면거울의 수와 각 평면거울과 평면거울에서 반사되는 레이저 광선의 입사각과 반사각에 대하여 서술하시오.

03 전면 유리를 통해 안에서 밖을 보면 낮에는 전경이 잘 보이지만, 밤이 되면 유리에 내
모습도 같이 비치게 된다. 마찬가지로 밤에 바깥에서 유리를 통해 실내를 보면 잘 보이
지만, 실내에서 바깥을 보면 잘 보이지 않는다. 그 이유에 대하여 빛의 반사 현상을 이
용하여 서술하시오.

04 깜깜한 밤에도 도로 표지판이나 경찰관이나 환경미화원의 조끼를 보면 눈에 잘 띄게 되어 있다. 이는 재귀반사를 이용한 것이다. 재귀반사란 입사광을 입사한 방향 그대로 다시 반사시키는 것을 말한다. 빛이 어느 방향, 어느 각도에서 입사하더라도 광원의 방향으로 반사하게 되는 것이다.

(1) 재귀반사에도 반사법칙이 성립할까? 그 이유와 함께 자신의 생각을 서술하시오.

(2) 재귀반사가 일어나는 과정에 대하여 자신의 생각을 서술하시오.

01 거울에 의한 상에 대한 설명으로 옳은 것은 O 표, 옳지 않은 것은 X 표 하시오.

(1) 거울에 의한 상이란 거울을 통해 우리 눈에 보여지는 물체의 모습이다. ( )

(2) 빛의 연장선에 모인 점에 생긴 상을 실상이라고 한다. ( )

(3) 초점을 통과하여 거울의 중심을 지나는 선을 광축이라고 한다. ( )

02 평면거울에 대한 설명에는 '평', 오목거울에 대한 설명에는 '오', 볼록거울에 대한 설명에는 '볼'을 쓰시오.

(1) 광축에 평행하게 입사된 빛이 거울 면에 반사된 후 한 점으로 모인다. ( )

(2) 거울에서 반사되어 눈으로 들어오는 빛의 경로를 거울 뒤쪽으로 연장하여 물체와 크기가 같은 허상을 만든다. ( )

(3) 광축에 평행하게 입사된 빛이 거울 뒤의 한 점에서 나오는 것처럼 반사하여 흩어진다. ( )

03 그림은 빛이 거울로 진행하는 모습이다. 입사각과 반사각의 크기를 각각 쓰시오.

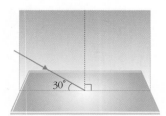

입사각 ( )°, 반사각 ( )°

04 다음 그림과 같이 거울 A 와 거울 B 를 평행하게 놓고 거울 B 에 빛을 비추면 다음과 같이 빛이 진행하게 된다. 거울 A 의 거울 면과 반사광이 이루는 각이 50° 일 때, 거울 B 에서의 반사각은?

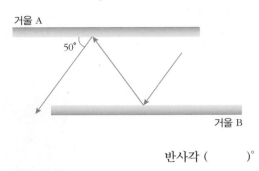

반사각 ( )°

05 난반사에 대한 설명으로 옳은 것을 〈보기〉에서 모두 고른 것은?

〈 보기 〉

ㄱ. 물체를 여러 방향에서 볼 수 있다.

ㄴ. 반사법칙이 성립된다.

ㄷ. 매끄러운 면에서 빛이 일정한 방향으로 반사된다.

① ㄱ   ② ㄱ, ㄴ   ③ ㄴ, ㄷ
④ ㄱ, ㄷ   ⑤ ㄱ, ㄴ, ㄷ

06 그림과 같이 평면거울 1 m 앞에 무한이가 서 있다. 이때 무한이의 상은 무한이로부터 얼마만큼 떨어져 있을까?

( ) m

07 거울에 의하여 생기는 상을 작도한 것이다. 각 기호가 나타내는 것을 〈보기〉에서 찾아 기호로 쓰시오.

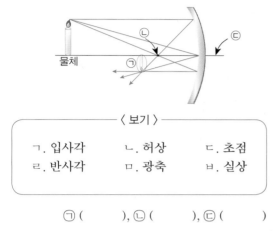

물체

〈보기〉

ㄱ. 입사각   ㄴ. 허상   ㄷ. 초점
ㄹ. 반사각   ㅁ. 광축   ㅂ. 실상

㉠ (   ), ㉡ (   ), ㉢ (   )

08 빈칸에 알맞은 말을 고르시오.

오목거울 앞에 물체를 두었을 때 물체가 구심과 초점 사이에 위치하면 물체의 상은 (㉠ 축소된, ㉡ 확대된) (㉠ 도립 ㉡ 정립) (㉠ 허상 ㉡실상)이 생긴다.

[09~10] 〈보기〉는 실생활에서 사용되는 다양한 거울들이다. 물음에 답하시오.

〈보기〉

ㄱ. 성화 채화경   ㄴ. 자동차 전조등
ㄷ. 도로 반사경   ㄹ. 손전등 반사경
ㅁ. 잠망경   ㅂ. 정영경

09 빛을 모으는 성질을 이용하는 것을 고르시오.

10 넓은 범위를 비춰볼 수 있는 성질을 이용한 것을 고르시오.

B

11 반사법칙이 성립하는 경우를 〈보기〉에서 모두 고른 것은?

〈보기〉

ㄱ. 평면거울   ㄴ. 오목거울
ㄷ. 볼록거울   ㄹ. 영화관 스크린
ㅁ. 잔잔한 호수면

① ㄱ, ㄴ, ㄷ   ② ㄴ, ㄷ, ㄹ   ③ ㄷ, ㄹ, ㅁ
④ ㄱ, ㄴ, ㄷ, ㄹ   ⑤ ㄱ, ㄴ, ㄷ, ㄹ, ㅁ

12 숫자 '69'를 평면거울과 정영경에 비춰 보았다. 이때 각 거울에 나타나는 상의 모양이 바르게 짝 지어진 것은?

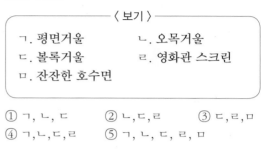

13 두 개의 평면거울의 각도를 $90°$로 놓은 다음 거울 면에 $50°$로 빛을 비출 때 빛의 진행 경로를 바르게 나타낸 것은?

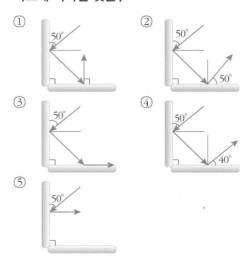

14 평면거울에 의한 상을 작도하는 방법으로 옳은 것은?

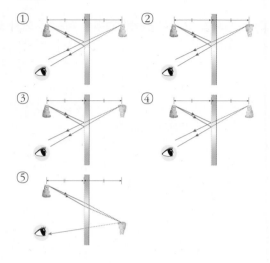

15 초점을 지나온 광선이 거울에 반사된 후 이동하는 경로가 바른 것은?

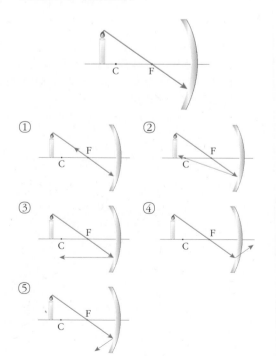

16 거울에 의한 상을 작도한 것이다. 양초의 위치가 (가)에 있을 때 생기는 상으로 바른 것은?

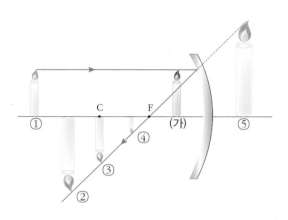

17 다음 그림은 두 거울에 의한 빛이 반사된 경로를 나타낸 것이다. 이에 대한 설명으로 옳은 것은?

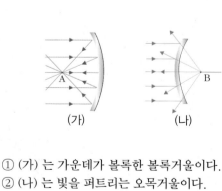

① (가) 는 가운데가 볼록한 볼록거울이다.
② (나) 는 빛을 퍼트리는 오목거울이다.
③ (가) 의 A 지점에서 왼쪽으로 조금 떨어진 곳에 물체가 위치하면 거꾸로 선 모양의 상이 생긴다.
④ (나) 에서 빛이 거울 뒤의 한 점에서 나오는 것처럼 반사하여 흩어지는데 이 점을 구심이라고 한다.
⑤ (가) 와 (나) 에서 굴절법칙을 확인할 수 있다.

18 그림은 편의점에 있는 감시용 거울이다. 이 거울과 상에 대한 설명으로 옳은 것은?

① 가운데가 오목한 거울이다.
② 좌우가 바뀐 모양의 허상이 생긴다.
③ 물체를 확대하는 성질을 이용한 것이다.
④ 물체의 위치에 상관없이 물체보다 작고 바로 선 모양으로 보인다.
⑤ 광축에 평행하게 입사된 빛이 거울 면에 반사된 후 한 점으로 모이는 데 이를 초점이라고 한다.

19 거울에 의한 상을 작도하는 방법으로 옳은 것은?

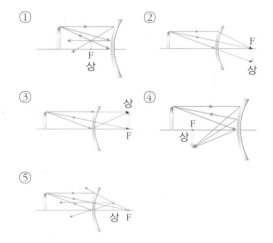

20 거울의 종류와 그 이용이 바르게 짝지어지지 않은 것은?

	거울	이용
①	오목거울	성화 채화경
②	볼록거울	치과용 거울
③	오목거울	화장용 거울
④	볼록거울	굽은 도로 반사경
⑤	볼록거울	자동차 측면거울

C

21 〈보기〉 중 평면거울에 의해 상이 생길 때 빛의 진행 경로에 대한 설명으로 옳은 것을 모두 고른 것은?

〈 보기 〉
ㄱ. 물체에 반사된 빛은 난반사되어 사방으로 퍼지다가 거울에서 반사된다.
ㄴ. 거울에 들어오는 입사광과 법선, 반사되서 나가는 반사광은 모두 같은 평면상에 있다.
ㄷ. 거울에서 반사되어 눈으로 들어오는 빛의 경로를 거울의 앞쪽으로 연장하면 한 점에서 만나게 되는데 이곳에 상이 생긴다.

① ㄱ ② ㄱ, ㄴ ③ ㄴ, ㄷ
④ ㄱ, ㄷ ⑤ ㄱ, ㄴ, ㄷ

22 그림은 얀 반 아이크의 '아놀피니 부부의 초상'이다. 그림 속 거울에 대한 설명으로 옳은 것은?

① 거울 앞에서 볼 때 상은 좌우가 바뀐다.
② 항상 물체보다 커다란 허상이 생긴다.
③ 광축에 평행하게 입사한 빛이 초점에 모인다.
④ 물체가 구심 밖에 위치하면 축소된 도립 실상이 생긴다.
⑤ 물체가 거울 앞 어디에 있던지 거울 속에 허상이 생긴다.

23 오목거울의 구심 밖에 위치해 있던 물체를 구심으로 옮길 때 상의 변화에 대한 설명으로 옳은 것은?

① 실물과 크기가 같고 바로 서 있던 상이 실물보다 크고 바로 서 있는 상으로 변한다.
② 실물과 크기가 같고 바로 서 있던 상이 실물보다 작고 거꾸로 있는 상으로 변한다.
③ 실물보다 크고 거꾸로 있던 상이 물체와 크기가 같고 바로 서 있는 상으로 변한다.
④ 실물보다 작고 바로 서있던 상이 물체와 크기가 같고 바로 서 있는 상으로 변한다.
⑤ 실물보다 작고 거꾸로 있던 상이 물체와 크기가 같고 거꾸로 있는 상으로 변한다.

24 다음 그림은 어떤 거울을 이용하여 손을 비춰본 것이다. 이에 대한 설명으로 옳은 것은?

① 손은 거울의 구심 밖에 위치하고 있다.
② 손을 점점 멀리하면 손의 크기가 점점 커진다.
③ 손을 점점 멀리하면 손의 모양이 거꾸로 뒤집힌다.
④ 현재 거울 위치에 볼록거울을 놓고 손을 관찰하면 똑같은 상이 관찰된다.
⑤ 거울에 의한 초점은 거울 뒤의 어느 한 점에 생기는 것을 확인할 수 있다.

25 숟가락의 앞면은 표면이 오목하고 뒷면은 볼록하다. 숟가락을 통해 얼굴을 비춰보았을 때의 설명으로 옳은 것은?

① 숟가락의 앞면은 빛을 퍼지게 하는 성질이 있다.
② 숟가락의 뒷면으로 얼굴을 보면 얼굴이 작게 보인다.
③ 숟가락의 앞면으로 얼굴을 가까이 가져가면 얼굴이 작게 보인다.
④ 숟가락의 뒷면으로 멀리서 얼굴을 보면 거꾸로 된 얼굴이 보인다.
⑤ 성화 채화용 거울과 상점 방범용 거울은 숟가락의 앞면처럼 오목하다.

26 잔잔한 호수에서는 수면 위에 주위의 풍경이 비치게 된다. 반면에 물결이 치는 수면 위에서는 풍경이 비치지 않는다. 그 이유를 빛의 반사를 이용하여 서술하시오.

 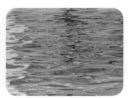

▲ 잔잔한 호수　　　　▲ 물결 치는 호수

27 치과 진료용으로 쓰이는 거울은 어떤 거울일지 이유와 함께 서술하시오.

28 양초가 그림과 같이 A 위치에서 B 위치로 옮겨갈 경우 상의 변화에 대하여 서술하시오.

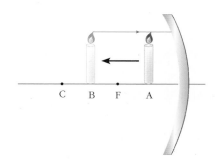

31 자동차의 전조등은 어두운 밤에 자동차의 앞부분을 비추는 역할을 한다. 따라서 한밤중에 전조등에서 나오는 빛을 멀리까지 보낼 수 있으면 좋다. 이때 전조등에 사용하는 거울의 종류를 쓰고, 전조등 안의 전구를 거울을 기준으로 어디에 두어야 할 지 이유와 함께 설명하시오.

29 양초가 그림과 같이 A 위치에서 B 위치로 옮겨갈 경우 상의 변화에 대하여 서술하시오.

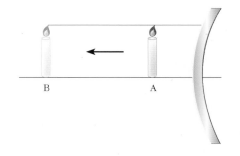

32 다음 그림은 취조실을 지켜보고 있는 모습을 나타낸 것이다. 취조실과 지켜보고 있는 사람 사이에는 유리가 설치되어 있지만 취조실에서 보면 지켜보고 있는 사람을 볼 수는 없다. 그 이유에 대하여 서술하시오.

30 자동차 측면거울에 평면거울이나 오목거울이 아닌 볼록거울을 쓰는 이유는 무엇일지 서술하시오.

1. 빛의 굴절

(1) 빛의 굴절 : 빛이 서로 다른 매질로 진행할 때 매질의 경계면에서 진행 방향이 꺾이는 현상

(2) 빛이 굴절하는 이유 : 매질에 따라 빛의 속도가 달라지기 때문이다.

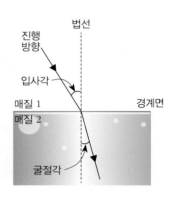

속도가 느린 매질 → 속도가 빠른 매질로 진행
입사각 < 굴절각
속도가 빠른 매질 → 속도가 느린 매질로 진행
입사각 > 굴절각

(3) 굴절률 : 진공 중에서 빛의 전파 속도와 비교하였을 때 해당 매질에서 빛의 속도가 느려지는 정도

$$n(\text{굴절률}) = \frac{c(\text{진공에서 빛의 속도})}{v(\text{매질에서 빛의 속도})}$$

① 굴절률이 작은 물질보다 큰 물질 속에서 빛의 속도가 더 느리다.
② 두 매질의 굴절률 차이가 클수록 빛이 진행할 때 경계면에서 더 크게 꺾인다.

굴절률이 큰 순서
① 다이아몬드
② 유리
③ 물
④ 공기

페르마의 원리

두 점 사이를 진행하는 빛은 진행 시간이 가장 짧게 걸리는 경로로 진행한다는 원리이다.

빛이 공기 중에서 물로 진행할 때(A→B)는 공기에서의 속도가 물속에서 보다 더 빠르기 때문에 ⓒ으로 이동하는 경로가 시간이 가장 짧게 걸린다.

물질의 굴절률

파장 598 nm 인 빛에 대하여 표준 상태(0 ℃, 1 기압인 상태)에서 물질의 굴절률

물질	굴절률
진공	1.00
공기	1.00029
물	1.33
에탄올	1.36
글리세린	1.47
유리	1.45 ~ 1.70
수정	1.54
다이아몬드	2.42

생각해보기 ★

그림과 같이 사막에서 신기루 현상이 보이는 이유는 무엇일까?

미니사전

매질 [媒 매개 質 바탕] 파동 에너지를 전달해 주는 물질

개념확인 1

빛이 속도가 느린 매질에서 속도가 빠른 매질로 진행할 때 입사각과 굴절각의 크기를 부등호를 이용하여 비교해 보자.

입사각 (   ) 굴절각

확인 +1

굴절률에 대한 설명으로 옳은 것은?

① 물의 굴절률이 공기의 굴절률보다 작다.
② 굴절률이 큰 물질 속에서 빛의 속도가 더 빠르다.
③ 두 매질의 굴절률 차이가 클수록 빛이 진행할 때 경계면에서 덜 꺾인다.
④ 매질에서 빛의 속도를 진공에서 빛의 속도로 나눈 값이 그 매질의 굴절률이다.
⑤ 진공 중에서 빛의 전파 속도와 비교하였을 때 해당 매질에서 빛의 속도가 느려지는 정도를 말한다.

2. 굴절법칙

(1) **굴절법칙** : 빛의 굴절을 설명하는 법칙으로, 빛이 굴절률이 서로 다른 매질을 진행할 때 굴절률이 작을수록 빛의 속도가 빨라진다.

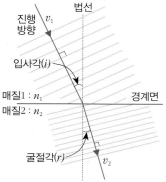

$$n_{12} = \frac{v_1}{v_2} = \frac{n_2}{n_1}$$

n_{12} : 매질 1 에 대한 매질 2 의 상대 굴절률
v_1 : 매질 1 에서 빛의 속도
v_2 : 매질 2 에서 빛의 속도

→ 빛이 공기(진공) 중에서 굴절률 n 인 물질로 나아가는 경우 그 물질에서의 빛의 속도는

$$\frac{n_2}{n_1} = \frac{v_1}{v_2} \rightarrow \frac{n(\text{매질})}{1(\text{공기})} = \frac{c(\text{공기 중 속도})}{v(\text{물질 중 속도})} \quad \therefore v = \frac{c}{n}$$

(2) **겉보기 깊이** : 빛의 굴절로 인하여 물속의 물체가 떠 보인다.

· 사람 눈으로 들어오는 실제 빛
  → P 점의 물체에서 나온 굴절된 빛
· 사람이 느끼는 빛
  → P' 점의 물체에서 나온 직진한 빛

공기의 굴절률 $n_1 = 1$, 물의 굴절률 n_2 일 때,

$$\frac{h'}{h} = \frac{n_1}{n_2} = \frac{1}{n_2}$$

$$h'(\text{겉보기 깊이}) = \frac{h(\text{실제 깊이})}{n_2}$$

정답 및 해설 18

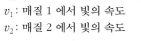 빈칸에 알맞은 말을 쓰시오.

빛이 서로 다른 매질로 진행할 때 입사각의 사인값과 굴절각의 사인값의 비가 항상 일정하다는 법칙을 (   )법칙 이라고 한다.

  어항 속 금붕어가 수면에서 13 cm 아래에 있다면, 눈으로 보이는 금붕어는 수면 아래 몇 cm 에 있을까?(단, 공기의 굴절률 = 1, 물의 굴절률 = 1.3 이다.)

① 6.5 cm　　　　　② 10 cm　　　　　③ 13 cm
④ 26 cm　　　　　⑤ 39 cm

● **전반사**

굴절률이 큰 매질에서 굴절률이 작은 매질로 빛이 진행할 때에는 입사각보다 굴절각이 크게 된다. 이때 입사각을 점점 크게 하게 되면 빛이 두 매질의 경계면을 통과하지 못하고 전부 내부로 반사되는 전반사가 일어난다.

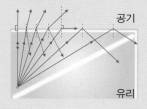

● **광섬유**

중심부에는 굴절률이 큰 유리(코어)가 있고, 굴절률이 작은 유리(클래딩)를 사용하여 중심부 유리를 감싸고 있는 구조로 되어 있어 빛의 전반사가 일어나도록 한 광학 섬유이다.

광섬유를 여러 가닥으로 묶어 광케이블을 만든 후 통신용(광통신)으로 사용한다.

광통신은 에너지 손실과 데이터의 손실률이 낮고, 외부의 영향을 거의 받지 않는다는 장점이 있다.

● **스넬 법칙**

굴절 법칙은 스넬 법칙이라고도 한다. 스넬 법칙은 매질 1에서 매질 2로 빛이 들어가며 굴절할 때 다음과 같은 식이 성립한다.

$$n_{12} = \frac{\sin i}{\sin r}$$

(i : 입사각, r : 굴절각)

● **하늘이 파란 이유**

하늘이 파랗게 보이는 것은 빛이 대기 중의 공기 입자에 의해서 사방으로 흩어지는 산란 현상 때문에 나타나며, 굴절 현상과는 다른 현상이다.

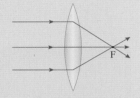
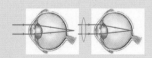
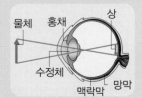
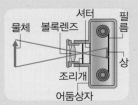
3. 볼록렌즈

(1) 볼록렌즈에 의한 상

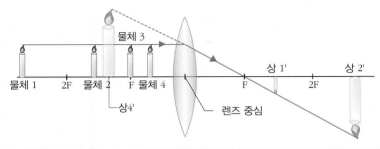

위치	상	위치	상
물체1	물체가 초점 거리의 2 배 밖에 위치	물체3	물체가 초점에 위치
	축소된 도립 실상(상 1')		상이 생기지 않음
물체2	물체가 초점의 2 배 위치와 초점 사이에 위치	물체4	물체가 초점 안에 위치
	확대된 도립 실상(상 2')		확대된 정립 허상(상 4')

(2) 볼록렌즈에 의한 상 작도 : 물체의 한 점에서 나온 빛이 굴절되어 다시 한 점에 모이는 곳 또는 연장선이 모이는 곳에 상이 생긴다.

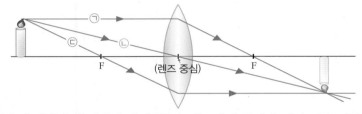

① 광축과 평행하게 입사한 광선(㉠)은 렌즈에서 굴절한 뒤 초점을 지난다.
② 렌즈의 중심을 향해서 입사한 광선(㉡)은 입사한 경로 그대로 직진한다.
③ 렌즈의 초점(F)을 지나온 광선(㉢)은 렌즈에서 굴절한 뒤 광축과 평행하게 직진한다.

개념확인 3 빈칸에 알맞은 말을 고르시오.

볼록렌즈에 물체를 비추었을 때 물체가 초점 거리 안에 위치하면 상은 (㉠ 축소된 ㉡ 확대된) (㉠ 도립 ㉡ 정립) (㉠ 허상 ㉡실상)이 생긴다.

확인 + 3 볼록렌즈에 대한 설명으로 옳은 것은?

① 볼록렌즈는 근시안 교정용 안경에 사용된다.
② 렌즈의 중심을 향해서 입사한 광선은 광축과 나란하게 진행한다.
③ 볼록렌즈를 통과한 빛은 한 점에 모이는데 이를 구심이라고 한다.
④ 광축과 평행하게 입사한 광선은 렌즈에서 굴절한 뒤 초점을 지난다.
⑤ 렌즈의 초점을 지나온 광선은 렌즈를 지나 입사한 경로 그대로 직진한다.

4. 오목렌즈

(1) 오목렌즈에 의한 상

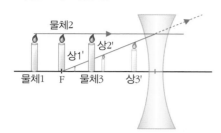

항상 물체보다 작은 크기의 허상 (축소된 정립 허상)이 생기고, 물체가 렌즈에 가까워질수록 상도 렌즈에 가까워지면서 커진다.

(2) 오목렌즈에 의한 상 작도 : 물체의 한 점에서 나온 빛은 렌즈에서 각각 굴절되는데, 굴절된 빛의 연장선이 만나는 한 점에 허상이 생긴다.

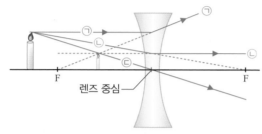

① 광축과 평행하게 입사한 광선(㉠)은 초점에서 나온 것처럼 굴절한다.
② 렌즈의 반대편 초점을 향해 입사하는 광선(㉡)은 렌즈에서 굴절 후 렌즈의 광축과 평행하게 진행한다.
③ 렌즈의 중심을 향해서 입사한 광선(㉢)은 입사한 경로 그대로 직진한다.

(3) 거울과 렌즈

오목거울과 볼록렌즈	볼록거울과 오목렌즈
· 빛을 모아 준다. · 물체와 거울(렌즈)과의 거리에 따라 상이 맺히는 것이 달라진다.	· 빛을 퍼뜨려 준다. · 물체와 거울(렌즈)과의 거리와 상관없이 항상 물체보다 작은 크기의 허상이 생긴다.

정답 및 해설 18

빈칸에 알맞은 말을 고르시오.

> 오목렌즈에 물체를 비추면 상은 (㉠ 축소된, ㉡ 확대된) (㉠ 도립 ㉡ 정립) (㉠ 허상 ㉡실상)이 생긴다.

오목렌즈에 의한 상의 작도 방법으로 옳은 것은 O 표, 옳지 않은 것은 X 표 하시오.

(1) 광축과 평행하게 입사한 광선은 초점에서 나오는 것처럼 굴절한다. ( )
(2) 렌즈의 중심을 향해서 입사한 광선은 광축과 평행하게 직진한다. ( )
(3) 렌즈의 반대편 초점을 향해 입사하는 광선은 렌즈에서 굴절 후 입사한 경로 그대로 직진한다. ( )

● 간단실험
오목렌즈를 이용하여 물체를 관찰해 보자.

● 오목렌즈의 초점
오목렌즈를 통과한 빛은 퍼지는데 이때 퍼진 빛을 렌즈의 반대편으로 연장하면 한 점에서 빛이 나오는 것처럼 보인다. 이 점을 초점(허초점)이라고 한다.

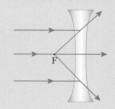

● 오목렌즈의 이용
근시안이란 상이 망막 앞에 맺혀 멀리 있는 물체가 잘 보이지 않는 눈의 상태를 말한다. 이때 교정하는 안경으로 오목렌즈를 사용하여 빛을 퍼뜨려 상이 망막에 맺히도록 한다.

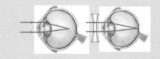

01 빛의 굴절에 대한 설명 중 옳지 <u>않은</u> 것은?

① 빛이 공기 중에서 물로 들어갈 때 일어난다.
② 하늘이 파랗게 보이는 것은 빛의 굴절 때문이다.
③ 빛이 진행하는 속도가 다른 두 매질의 경계면에서 일어난다.
④ 빛이 공기 중에서 물로 들어갈 때 입사각이 커지면 굴절각도 커진다.
⑤ 빛이 속도가 느린 매질에서 속도가 빠른 매질로 들어갈 때에는 입사각이 굴절각보다 작다.

02 여러 가지 물질을 진행할 때 빛의 경로를 나타낸 것이다. 빛의 속도가 느린 매질 순서대로 바르게 나열한 것은?

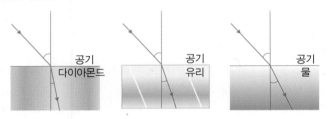

① 물 〈 유리 〈 다이아몬드 〈 공기
② 유리 〈 다이아몬드 〈 공기 〈 물
③ 다이아몬드 〈 유리 〈 물 〈 공기
④ 공기 〈 유리 〈 물 〈 다이아몬드
⑤ 공기 〈 물 〈 유리 〈 다이아몬드

03 굴절 법칙에 대한 설명으로 옳지 <u>않은</u> 것은?

① 스넬 법칙이라고도 한다.
② 매질 1 에 대한 매질 2 의 상대 굴절률을 n_{21} 로 쓴다.
③ 매질 1 에 대한 매질 2 의 상대 굴절률은 $\dfrac{n_2}{n_1}$ 로 구한다.
④ 빛이 진공 중에서 굴절률 n 인 물질로 나아가는 경우 그 물질에서의 빛의 속도를 v 라고 할 때 $v = \dfrac{c}{n}$ 이다.
⑤ 빛이 한 매질에서 다른 매질로 진행할 때 입사각의 사인값과 굴절각의 사인값의 비가 항상 일정하다는 법칙이다.

04 볼록렌즈에 양초를 비추어 본 것이다. 양초의 위치가 초점에 있을 때 상의 상태로 옳은 것은?

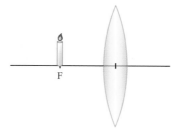

① 축소된 도립 실상
③ 확대된 도립 실상
⑤ 확대된 정립 허상
② 상이 생기지 않음
④ 물체와 크기가 같은 정립 실상

05 광축에 평행하게 입사한 광선의 경로가 바르게 된 것은?

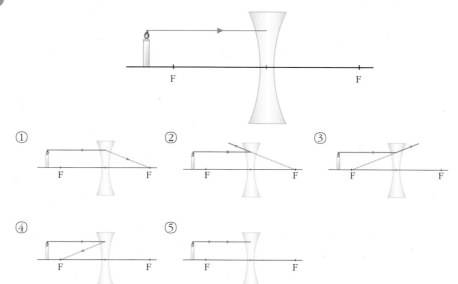

06 오목거울과 볼록렌즈의 공통점으로 옳은 것을 〈보기〉에서 모두 고른 것은?

〈 보기 〉

ㄱ. 빛을 모아 준다.
ㄴ. 빛을 퍼뜨려 준다.
ㄷ. 항상 물체보다 작은 크기의 허상이 생긴다.
ㄹ. 물체와의 거리에 따라 상이 맺히는 것이 달라진다.

① ㄱ, ㄴ   ② ㄱ, ㄷ   ③ ㄱ, ㄹ
④ ㄴ, ㄷ   ⑤ ㄴ, ㄹ

[유형18-1] 빛의 굴절

여러 가지 물질 속을 진행할 때 빛의 경로를 나타낸 것이다. 각 물질의 굴절률의 크기를 바르게 비교한 것은?

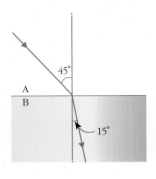 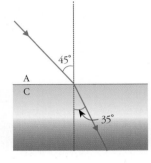 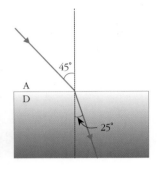

① A 〉 B 〉 C 〉 D

④ C 〉 D 〉 A 〉 B

② B 〉 C 〉 D 〉 A

⑤ D 〉 C 〉 B 〉 A

③ B 〉 D 〉 C 〉 A

01 빛이 물에서 공기로 진행할 때와 공기에서 물로 진행할 때의 입사각과 굴절각의 크기를 바르게 비교한 것은?

	물 → 공기	공기 → 물
①	입사각 = 굴절각	입사각 = 굴절각
②	입사각 〉 굴절각	입사각 〉 굴절각
③	입사각 〈 굴절각	입사각 〈 굴절각
④	입사각 〉 굴절각	입사각 〈 굴절각
⑤	입사각 〈 굴절각	입사각 〉 굴절각

02 다양한 물질들의 굴절률을 나타낸 것이다. 빛이 공기 중에서 표에 주어진 물질로 진행할 때 굴절각이 가장 작은 물질은?

물질	굴절률
에탄올	1.36
글리세린	1.47
유리	1.70
수정	1.54
다이아몬드	2.42

① 유리   ② 수정

③ 에탄올   ④ 글리세린

⑤ 다이아몬드

[유형18-2] 굴절법칙

물의 깊이 26 cm 인 물속에 동전이 가라앉아 있는 모습이다. 위에서 볼 때 물속의 동전은 수면 아래 몇 cm 깊이에 있는 것으로 보이겠는가? (단, 물의 굴절률은 1.3 이다.)

26cm

① 13 cm   ② 14 cm   ③ 16 cm   ④ 18 cm   ⑤ 20 cm

03 빛을 물에서 공기로 진행하도록 레이저를 비추었더니 레이저 빛이 굴절하지 않고 물 표면에서 모두 반사되는 현상을 나타낸 것이다. 이에 대한 설명으로 옳지 <u>않은</u> 것은?

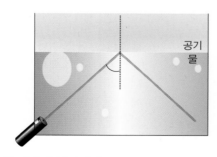

공기
물

① 전반사 현상이다.
② 광섬유의 기본 원리이다.
③ 물대신 유리를 이용하여도 같은 현상을 관찰할 수 있다.
④ 입사각을 더 크게 하면 빛은 다시 공기 중으로 굴절한다.
⑤ 굴절률이 큰 매질에서 작은 매질로 진행할 때 일어나는 현상이다.

04 매질 A 의 굴절률은 1.5 이고, 매질 B 의 굴절률은 3.0 이다. 이때 매질 A 에 대한 매질 B 의 상대 굴절률과 매질 B 에 대한 매질 A 의 상대 굴절률을 바르게 짝지은 것은?

	n_{AB}	n_{BA}
①	0.5	0.5
②	0.5	2
③	2	0.5
④	2	2
⑤	3	3

[유형18-3] 볼록렌즈

다음 중 볼록렌즈에 의한 상의 작도 방법이 바르게 된 것은?

①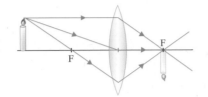

②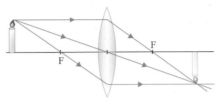

③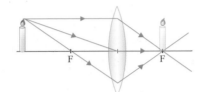

④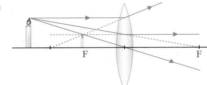

⑤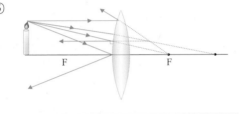

05 다음 그림에서 상이 생기지 않는 양초의 위치는?

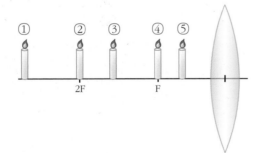

06 볼록렌즈에 의한 상을 작도하는 방법에 대한 설명으로 옳은 것을 〈보기〉에서 모두 고른 것은?

─〈 보기 〉─

ㄱ. 광축과 평행하게 입사한 광선은 렌즈에서 굴절한 뒤 구심을 지난다.
ㄴ. 렌즈의 중심을 지나서 입사한 광선은 입사한 경로 그대로 직진한다.
ㄷ. 렌즈의 초점을 지나온 광선은 렌즈에서 굴절한 뒤 광축과 평행하게 직진한다.

① ㄴ   ② ㄷ
③ ㄱ, ㄷ   ④ ㄴ, ㄷ
⑤ ㄱ, ㄴ, ㄷ

[유형18-4] 오목렌즈

다음 그림에서 양초의 위치가 A 에서 B 로 이동하였을 때 상의 위치와 크기 변화에 대하여 설명한 것 중 옳은 것은?

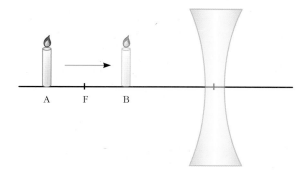

① 상의 크기가 커진다.
② 상의 크기가 작아진다.
③ 작고 거꾸로 선 상이었다가 상이 보이지 않게 된다.
④ 확대된 거꾸로 선 상이었다가 바로 선 상으로 바뀐다.
⑤ 작고 바로 선 상이었다가 확대된 거꾸로 선 상이 생긴다.

07 오목렌즈에 의한 상에 대한 설명으로 옳은 것을 〈보기〉에서 모두 고른 것은?

───〈 보기 〉───
ㄱ. 물체와 상의 크기가 같고 좌우가 바뀐다.
ㄴ. 물체보다 작은 크기의 상이 생긴다.
ㄷ. 물체와 앞뒤가 바뀐 상이 생긴다.
ㄹ. 물체보다 큰 크기의 상이 생긴다.
ㅁ. 물체와 렌즈와의 거리가 가까워질 수록 상도 커진다.

① ㄱ, ㄴ   ② ㄴ, ㅁ
③ ㄱ, ㄴ, ㄷ   ④ ㄷ, ㄹ, ㅁ
⑤ ㄱ, ㄴ, ㄹ, ㅁ

08 무한이는 같은 반 친구인 상상이의 안경으로 책에 있는 글씨를 보았더니 글씨의 크기만 작게 보였다. 상상이의 눈의 상태와 안경에 사용된 렌즈가 바르게 짝지어진 것은?

	눈의 상태	사용된 렌즈
①	근시안	볼록렌즈
②	원시안	볼록렌즈
③	근시안	오목렌즈
④	원시안	오목렌즈
⑤	난시안	오목렌즈

01 레이저 광선을 평행하게 장치에 통과시켰더니 광선 간의 간격이 좁혀져서 나왔다.

(1) 장치 속에 렌즈를 설치한다면 어떻게 설치하면 좋을 지 빛이 지나가는 길을 그려서 설명하시오.

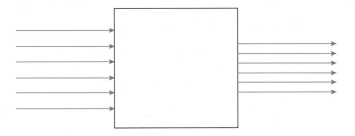

(2) 장치 속에 거울을 설치한다면 어떻게 설치하면 좋을지 빛이 지나가는 길을 그려서 설명하시오.

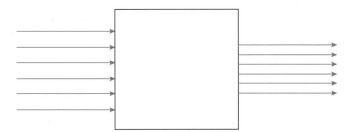

02 사람의 눈은 카메라의 렌즈와 같은 역할을 하는 수정체가 있다. 우리 눈을 구성하는 각막, 수정체, 유리체의 굴절률은 아래의 표와 같다. 다음 물음에 답해 보시오.

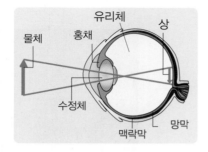

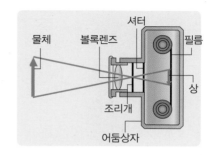

	공기	물	각막	수정체	유리체
굴절률	1.00	1.33	1.37	1.43	1.33

(1) 상이 망막에 맺히는 원리를 굴절률을 이용하여 설명해 보고, 만약 수정체의 굴절률이 공기와 같아질 경우 어떻게 보일지 서술하시오.

(2) 맑은 물속에서 눈을 떠서 사물을 보면 물체가 흐릿하게 잘 보이지 않는다. 그 이유를 굴절률을 이용하여 설명해 보고, 물고기는 물속에서 먹이를 잘 찾을 수 있는 이유를 서술하시오.

03 어안렌즈(fisheye lens, 魚眼－) 란 용어에서 나타나듯이 물고기가 물속에서 물 위를 올려다본 것처럼 사진 촬영이 가능한 렌즈를 말한다. 물고기가 수면을 물속에서 올려다 보았을 때 시야의 모습을 그려 보고, 그 이유를 서술하시오.

▲ 어안렌즈를 통해 촬영한 풍경

04 광통신이란 광섬유를 이용하여 정보가 담긴 빛 신호를 주고 받는 통신 방식을 말한다. 광섬유에 들어온 빛 신호는 전반사되어 다음 그림과 같이 이동하게 된다. 광섬유는 중심부에는 굴절률이 큰 유리인 코어가 있고, 굴절률이 작은 유리인 클래딩이 코어를 감싸고 있는 구조로 되어 있다.

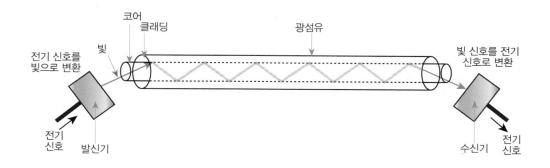

오른쪽 그림은 레이저 빛이 광섬유에 사용되는 물질 A, B, C 사이에서 진행하는 모습을 나타낸 것이다. 광섬유의 클래딩을 A 로 만들었을 때 코어에 사용이 가능한 물질을 쓰고, 그 이유를 서술하시오.

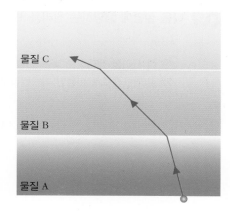

A

01 빛의 굴절에 대한 설명으로 옳은 것은 O 표, 옳지 않은 것은 X 표 하시오.

(1) 빛이 속도가 느린 매질에서 속도가 빠른 매질로 진행할 때는 입사각이 굴절각보다 크다. ( )

(2) 진공 중에서 빛의 전파 속도와 비교하였을 때 해당 매질에서 빛의 속도가 빨라지는 정도를 굴절률이라고 한다. ( )

(3) 빛이 서로 다른 매질 사이를 진행할 때 입사각의 사인값과 굴절각의 사인값의 비가 항상 일정하다는 법칙이 스넬의 법칙이다. ( )

02 다음 설명에 해당하는 원리를 쓰시오.

> 두 점 사이를 진행하는 빛은 진행 시간이 가장 짧게 걸리는 경로로 진행한다는 원리이다.

( )

03 매질의 종류에 따른 빛의 굴절 정도를 나타낸 그림이다. 매질 A, B, C에서 빛이 진행할 때 속도를 부등호를 이용하여 비교하시오.

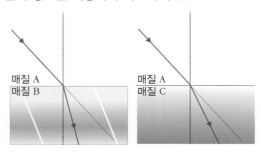

( )

04 다음 설명에 해당하는 현상을 쓰시오.

> 굴절률이 큰 매질에서 굴절률이 작은 매질로 빛이 진행할 때에는 입사각보다 굴절각이 크게 된다. 이 때 입사각을 점점 크게 하게 되면 빛이 두 매질의 경계면을 통과하지 못하고 전부 내부로 반사되는 현상을 말한다.

( )현상

05 빛이 공기 중에서 굴절률이 n인 매질로 진행하는 경우 그 매질에서의 빛의 속도 v는? (단, 공기의 굴절률은 1이고, 빛의 속도는 c로 나타낸다.)

빛의 속도 v = ( )

06 빈칸에 알맞은 말을 고르시오.

> 광축과 평행한 빛이 볼록렌즈를 통과한 후 한 점에 모일 때 이 점을 ( )이라고 한다.

07 다음 그림은 볼록렌즈에 양초를 비추어 본 것이다. 양초의 위치가 A 라면 상이 생기는 위치는?

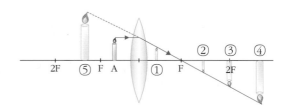

08 빈칸에 알맞은 말을 고르시오.

> 오목렌즈에 의한 상을 작도할 때 렌즈의 반대편 초점을 향해 입사하는 광선은 렌즈에서 (㉠ 반사, ㉡ 굴절) 후 렌즈의 광축과 (㉠ 평행 ㉡ 수직)하게 진행한다.

09 다음 표는 렌즈에 의한 물체의 상의 크기와 모양을 정리한 것이다. 각 기호에 들어갈 말을 각각 쓰시오.

렌즈\물체\상	렌즈와 가까이		구심 거리보다 멀리	
	모양	크기	모양	크기
볼록렌즈	정립	크다	A	작다
오목렌즈	정립	B	정립	C

A ( ), B ( ), C ( )

10 다음 중 볼록거울과 오목렌즈의 공통점으로 옳은 것을 〈보기〉에서 모두 고른 것은?

> ── 〈 보기 〉 ──
> ㄱ. 빛을 모아준다.
> ㄴ. 빛을 퍼뜨려준다.
> ㄷ. 항상 물체보다 작은 크기의 허상이 생긴다.
> ㄹ. 물체와의 거리에 따라 맺히는 상의 종류가 달라진다.

① ㄱ, ㄴ   ② ㄱ, ㄷ   ③ ㄱ, ㄹ
④ ㄴ, ㄷ   ⑤ ㄴ, ㄹ

B

11 다음 그림은 매질의 종류에 따른 빛의 굴절 정도를 나타낸 것이다. 매질 A, B, C 중 굴절률이 가장 큰 매질과, 빛의 속도가 가장 빠른 매질을 바르게 묶은 것은?

	굴절률이 가장 큰 매질	빛의 속도가 가장 빠른 매질
①	A	B
②	A	C
③	B	A
④	B	C
⑤	C	A

12 빛이 매질 1에서 매질 2로 진행하고 있다. 이에 대한 설명으로 옳은 것은?

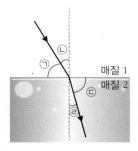

① ㉠이 커지면 ㉣도 커진다.
② 빛의 반사 법칙을 확인할 수 있다.
③ 매질 1의 굴절률이 매질 2의 굴절률보다 크다.
④ 매질 1에서의 빛의 속도가 매질 2에서의 빛의 속도보다 더 크다.
⑤ 두 매질의 굴절률 차이가 작을수록 빛이 진행할 때 경계면에서 더 크게 꺾인다.

13 표는 다양한 물질의 굴절률을 나타낸 것이다. 오른쪽 그림과 같이 빛이 두 매질을 통과할 때 경계면에서 가장 크게 꺾이는 것은?

물질	물	공기	에탄올	유리	사파이어	벤젠
굴절률	1.33	1.00	1.36	1.6	1.77	1.50

	매질 A	매질 B
①	물	벤젠
②	공기	사파이어
③	에탄올	유리
④	공기	유리
⑤	물	공기

14 어떤 액체 속에 물고기 모형이 담겨있다. 물고기 모형은 수면에서 30 cm 깊이에 떠 있었지만 눈으로 보이는 물고기 모형의 위치는 수면 아래 20 cm 에 있었다. 이 액체의 굴절률은? (단, 공기의 굴절률 $n = 1$ 이다.)

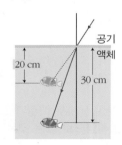

① 0.5 ② 1 ③ 1.5
④ 2 ⑤ 3

15 두꺼운 유리를 통해 유리 뒤의 물체를 보았더니 B 위치에 있는 것처럼 보였다. 이 물체의 실제 위치는 A, B, C 중 어느 곳일까?

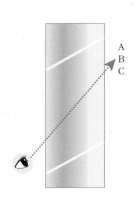

16 다음 그림은 볼록렌즈에 양초를 비춰본 것이다. 이때 상이 거꾸로 생기는 위치가 아닌 곳은?

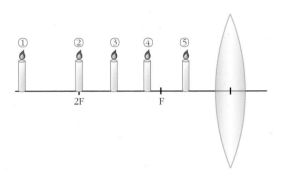

17 볼록렌즈에 양초를 비출 때 양초의 위치가 초점 거리의 2 배 밖에 위치해 있다면 어떤 상이 생기겠는가?

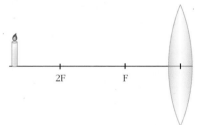

① 축소된 도립 실상 ② 상이 생기지 않음
③ 확대된 도립 실상 ④ 확대된 정립 허상
⑤ 물체와 크기가 같은 정립 실상

18 오목렌즈와 볼록렌즈에 의한 상을 작도하는 방법 중 공통점을 〈보기〉에서 모두 고른 것은?

〈 보기 〉
ㄱ. 렌즈의 중심을 향해서 입사한 광선은 입사한 경로 그대로 직진한다.
ㄴ. 광축과 평행하게 입사한 광선은 초점에서 나온 것처럼 굴절한다.
ㄷ. 렌즈의 초점을 지나온 광선은 렌즈에서 굴절한 뒤 광축과 평행하게 직진한다.

① ㄱ ② ㄴ ③ ㄷ
④ ㄱ, ㄴ ⑤ ㄴ, ㄷ

19 양초의 위치가 A 에서 B 로 이동하였을 때 상의 변화에 대하여 설명한 것 중 옳은 것은?

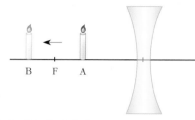

① 상의 좌우가 바뀐다.
② 상의 크기가 커진다.
③ 상의 크기가 작아진다.
④ 상의 위아래가 바뀐다.
⑤ 상의 크기가 작아지고 거꾸로 된다.

20 다음 중 오목렌즈에 의한 상의 작도 방법이 바르게 된 것은?

①
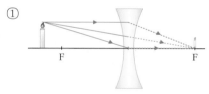

②
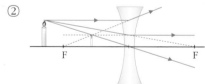

③
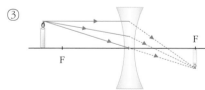

④
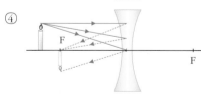

⑤
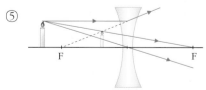

21 상상이는 물속에 거울을 두고 레이저를 이용하여 빛의 굴절과 반사에 대하여 실험하였다. 이에 대한 설명으로 옳은 것만을 〈보기〉에서 있는 대로 고른 것은?

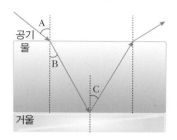

───── 〈 보기 〉 ─────
ㄱ. 각 A 와 각 B 의 크기는 항상 같다.
ㄴ. 각 A 가 커지면 각 B 도 커진다.
ㄷ. 각 B 가 35° 라면 거울에 반사되는 빛의 반사각인 각 C 도 35°이다.
ㄹ. 물보다 굴절률이 큰 물질로 매질을 바꾸면 각 B 가 더 커진다.

① ㄱ, ㄴ   ② ㄱ, ㄷ   ③ ㄴ, ㄷ
④ ㄴ, ㄹ   ⑤ ㄱ, ㄴ, ㄷ, ㄹ

22 매질 1, 2, 3 이 서로 겹쳐져서 경계면을 이루고 있다. 광원에서 나온 빛이 매질1 과 매질 2 의 경계면에서 전반사하고, 매질 2 와 매질 3 의 경계면에서는 일부는 반사되고, 일부는 굴절되어 나가는 모습이다. 매질 1, 2, 3 에서의 굴절률을 각각 n_1, n_2, n_3 라고 할 때 각 매질의 굴절률의 크기를 바르게 비교한 것은?

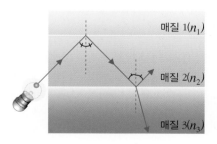

① $n_1 > n_2 > n_3$ ② $n_1 < n_2 < n_3$
③ $n_1 = n_2 > n_3$ ④ $n_1 = n_2 < n_3$
⑤ $n_2 > n_1 > n_3$

[23~24] 빛이 진공으로부터 굴절률 $\frac{3}{2}$ 인 유리 속으로 진행하고 있다. (진공의 굴절률 = 1, 진공에서의 빛의 속력 = 3.0×10^8 m/s)

23 유리 속에서의 빛의 속력은?

① 10^8 m/s
② 1.5×10^8 m/s
③ 2.0×10^8 m/s
④ 2.5×10^8 m/s
⑤ 3.0×10^8 m/s

24 물의 굴절률은 $\frac{4}{3}$ 이다. 물에 대한 유리의 굴절률은?

① $\frac{1}{2}$ ② $\frac{5}{4}$ ③ $\frac{5}{3}$ ④ $\frac{9}{8}$ ⑤ $\frac{8}{9}$

25 다음 그림은 볼록렌즈 앞의 양초를 나타낸 것이다. 이때 양초의 위치를 A 에서 B 로 옮겼을 때 상의 변화를 바르게 나타낸 것은?

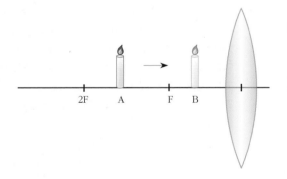

① 확대된 정립 실상 → 확대된 도립 허상
② 확대된 도립 실상 → 확대된 정립 허상
③ 축소된 도립 실상 → 확대된 정립 허상
④ 확대된 정립 허상 → 축소된 도립 실상
⑤ 확대된 도립 실상 → 상이 생기지 않음

26 두 매질의 경계면에서 빛이 굴절하는 이유를 서술하시오.

27 물속에 보이는 물고기를 잡으려고 한다. 이때 작살을 겨냥해야 하는 방향의 기호를 쓰고, 그 이유를 서술하시오.

28 다음 그림과 같은 눈의 특징에 대하여 설명하고, 이를 교정하는 렌즈의 종류를 쓰시오.

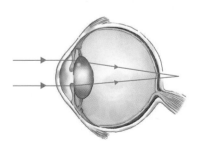

29 오목렌즈의 초점에 대하여 서술하시오.

32 다음 그림과 같이 렌즈의 아래쪽을 검은 종이로 가릴 경우 상의 변화에 대하여 서술하시오.

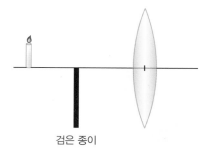

검은 종이

30 오목거울과 오목렌즈의 차이점에 대하여 서술하시오.

창의력 서술

31 우주에 떠 있는 수많은 별들을 지구에서 관찰하면 높은 곳의 별은 실제 위치보다 더 높은 곳에 있는 것으로 보인다고 한다. 그 이유에 대하여 서술하시오.

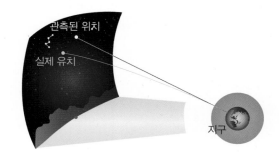

관측된 위치

실제 위치

지구

1. 빛의 분산

(1) 빛의 분산 : 빛(백색광)이 여러 가지 색으로 나누어지는 현상

① 빛이 분산되는 이유 : 빛이 파장에 따라 굴절되는 정도가 다르기 때문

> (파장 길다.→작게 굴절한다.)　　　　　　　(파장 짧다.→크게 굴절한다.)
> 빨간색 − 주황색 − 노란색 − 초록색 − 파란색 − 남색 − 보라색

▲ 빛이 굴절되는 정도

② 빛의 분산으로 알 수 있는 사실 : 백색광은 여러 가지 파장의 빛을 포함한다.

③ 빛의 분산에 의해 나타나는 현상 : 스펙트럼, 무지개 등

(2) 백색광과 단색광

① 백색광 : 여러 가지 색의 빛이 섞여 흰색(무색)으로 보이는 빛이며, 프리즘에 통과시키면 여러 가지 색의 빛으로 퍼진다.

◀ 백색광을 프리즘에 통과시킬 때

② 단색광 : 특정한 1 가지 색으로 보이는 빛으로, 프리즘에 통과시켜도 퍼지지 않고 1 가지 색으로만 나타난다.

◀ 단색광을 프리즘에 통과시킬 때

(3) 스펙트럼 : 프리즘 등에 의하여 빛이 분산되어 생긴 여러 가지 색의 띠

① 연속 스펙트럼 : 무지개와 같이 여러 가지 색이 연속적으로 나타나는 색의 띠

◀ 연속 스펙트럼

② 선 스펙트럼 : 특정한 색의 빛만 선으로 나타나는 여러 가지 색의 띠

◀ 선 스펙트럼

간단실험

CD 뒷면의 색으로 빛의 분산 실험하기

CD 를 준비해서 햇빛에 비춰본 뒤에 무지개 색이 나타나는 것을 관찰한다.

적외선과 자외선

햇빛의 연속 스펙트럼에서 빨간색 바깥쪽에는 눈에 보이지 않는 적외선, 보라색 바깥쪽에는 눈에 보이지 않는 자외선이 있다.

개념확인 1

다음 중 빛의 분산 현상이 나타나는 경우에는 O 표, 나타나지 않는 경우에는 X 표 하시오.

(1) 분광기로 햇빛을 관찰하는 경우　　　　　　　　　　　　　(　)

(2) 햇빛을 프리즘에 통과시키는 경우　　　　　　　　　　　　(　)

(3) 태양을 향해 분무기로 물을 뿌린 경우　　　　　　　　　　(　)

(4) 레이저 빛을 프리즘에 통과시키는 경우　　　　　　　　　　(　)

확인 +1

오른쪽 그림은 햇빛이 프리즘을 통과할 때 여러 가지 색으로 분산되는 모습을 나타낸 것이다. A 와 B 에 나타나는 각각 색을 쓰시오.

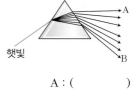

A : (　　　)

B : (　　　)

미니사전

분광기 [分 나누다 光 빛 器 기구] 빛을 좁은 틈에 통과시켜 분산시키는 장치

2. 빛의 합성과 물체의 색

(1) 빛의 합성 : 두 가지 이상의 빛을 합하여 다른 색의 빛을 얻는 것

① 빛의 3 원색 : 빨간빛(R), 초록빛(G), 파란빛(B)
② 빛의 3 원색의 합성 : 모든 색의 빛은 빛의 3 원색을 이용하여 만들 수 있다.
③ 보색 : 두 가지 색의 빛을 합성하여 백색광이 될 때 두 색의 관계를 말한다. (자홍빛 + 초록빛, 빨간빛 + 청록빛, 노란빛 + 파란빛)

▲ 빛의 3원색

(2) 색의 인식 : 우리 눈은 빨간색, 파란색, 초록색 빛을 감지하는 세 종류의 세포로 이루어져 있다. 세 가지 색의 빛이 강도가 각각 다르게 들어올 때 합성된 색의 빛으로 시각 세포가 인식하기 때문에 여러 가지 색의 빛을 인식할 수 있다.

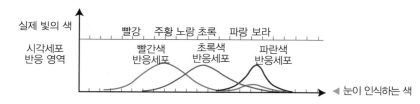

(3) 물체의 색

구분	불투명한 물체			투명한 물체		
의미	물체가 반사하는 빛의 색으로 보인다.			물체가 통과시키는 빛의 색으로 보인다.		
예	빨간색 빛만 반사 ▲ 빨간색 물체	모두 반사 ▲ 흰색 물체	모두 흡수 ▲ 검은색 물체	빨간색 빛만 통과 ▲ 빨간색 유리	모두 통과 ▲ 흰색 유리	통과한 빛 없음 ▲ 검은색 유리

정답 및 해설 23

 개념확인 2

다음 중 빛의 3 원색과 합성에 대한 설명으로 옳은 것은 O 표, 옳지 않은 것은 X 표 하시오.

(1) 빛은 합성할수록 밝아진다. ( )
(2) 빛의 3원색을 모두 합성하면 흰색이 된다. ( )
(3) 빛의 3원색을 적절히 합성하면 모든 색의 빛을 만들 수 있다. ( )
(4) 텔레비전 화면과 전광판은 빛의 3원색을 이용하여 다양한 색을 표현한다.
( )

확인 +2

다음 중 빛의 분산에 의한 현상에는 '분', 빛의 합성에 의한 현상에는 '합'이라고 쓰시오.

(1) 무지개 ( ) (2) 점묘화 ( )
(3) 텔레비전 화면 ( ) (4) 무대 조명 ( )

● 간단실험

색팽이 만들기

사진과 같이 팽이 윗면에 색을 칠하여 돌려본 뒤 어떤색으로 보이는지 관찰해 보자.

● 빛의 합성과 이용

▲ TV 화면의 화소

▲ 점묘화

● 생각해보기 ★

정육점에서 빨간색 조명을 사용하는 이유는 무엇인지 생각해 보자.

미니사전

화소 [畵 그림 素 본디] 영상 장치의 화면을 구성하는 최소 단위로 빨간색, 초록색, 파란색을 내는 묶음으로 구성되어 있다.
= 픽셀(pixel)

3. 파동의 반사

(1) 파동의 반사 : 파동이 진행하다가 장애물을 만나 진행 방향이 바뀌어 되돌아 나오는 현상

① 반사 법칙

ⅰ) 입사각 = 반사각이다.

ⅱ) 입사각과 반사각은 항상 같은 평면에 있다.

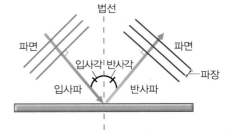

② 파동의 반사에 의한 현상

· 초음파의 반사 : 물고기 떼의 위치를 파악한다.
· 소리의 반사 : 빈 방에서 말을 하면 소리가 울린다.
· 물결파의 반사 : 파도가 해안선에 부딪친 후 되돌아 나온다.

(2) 반사면의 모양에 따른 반사파의 모양 : 평면파(파면이 직선) 또는 구면파(파면이 원형)가 진행하다가 반사되는 경우 반사파의 파면은 반사면의 모양에 따라 달라진다.

평면파의 반사			구면파의 반사
곧은 장애물	오목한 장애물	볼록한 장애물	곧은 장애물
평면파로 반사된다.	구면파로 한 점에 모인다.	구면파로 넓게 퍼진다.	구면파로 퍼진다.

● 파동

한 곳에서 만들어진 진동이 주변으로 퍼져 나가는 것. 에너지의 전달 과정이다.

● 파동의 반사 현상의 이용

· 레이더 : 전파를 이용하여 비행기나 구름의 위치를 알아낸다.
· 어군 탐지기 : 초음파의 반사를 이용하여 해저 지형을 알아내거나 물고기 떼의 위치를 알아낸다.
· 돌고래나 박쥐 : 초음파의 반사를 이용하여 장애물이나 먹이의 위치를 알아낸다.

미니사전

반사 [反 되돌리다 射 쏘다] 일정한 방향으로 나아가던 파동이 다른 물체의 표면에 부딪혀서 나아가던 방향을 반대로 바꾸는 현상

 다음 중 파동의 반사에 대한 설명으로 옳은 것은 O 표, 옳지 않은 것은 X 표 하시오.

(1) 반사면의 모양에 관계없이 항상 반사 법칙이 성립한다. ( )

(2) 평면파가 진행하다가 오목한 장애물을 만나면 넓게 퍼져 나간다. ( )

(3) 파동의 반사는 물결파, 음파, 전파 등 모든 종류의 파동에서 나타난다. ( )

 오른쪽 그림은 물결파가 진행하다가 장애물에 부딪친 모습을 나타낸 것이다.

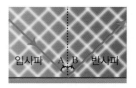

(1) 각 A 와 B 는 무엇을 의미하는지 쓰시오.

A : ( ) B : ( )

(2) 각 A 와 B 의 크기를 부등호를 사용하여 비교하시오.

A ( ) B

4. 파동의 굴절

(1) 파동의 굴절 : 파동이 진행하다가 성질이 다른 매질 사이의 경계면에서 진행 방향이 꺾이는 현상

① 파동이 굴절하는 이유 : 두 매질에서 파동의 전파 속력이 다르기 때문

② 물결파의 굴절 : 물의 깊이에 따라 물결파의 진행 속력이 다르기 때문

ⅰ) 깊은 곳에서 얕은 곳으로 진행할 때 (입사각 〉 굴절각)

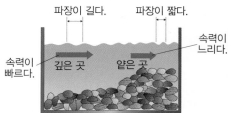 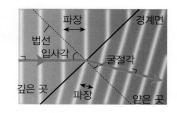

→ 파장이 짧아지고 속력이 느려진다. 진동수는 변함없다.

ⅱ) 얕은 곳에서 깊은 곳으로 진행할 때 (입사각 〈 굴절각)

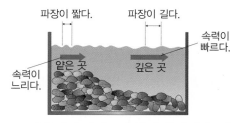 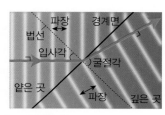

→ 파장이 길어지고 속력이 빨라진다. 진동수는 변함없다.

(2) 파도의 굴절 : 파도(물결파)가 해안선이 바다 쪽으로 돌출된 곳으로 진행하면 파도의 속력이 느려지므로 수심이 얕은 쪽으로 굴절한다. 따라서 파도가 해안에 가까워질수록 파면이 해안선에 나란해진다.

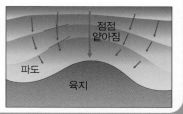

파동의 반사와 굴절 비교

구분	반사	굴절
속력	일정	변화
파장	일정	변화
주기	일정	일정
진동수	일정	일정

파동의 회절
파동이 진행하다가 좁은 틈이나 장애물을 만날 때 장애물의 뒷 부분에도 파동이 전달되는 현상

회절이 잘 되는 조건
파동의 파장이 길수록, 틈이 좁을수록 회절이 잘 일어난다.

파동의 회절과 속력, 파장, 진동수의 변화
회절이 일어나도 파동의 속력, 파장, 진동수는 변하지 않고 일정하다.

정답 및 해설 23

 파동의 반사에 의한 현상에는 '반', 파동의 굴절에 의한 현상에는 '굴'이라고 쓰시오.

(1) 귓바퀴는 오목한 모양으로 되어 있다. ( )

(2) 음악당의 천장은 볼록한 모양으로 되어 있다. ( )

(3) 바닷가에서 파도가 해안선과 나란한 모양으로 들어온다. ( )

 다음 그림은 물결파가 A 에서 B 로 진행하는 모습을 나타낸 것이다. 빈칸에 들어갈 알맞은 말을 고르시오.

(1) 물결파의 파장은 (짧아, 길어)진다.

(2) 물의 깊이가 더 깊은 곳은 (A, B)이다.

(3) 입사각의 크기는 굴절각보다 (크, 작)다.

(4) 물결파의 진동수는 (커진다, 많아진다, 변함없다.)

생각해보기★★
담 너머에도 소리가 들리는 이유는 무엇일까?

미니사전
파장 [波 물결 長 길이]
파면과 파면 사이의 간격

개념 다지기

01 다음 그림은 흰색 빛 A 가 프리즘을 통과한 후 B 와 같이 여러 가지 색으로 나뉘어진 모습을 나타낸 것이다. 이와 같은 원리로 설명할 수 있는 현상은?

① 그림자가 생긴다.
② 무지개가 생긴다.
③ 원색의 점을 찍어 그린 점묘화는 밝은 느낌이 난다.
④ 뿌연 연기 속에서 레이저 빛이 곧게 나아가는 모습이 보인다.
⑤ 컴퓨터 모니터는 세 가지 색의 빛으로 여러 가지 색을 표현한다.

02 햇빛 아래에서 빨간색으로 보이는 사과가 있다. 빨간색 조명과 노란색 조명 아래에서 보이는 사과의 색을 바르게 짝지은 것은?

	빨간색	노란색		빨간색	노란색
①	빨간색	빨간색	②	빨간색	노란색
③	빨간색	검은색	④	노란색	빨간색
⑤	노란색	검은색			

03 컴퓨터 모니터를 돋보기로 자세히 관찰할 때 볼 수 있는 화소(pixel)의 모습이다. 1 개의 화소는 빛의 3 원색으로 구성되어 있다. 각각의 화소에서 빨간색 빛과 파란색 빛만 켜지는 경우 조금 떨어진 곳에서 볼 때 그 구간은 어떤 색으로 보이겠는가?

① 빨간색　　　② 파란색　　　③ 초록색　　　④ 자홍색　　　⑤ 청록색

04 물결파가 진행하다가 장애물에 부딪쳐 되돌아 나가는 모습을 나타낸 것이다. 이에 대한 설명으로 옳지 <u>않은</u> 것은?

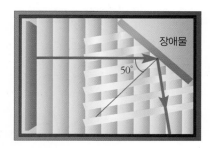

① 입사각은 50° 이다.
② 반사각은 40° 이다.
③ 파동의 반사 현상을 보여준다.
④ 입사각이 커지면 반사각도 커진다.
⑤ 입사파와 반사파는 서로 파장이 같다.

05 일부의 파면이 보이는 물결파가 장애물에 부딪친 후 반사하는 모습을 나타낸 것이다. 물결파의 반사각은?

① 40°   ② 50°   ③ 60°   ④ 80°   ⑤ 90°

06 물결파가 물의 깊이가 서로 다른 경계면에서 진행 방향이 꺾이는 모습을 나타낸 것이다. 이 물결파의 입사각과 굴절각을 바르게 짝지은 것은?

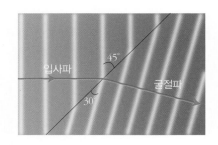

	입사각	굴절각		입사각	굴절각
①	35°	60°	②	45°	30°
③	45°	60°	④	55°	30°
⑤	55°	60°			

[유형19-1] 빛의 분산

햇빛이 프리즘을 통과할 때 분산되는 모습으로 옳은 것은?

① 햇빛 / 보라 / 빨강

② 햇빛 / 빨강 / 보라

③ 햇빛 / 보라 / 빨강

④ 햇빛 / 빨강 / 보라

⑤ 햇빛 / 흰색

Tip!

01 형광등 빛을 간이 분광기로 보았을 때 나타나는 색의 띠이다. 이에 대한 설명으로 옳지 <u>않은</u> 것은?

① 빛의 분산 현상이다.
② 파장 순서대로 배열되어 있는 모습이다.
③ 빛의 색에 따라서 굴절 정도가 달라져서 나타난다.
④ 형광등 빛에 포함되어 있는 빛의 색을 나타낸 것이다.
⑤ 햇빛을 간이 분광기로 보아도 같은 간격의 색의 띠를 관찰할 수 있다.

02 해가 뜰 무렵에 생긴 무지개를 관찰한 모습을 나타낸 것이다. 이때 무지개가 뜬 하늘의 방향은?

① 동쪽 하늘   ② 서쪽 하늘   ③ 남쪽 하늘
④ 북쪽 하늘   ⑤ 하늘 정중앙

[유형19-2] 빛의 합성과 물체의 색

그림 (가) ~ (다) 와 같이 원판에 두 가지 색의 색종이를 붙여 색원판을 만들었다.

(가)　　　　　　　　(나)　　　　　　　　(다)

각각의 색원판을 빠르게 돌릴 때 나타나는 색을 바르게 짝지은 것은?

	(가)	(나)	(다)		(가)	(나)	(다)
①	흰색	자홍색	청록색	②	흰색	청록색	자홍색
③	청록색	흰색	자홍색	④	청록색	자홍색	흰색
⑤	자홍색	청록색	흰색				

03 빛의 3 원색이 합성된 빛을 어떤 종이에 비추었더니, 종이에 빨간색 빛만 흡수되었다. 이때 종이에서 반사된 빛의 색과 종이의 색을 옳게 짝지은 것은?

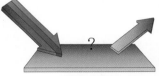
빨간색 흡수

	반사된 빛	종이의 색		반사된 빛	종이의 색
①	빨강	청록	②	초록	노랑
③	초록, 파랑	청록	④	초록, 파랑	빨강
⑤	초록, 파랑	노랑			

Tip!

04 빛의 성질과 그 성질에 의한 현상을 바르게 짝지은 것을 <u>모두</u> 고르시오.(2 개)
① 직진 - 그림자가 생긴다.
② 직진 - 프리즘에 의해 스펙트럼이 생긴다.
③ 분산 - 정육점에서 빨간색 조명을 이용한다.
④ 분산 - 공기 중에서 레이저 빛이 곧게 나아간다.
⑤ 합성 - 텔레비전 화면에서 여러 가지 색을 표현한다.

[유형19-3] 파동의 반사

물결파의 진행 방향에 대해 비스듬하게 플라스틱 막대를 놓았을 때 물결파가 플라스틱 막대 표면에서 반사되어 나가는 모습을 나타낸 것이다.

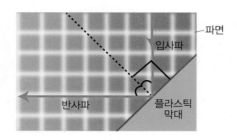

이에 대한 설명으로 옳은 것만을 〈보기〉에서 모두 고른 것은?

〈 보기 〉
ㄱ. 입사각과 반사각의 크기가 같다.
ㄴ. 반사 후 물결파의 속력은 느려진다.
ㄷ. 반사 후 물결파의 진동수는 변함이 없다.

① ㄴ   ② ㄷ   ③ ㄱ, ㄴ   ④ ㄱ, ㄷ   ⑤ ㄱ, ㄴ, ㄷ

---

05 물결파가 진행하다가 장애물을 만나 되돌아 나가는 모습이다.

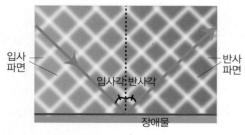

파동의 이러한 성질로 설명할 수 있는 현상을 〈보기〉에서 모두 골라 기호로 쓰시오.

〈 보기 〉
ㄱ. 기상 레이더로 구름의 양을 측정한다.
ㄴ. 낮보다 밤에 소리가 더 멀리까지 전달된다.
ㄷ. 초음파로 태아의 건강 상태를 진단한다.

(   )

06 음악당의 천장을 볼록한 모양으로 하면, 음악당 전체에서 소리를 잘 들을 수 있다.

이때 이용된 파동의 성질과 관계가 먼 현상은?

① 작은 소리를 듣기 위해 귀에 손을 댄다.
② 파도가 해안선과 나란한 모양으로 들어온다.
③ 산 정상에서 소리를 지르면 메아리가 들린다.
④ 오목한 접시 모양으로 위성 안테나를 만든다.
⑤ 초음파를 이용하여 엄마 뱃속 태아의 모습을 본다.

[유형19-4] 파동의 굴절

물결파 투영 장치의 물결통에 물을 채우고 유리판을 물속에 잠기게 둔 다음 파원에서 물결파를 발생시켰다. 이때 나타난 물결파의 모습으로 옳은 것은?

①
파원

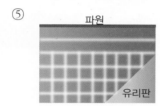
유리판

②
파원

유리판

③
파원

유리판

④
파원

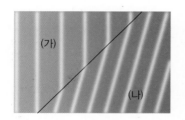
유리판

⑤
파원

유리판

07 다음 그림은 물결파가 (가) 에서 (나) 로 진행하는 모습을 나타낸 것이다.

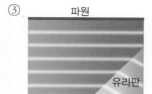

(가)

(나)

(가) 와 (나) 에서 물결파의 속력과 물의 깊이를 바르게 비교한 것은?

속력	깊이
① (나) 가 빠르다.	(나) 가 더 깊다.
② (나) 가 빠르다.	(가) 가 더 깊다.
③ (나) 가 빠르다.	(가) 와 (나) 같다.
④ (가) 가 빠르다.	(나) 가 더 깊다.
⑤ (가) 가 빠르다.	(가) 가 더 깊다.

08 다음 사진은 파도가 해안선에 나란하게 들어오는 모습을 나타낸 것이다. 파도가 해안선에 나란하게 들어오는 현상이 발생하는 것과 관계가 깊은 파동의 성질은?

① 반사   ② 분산   ③ 직진
④ 굴절   ⑤ 합성

창의력 & 토론마당

01 수술실에서 의사들은 청록색 수술복을 입는다. 그리고 수술실에 있는 침대 커버도 수술복과 마찬가지로 청록색으로 통일되어 있다. 수술복을 만들 때 다른 색깔을 쓰지 않고 청록색을 쓰는 이유를 우리 눈의 원추세포와 관련지어 설명하시오.(우리 눈에는 빨간색, 파란색, 초록색을 감지하는 원추세포가 있고, 잔상 효과란 이미 시각에서 벗어난 물체가 일정 시간 동안 상으로 남아 마치 지속적으로 보이고 있는 것처럼 느껴지는 것을 말한다.)

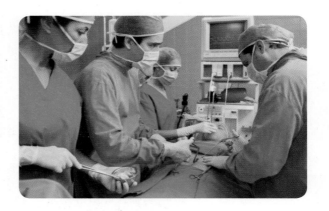

02 골목길의 모퉁이를 돌기 전에는 누가 있는지 무엇이 있는지는 볼 수 없으나 소리는 들을 수 있다. 소리는 들리지만 사람이 볼 수 없는 이유를 파동의 원리와 관련지어 설명하시오.

03 사진은 여수 오동도에 있는 방파제이다. 방파제는 외부의 파도로부터 내부의 항구를 지키기 위해 구조한 건설물이다. 방파제의 면을 보면 'Y 자 구조물'에 의해 매끄럽지 않고 울퉁불퉁하게 되어 있다. 방파제를 보호하기 위해 'Y 자 구조물'을 사용한 이유를 파동의 성질을 이용하여 설명하시오.

04 깊은 물에서 얕은 물로 진행할 때 경계면 근처에서의 물결파의 진행 모습이다.

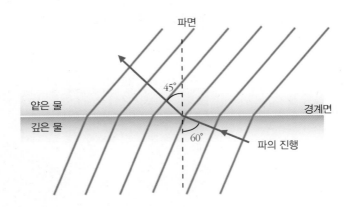

(1) 깊은 물에 대한 얕은 물의 굴절률을 구하시오. (단, $\sin 45° = \dfrac{\sqrt{2}}{2}$, $\sin 60° = \dfrac{\sqrt{3}}{2}$ 이다.)

(2) 얕은 물에서의 물결파의 속력이 느려지는 이유는 무엇인가?

05

빛이 작은 입자에 부딪쳤을 때 방향을 바꾸어 여러 방향으로 흩어지는 현상을 빛의 산란이라고 한다. 태양빛이 지구의 대기층을 지나는 동안 수증기, 먼지 등의 입자에 부딪쳐 흩어지는 현상이 빛이 산란되는 대표적인 예이다. (단, 파장과 굴절률의 관계는 다음 그래프와 같고, 굴절률이 클수록 산란이 잘 된다.)

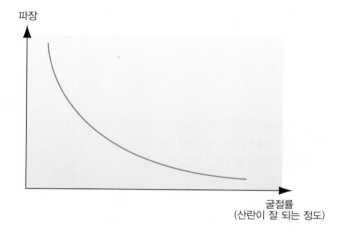

(1) 낮에 하늘이 파란 이유는 무엇일까?

(2) 저녁 노을이 붉게 보이는 이유는 무엇인가?

A

01 해가 서쪽으로 기울어져 있는 늦은 오후 분무기를 사용하여 무지개를 만들려고 한다. 물을 눈앞에서 뿌린다고 할 때 어느 방향으로 뿌려야 하겠는가?

① 동쪽   ② 서쪽   ③ 남쪽
④ 북쪽   ⑤ 머리 위쪽

02 다음 그림은 현수가 빨간색 셀로판지로 만든 안경을 끼고, 빨간색 딸기와 노란색 바나나를 보는 모습을 나타낸 것이다.

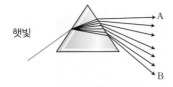

현수가 본 딸기와 바나나의 색을 옳게 짝지은 것은?

	딸기	바나나		딸기	바나나
①	빨간색	빨간색	②	빨간색	노란색
③	빨간색	검은색	④	노란색	노란색
⑤	검은색	검은색			

03 햇빛(백색광)을 프리즘에 통과시켰더니 다음 그림과 같이 여러 가지 색으로 나누어졌다. 이 현상에 대한 설명 중 옳은 것은 O 표, 옳지 않은 것은 X 표 하시오.

햇빛

A

B

(1) 햇빛은 여러 가지 색이 혼합된 빛이다.   (   )

(2) 프리즘 안에서 빛은 두 번 굴절되었다.   (   )

(3) 그림에서 A 부분은 보라색, B 부분은 빨간색이다.   (   )

(4) 프리즘 안에서 각 파장의 빛은 같은 속력으로 전파한다.   (   )

04 〈보기〉 중 합성시켰을 때 백색광이 되는 경우를 있는 대로 고른 것은?

〈 보기 〉
ㄱ. 빨간색+청록색   ㄴ. 초록색+파란색
ㄷ. 빨간색+초록색   ㄹ. 자홍색+초록색
ㅁ. 노란색+파란색
ㅂ. 빨간색+초록색+파란색

① ㄱ, ㄴ, ㄷ   ② ㄱ, ㄷ, ㅂ
③ ㄴ, ㄹ, ㅂ   ④ ㄱ, ㄹ, ㅁ, ㅂ
⑤ ㄴ, ㄷ, ㅁ, ㅂ

05 컴퓨터로 그린 도형의 내부를 색으로 채우기 위해 띄운 색 편집 프로그램 창이다. 빨강(R), 녹색(G), 파랑(B)의 밝기가 각각 255, 255, 255 일 때 도형의 내부는 어떤 색으로 채워질까?(단, 색의 표현 정도는 0(최소)~255(최대) 로 표시한다.)

(   )

06 물결파가 진행하다가 장애물을 만났을 때 그림과 같은 모습이었다. 이때 입사한 물결파 A와 반사한 물결파 B의 속력, 파장, 주기, 진동수를 바르게 비교한 것은?

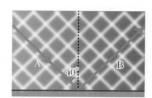

장애물

	속력	파장	주기	진동수
①	A〉B	A〉B	A〉B	A〈B
②	A〈B	A〈B	A〈B	A〉B
③	A = B	A = B	A〉B	A〈B
④	A = B	A = B	A = B	A〉B
⑤	A = B	A = B	A = B	A = B

07 초음파를 이용하면 바다 속에 침몰한 배의 위치를 알 수 있다. 구조선에서 발사된 초음파가 침몰한 배에 도달한 후 반사되어 되돌아오는 데 4초가 걸렸다면 침몰한 배는 수면으로부터 몇 m 깊이에 있는지 구하시오. (단, 초음파의 물속에서의 속력은 1500 m/s 이다.)

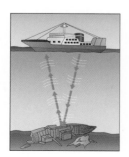

( ) m

08 물결파 투영 장치의 파라핀 막대 사이에 유리판을 깔았다. 물결파가 유리판에 도달하였을 때 나타나는 현상으로 옳은 것을 〈보기〉에서 있는 대로 골라 기호로 답하시오.

─── 〈 보기 〉───
ㄱ. 속력이 느려진다.
ㄴ. 파장이 길어진다.
ㄷ. 진동수가 늘어난다.
ㄹ. 주기는 변함이 없다.

( )

09 다음 그림은 빛의 3원색 조명을 비춘 모습이다. A, B, C에 알맞은 색을 바르게 짝지은 것은?

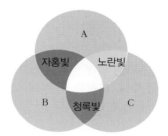

	A	B	C			A	B	C
①	빨강	파랑	초록		②	빨강	초록	파랑
③	초록	파랑	빨강		④	파랑	초록	빨강
⑤	파랑	빨강	초록					

10 파동의 특징을 설명한 글이다. 빈칸에 알맞은 단어를 쓰시오.

담 너머의 사람은 보이지 않지만 그 사람의 목소리를 들을 수 있는 것은 파동의 ( ) 현상 때문이다.

B

11 다음 그림과 같이 물결파의 파면이 반사면을 향해 60° 각도로 입사하고 있다. 반사되는 물결파의 반사각의 크기는 몇 °인가?

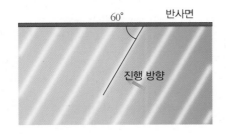

① 15°　② 30°　③ 45°　④ 60°　⑤ 90°

12 흰색 스크린 앞에 물체를 놓고 그림과 같이 빨간색, 초록색, 파란색 빛을 비추었더니 색 그림자 A, B, C 가 생겼다.

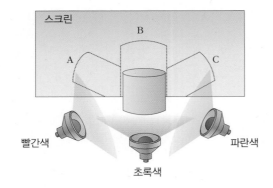

그림자 A, B, C 의 색을 바르게 짝지은 것은?

	A	B	C			A	B	C
①	빨강	파랑	노랑		②	빨강	자홍	청록
③	노랑	자홍	청록		④	파랑	초록	빨강
⑤	검정	검정	검정					

13 실제 빛의 색에 대해 우리 눈이 인식하는 빛의 색을 나타낸 것이다. 청록색 빛을 눈에 비출 때 주로 반응하는 세포로 옳은 것은?

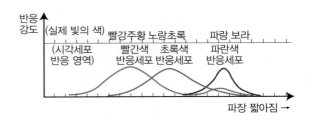

① 초록색 반응 세포
② 파란색 반응 세포
③ 빨간색 반응 세포, 초록색 반응 세포
④ 빨간색 반응 세포, 파란색 반응 세포
⑤ 초록색 반응 세포, 파란색 반응 세포

[14~15] 물결파가 수심이 깊은 곳에서 얕은 곳으로 진행하고 있다.

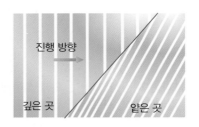

14 경계면에 도달한 후 물결파의 진행 방향으로 옳은 것은?

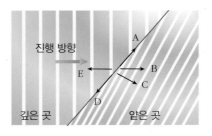

① A　②B　③C　④D　⑤E

15 이에 대한 설명으로 옳은 것을 〈보기〉에서 있는 대로 골라서 기호로 답하시오.

〈 보기 〉
ㄱ. 경계면에서 물결파의 굴절이 일어난다.
ㄴ. 물의 깊이가 얕은 곳에서 물결파의 속력이 빨라진다.
ㄷ. 물의 깊이가 달라지면 파동의 전파에 영향을 미친다.

(   )

16 다음 그림과 같은 텔레비젼 화면을 확대해 보면 수많은 화소로 이루어져 있다.

해바라기 꽃의 노란색 꽃잎 부분을 확대한 화소의 모습으로 옳은 것은?

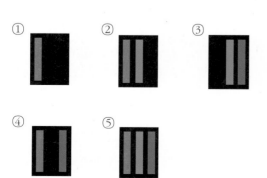

17 컴퓨터의 색 편집기에서는 빨간색, 초록색, 파란색의 강도를 각각 0에서 255까지 변화시키면서 조합하여 다양한 색을 나타낸다. 빨간색 강도가 255, 초록색 강도가 123, 파란색 강도가 0일 때 혼합색은 주황색이다. 이에 대한 설명으로 옳은 것만을 〈보기〉에서 모두 고른 것은?

〈 보기 〉
ㄱ. 초록색의 강도를 증가시키면 노란색이 나오게 된다.
ㄴ. 주황색은 가장 밝은 빨간색과 중간 강도의 초록색을 혼합하여 만들 수 있다.
ㄷ. 빨간색, 초록색, 파란색으로 사람이 인식할 수 있는 모든 색을 나타낼 수 있다.

① ㄱ   ② ㄱ, ㄴ   ③ ㄱ, ㄷ
④ ㄴ, ㄷ   ⑤ ㄱ, ㄴ, ㄷ

18 물결파가 반사판에 비스듬히 입사하였다. 이때 반사파의 모양을 바르게 나타낸 것은?

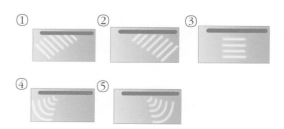

19 다음 그림은 해안으로 진행하는 파동의 파면을 나타낸 것이다. A 와 B 에서 물결파에 대한 설명으로 옳지 않은 것은?

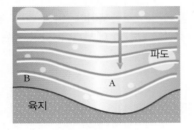

① A 가 B 보다 깊다.
② 물결파가 굴절하고 있다.
③ A 에서의 파장이 B 에서보다 길다.
④ B 에서의 속력이 A 에서보다 빠르다.
⑤ A 와 B 에서 같은 시간 동안 지나가는 마루의 수는 같다.

20 오른쪽 그림과 같이 AM 방송은 FM 방송에 비해 언덕 너머에서도 수신이 잘 된다. 이것은 AM 방송 전파의 어떤 특성 때문인가?

① 횡파이다.
② 파장이 길다.
③ 진폭이 크다.
④ 진동수가 크다.
⑤ 속력이 빠르다.

21 물결통의 나무도막 사이의 물 밑에 임의의 렌즈 모양의 유리판을 깔고 물결파가 지나가도록 하였다. 이 때 유리판을 통과하기 전후의 물결파의 모양으로 옳은 것은?

① ② ③
④ ⑤

22 디지털 카메라가 영상을 처리하는 과정이다. 렌즈로 들어온 빛은 각각의 필터를 통과하고 카메라 안에 내장된 영상 처리 프로그램에 의해 하나의 영상으로 합쳐져 천연색 영상이 된다.

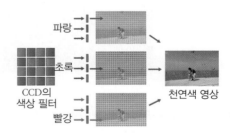

렌즈에 빨간색과 초록색 빛이 동시에 들어왔을 때 빛을 통과시키는 필터의 종류와 나타나는 색을 옳게 짝지은 것은?

	필터	나타나는 색
①	파란색	파란색
②	초록색, 파란색	주황색
③	빨간색, 파란색	노란색
④	빨간색, 초록색	노란색
⑤	빨간색, 초록색, 파란색	흰색

23 물결파 투영 장치에서 물결파를 발생시켜 A면에서 반사시켰더니 반사파의 모양이 오른쪽 그림과 같았다. A 면의 모양으로 옳은 것은?

① ② ③ ④ ⑤

24 물결파가 매질 1과 2의 경계면 AA'에서 굴절하는 모양을 나타낸 것이다.

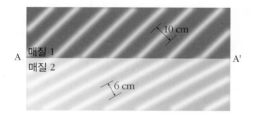

매질 1에서 물결파의 진동수가 8 Hz일 때, 이에 대한 설명으로 옳은 것을 〈보기〉에서 모두 고른 것은?

─〈 보기 〉─
ㄱ. 매질 2에서 물결파의 진동수는 4 Hz 이다.
ㄴ. 매질 2에서의 물결파의 속력은 48 cm/s 이다.
ㄷ. 매질 1에 대한 매질 2의 굴절률은 0.6 이다.

① ㄱ   ② ㄴ   ③ ㄷ
④ ㄱ, ㄷ   ⑤ ㄴ, ㄷ

25 다음 그림은 수면파가 회절하는 모습을 나타낸 것이다.

회절을 더 잘 일어나게 하는 방법을 〈보기〉에서 모두 고른 것은?

─〈 보기 〉─
ㄱ. 장애물의 틈을 넓게 한다.
ㄴ. 물의 깊이를 더 깊게 한다.
ㄷ. 수면파의 진동수를 증가시킨다.

① ㄱ   ② ㄴ   ③ ㄷ
④ ㄱ, ㄷ   ⑤ ㄴ, ㄷ

26 같은 옷을 옷 가게에서 입었을 때와 방 안에서 입었을 때 옷의 색이 달라 보였다. 같은 옷이지만 옷의 색이 달라 보이는 이유를 쓰시오.

▲ 노랑   ▲ 초록

27 백색광을 프리즘을 통해 분산시키고, 이를 볼록렌즈와 프리즘을 이용하여 모으는 모습을 나타낸 것이다. 볼록렌즈와 프리즘을 지난 빛 A 는 무슨 색인지 쓰고, 그 이유를 설명하시오.

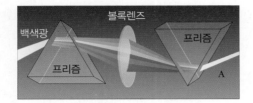

28 오른쪽 그림과 같은 물결파 투영 장치로 물결파를 진행하였더니 둥근 파면이 반사되었다.

(1) 반사면 A는 어떤 모양인지 대략적인 모양을 그리시오.

(2) A에서 반사된 파동은 파면이 퍼져 나간다. 만약 파면이 빛의 진행과 같아서 A에서 반사된 빛이 퍼진다면 A는 어떤 거울인지 쓰고, 그 이유를 설명하시오.

29 파도가 해안선을 향해 진행하는 모습이다. 파도가 해안선에 가까워지면 파면이 해안선에 나란하게 굴절하는데, 그 이유를 A 점과 B 점에서의 깊이를 고려하여 설명하시오.

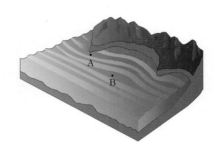

30 물결파의 파장과 장애물의 틈의 간격을 다르게 하여 물결파를 진행시켰다. 회절이 잘 되는 것부터 순서대로 쓰고, 그 이유를 서술하시오.

(가)　　　　　(나)　　　　　(다)

창의력 서술

31 빛은 섞을수록 밝아지지만 물감은 섞을수록 어두
워진다. 그 이유를 빛의 합성을 이용하여 설명하
시오.

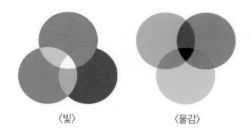

〈빛〉　　　　〈물감〉

32 사람의 시각 세포는 빛의 색에 반응하는 원뿔세
포와 빛의 밝기에 반응하는 막대 세포로 구성되
어 있다. 원뿔 세포는 빨간색 빛에 가장 민감하게
반응하는 적원뿔세포, 초록색에 가장 민감하게 반
응하는 녹원뿔세포, 파란빛에 가장 민감하게 반응
하는 청원뿔세포가 있다. 만약 적원뿔세포에 이상
이 있는 사람이 노란색을 본다면 어떻게 보일까?
또한 막대 세포에 이상이 있는 사람은 어떤 증상
이 나타날까?

33 다음은 가정에서 사용하는 초음파 센서 로봇 청
소기이다. 로봇 청소기가 청소를 원활하게 할 수
있는 이유를 파동의 성질을 이용하여 설명하시오.

1. 소리의 발생

(1) 소리 : 물체의 진동에 의해 발생된 공기 입자의 진동이 사방으로 전달되는 파동이다.

(2) 소리의 발생

① 공기를 직접 진동시킨다. ㉾ 관악기 내부에서 공기의 진동
② 공기 중에서 탄성체를 진동시킨다. ㉾ 현악기 줄의 진동, 소리굽쇠

(3) 소리의 발생 원리 : 물체의 진동에 의해 주위의 매질이 파동의 진행 방향과 같은 방향으로 진동하여 발생한다.

· 스피커의 음파와 용수철의 종파

구분	스피커의 진동에 의한 소리	용수철의 종파
그림	파동의 진행 방향 / 공기 / 매질의 진동 방향	파동의 진행 방향 / 진동 방향 / 흔듦
의미	소리가 전달될 때 공기는 용수철에 의한 종파와 같은 형태로 진동한다.	

(4) 소리의 발생 예 : 소리가 발생하기 위해서는 진동하는 물체가 있거나, 공기 자체를 진동시켜야 한다

소리굽쇠의 진동	성대의 진동	바이올린 현의 진동	공기의 진동
소리굽쇠를 진동시켜 주변의 공기를 진동시킴	사람의 성대를 진동시켜 주변의 공기를 진동시킴	바이올린의 현을 활로 진동시켜 주변의 공기를 진동시킴	리코더 관 속의 공기를 직접 진동시킴

● **간단실험**
소리굽쇠를 이용하여 소리의 발생 실험하기

① 수조에 물을 담은 후에 소리굽쇠를 두드린다.
② 두드린 소리굽쇠를 바로 수조에 넣어서 진동을 관찰한다.

● **소리굽쇠**
일정한 높이의 맑은 소리가 나오도록 만든 것으로, 진동수가 안정되어 있고 소리의 지속 시간이 길다.

▲ 소리굽쇠

● **생각해보기★**
사람의 목소리는 어떻게 발생할까?

▲ 사람의 성대

미니사전
종파 [縱 세로 −파] 진행 방향과 진동 방향이 나란한 파동
횡파 [橫 가로 −파] 진행 방향과 진동 방향이 수직인 파동
매질 [媒 매개 質 성질] 파동을 전달하는 물질

개념확인 1

다음 빈칸 안에 알맞은 말을 각각 넣으시오.

㉠ ( )는 물체의 진동이 공기를 통해 우리 귀에 전달되는 파동이다. 소리는 파동의 진행 방향과 매질의 진동 방향이 나란한 ㉡ ( ) 이다.

확인 +1

물체의 진동으로 소리가 발생하는 경우는 'A', 공기의 진동으로 소리가 발생하는 경우는 'B'라고 쓰시오.

(1) 소리굽쇠를 진동시켜 소리를 발생시킨다. ( )
(2) 사람의 성대를 진동시켜 소리를 발생시킨다. ( )
(3) 바이올린 현을 활로 진동시켜 소리를 발생시킨다. ( )
(4) 피리 관 속의 공기를 진동시켜 소리를 발생시킨다. ( )

2. 소리의 전달과 특징

(1) 소리의 매질 : 진공을 제외한 고체, 액체, 기체

(2) 소리의 전파 : 물체의 진동이 주변 매질 입자에 전달되면서 소리가 전파된다. 매질이 없는 진공 상태에서는 물체의 진동이 전달되지 않아 소리가 전파되지 않는다.

(3) 소리의 속력 : 소리의 속력은 소리의 크기나 높이에 관계없이 매질의 성질에 따라 정해진다.

물질	진공	공기(20 ℃)	물	나무	철
소리의 속력(m/s)	0	340	1,500	4,300	5,200

(4) 소리의 굴절 : 공기의 온도에 따라 소리의 전파 속력이 다르기 때문에 소리가 굴절한다.

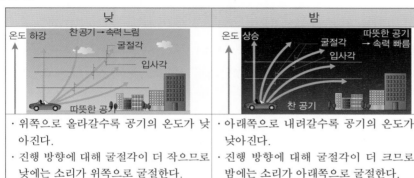

낮	밤
・위쪽으로 올라갈수록 공기의 온도가 낮아진다. ・진행 방향에 대해 굴절각이 더 작으므로 낮에는 소리가 위쪽으로 굴절한다.	・아래쪽으로 내려갈수록 공기의 온도가 낮아진다. ・진행 방향에 대해 굴절각이 더 크므로 밤에는 소리가 아래쪽으로 굴절한다.

(5) 소리의 반사 : 소리도 파동이므로 진행하다가 장애물이나 물체를 만나면 진행 방향이 바뀌어 반사한다.

→ 근정전에서 소리의 반사, 메아리, 골목길에서의 소리의 반사

(6) 소리의 회절 : 소리도 파동이므로 회절 현상이 나타난다.
  ① 방문을 조금만 열어 놓아도 밖에서 말하는 소리가 들린다.
  ② 소리가 통과할 수 없는 높은 담장 안에서 담장 밖의 소리가 들린다.

정답 및 해설 **27**

 개념확인 2

소리에 대한 설명으로 옳은 것은 O 표, 옳지 않은 것은 X 표 하시오.

(1) 소리는 진공에서도 전달된다. ( )

(2) 소리의 속력은 온도가 높을수록 빠르다. ( )

(3) 소리의 속력은 고체, 액체, 기체 중 기체에서 가장 빠르다. ( )

확인 +2

소리의 굴절에 대한 설명으로 옳지 <u>않은</u> 것을 고르면?

① 낮에는 소리가 하늘을 향해 굴절한다.
② 밤에는 소리가 지면쪽으로 굴절한다.
③ 소리는 온도가 높은 쪽으로 굴절한다.
④ 소리의 굴절 때문에 밤에 소리가 멀리까지 전달된다.
⑤ 소리의 굴절은 공기의 온도에 따른 소리의 속력 차이 때문에 나타나는 현상이다.

간단실험
간이 진공 장치를 이용한 실험

① 간이 진공 장치에 휴대 전화를 넣고 벨 소리를 울리게 한다.
② 공기를 조금씩 빼내면서 벨 소리를 들어본다.

매질에 따른 소리의 반사

소리는 매질에 따라 반사되는 정도가 다르다.
・단단한 매끄러운 표면 → 한 방향으로 반사 잘됨
・커튼이나 카펫 → 소리가 여러 방향으로 반사되므로 소리를 잘 들을 수 없음

소리의 속력

소리는 저온에서 느리고 고온에서 빠르다. (소리의 속력 = 파장 × 진동수 = 파장/주기)

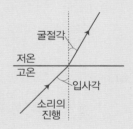

생각해보기★★

옛날 속담 중에 낮말은 새가 듣고 밤말은 쥐가 듣는다는 말이 있다. 이 속담과 소리의 굴절과 어떠한 관계가 있을까?

미니사전

진공 [眞 참 空 비다] 물질이 전혀 없는 공간

① 북을 준비하여 약하게 친 다음에 소리를 들어 본다.
② 북을 세게 친 다음에 소리를 들어본 뒤에 두 소리의 크기를 비교해 본다.

● 데시벨(dB)
소리의 세기를 나타내는 단위로, 사람이 들을 수 있는 가장 작은 소리를 0 dB로 한다. 소리가 10 dB 증가할 때마다 소리의 세기가 10 배씩 증가한다.

● 진동수와 주파수
소리나 전파와 같은 파동의 진동수를 주파수라고 한다.

● 소리의 진동수와 예

소리	진동수(Hz)
남자 목소리	100~150
여자 목소리	200~250
꿀벌의 날개 소리	200
모기 소리	250~500
국제 표준음 '라'	440

● 소리의 높이를 높이는 방법
· 같은 재질의 줄이 짧을수록, 줄이 팽팽할수록 높은 소리가 난다.
· 공기가 진동하는 관의 길이가 짧을수록 높은 소리가 난다.
· 진동하는 유리컵이 가벼울수록 높은 소리가 난다.

미니사전
진폭 [振 떨다 幅 너비] 진동 중심에서 마루 또는 골까지의 거리
음색 [音 소리 色 빛] 소리를 낼 때 그 음의 높낮이가 같아도 악기 또는 사람에 따라 달리 들리는 소리의 특성. 맵시라고도 한다

3. 소리의 표현과 3 요소

(1) **소리의 표현** : 소리를 횡파의 모습으로 표현하는 장치를 소리 분석 장치라고 하며, 마이크를 통해 입력된 소리를 횡파로 변환시켜 준다.

① 물체가 진동할 때 매질을 따라 밀한 부분과 소한 부분이 전파된다.
② 공기 분자의 위치가 이동한 정도를 횡파의 마루와 골로 표현한다.

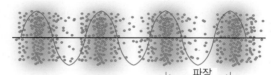

◀ 소리(종파)의 횡파 변환

(2) **소리의 3요소** : 소리의 크기, 소리의 높이, 소리의 맵시로 구분된다.

① 소리의 크기 : 소리의 크기는 음파의 진폭과 관련이 있고, 진폭이 클수록 큰 소리가 난다. 단위는 dB(데시벨)이다.)

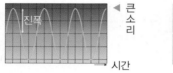

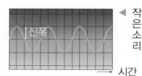

② 소리의 높이 : 소리의 높이는 음파의 진동수와 관련이 있고, 진동수가 클수록 높은 소리가 난다. 단위는 Hz(헤르츠)를 사용한다.

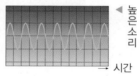

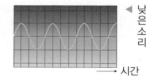

③ 소리의 맵시 : 소리의 맵시는 음파의 파형에 따라 달라진다. 같은 음이라 할지라도 악기마다 소리의 맵시가 다르다.

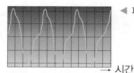

 다음은 소리의 3 요소에 대한 설명이다. 빈칸에 들어갈 알맞은 말을 쓰시오.

(1) 소리의 맵시는 소리의 (   )에 따라 달라진다.
(2) 소리의 크기는 소리의 ㉠ (   )에 따라 달라지며, 단위는 ㉡ (   )을(를) 사용한다.
(3) 소리의 높낮이는 소리의 ㉠ (   )에 따라 달라지며, 단위는 ㉡ (   )을(를) 사용한다.

 다음 중 진폭의 차이로 나타나는 현상은 '폭', 진동수의 차이로 나타나는 현상은 '동', 파형의 차이로 나타나는 현상은 '형'이라고 쓰시오.

(1) 피아노의 '도' 음과 '솔' 음이 다르게 들린다. (   )
(2) 북을 약하게 칠 때와 강하게 칠 때 소리가 다르게 들린다. (   )
(3) 같은 '도' 음이라도 피아노 소리와 바이올린 소리를 구별할 수 있다. (   )

4. 초음파

(1) 소리를 듣는 과정 : 공기의 밀한 부분과 소한 부분의 압력 차이에 의해 고막이 진동하면서 소리를 듣게 된다.

공기의 진동 방향

소리의 진행 방향

뇌

> 소리의 발생 → 공기의 진동 → 진동이 귀에 도달 → 고막의 진동 → 대뇌로 전달

(2) 초음파 : 진동수가 20000 Hz 이상인 소리로, 사람이 들을 수 없는 소리이다.

(3) 초음파의 발생 : 압전 물질에 20000 Hz 이상의 교류 신호를 흐르게 하여 발생시킬 수 있다.

(4) 초음파의 활용 : 초음파가 투과되고 반사되는 성질이나 초음파의 에너지를 이용한다. 진동수가 작을수록 멀리 나아가므로 사용 목적에 따라 진동수가 다른 초음파를 사용한다.

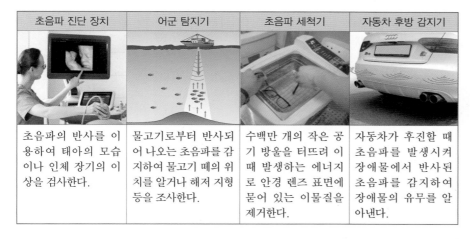

초음파 진단 장치	어군 탐지기	초음파 세척기	자동차 후방 감지기
초음파의 반사를 이용하여 태아의 모습이나 인체 장기의 이상을 검사한다.	물고기로부터 반사되어 나오는 초음파를 감지하여 물고기 떼의 위치를 알거나 해저 지형 등을 조사한다.	수백만 개의 작은 공기 방울을 터뜨려 이때 발생하는 에너지로 안경 렌즈 표면에 묻어 있는 이물질을 제거한다.	자동차가 후진할 때 초음파를 발생시켜 장애물에서 반사된 초음파를 감지하여 장애물의 유무를 알아낸다.

정답 및 해설 27

개념확인 4

다음 글에서 설명하는 파동은 무엇인지 쓰시오.

> · 진동수가 20000 Hz 이상인 소리이다.
> · 안경을 세척할 때나 바다의 깊이를 측정하는 데 이용한다.

(   )

확인 + 4

초음파의 이용과 관련이 **없는** 것은?

① 박쥐가 먹이의 위치를 감지한다.
② 가습기에서 수증기를 만드는 데 이용된다.
③ 기계의 미세한 부분에 끼인 먼지를 세척한다.
④ 병원에서 태아의 모습이나 심장 박동 등을 진단한다.
⑤ 산꼭대기에서 '야호'라고 소리를 지르면 메아리가 들린다.

● **가청 주파수**

사람이 들을 수 있는 주파수(=진동수)로, 진동수가 20 ~ 20000 Hz 범위에 해당한다.

● **진동수에 따른 초음파의 이용**

· 초음파의 진동수가 크면 파장이 짧아 회절이 덜 일어난다. → 정확한 정보를 알 수 있다.
→ 박쥐가 동굴 속에서 먹이 찾기
· 초음파의 진동수가 작으면 파장이 길어 회절이 잘 일어난다. → 투과력이 좋다.
→ 인체의 진단

● **초저주파 음파**

20 Hz 이하의 음파이며 지진파가 그 예이다.

● **동물의 초음파**

동물들은 사람들이 인식하는 진동수보다 더 넓은 범위의 음파를 인식한다. 코끼리는 초저주파를 이용하며, 개, 박쥐나 돌고래 등은 매우 높은 범위의 초음파를 인식할 수 있다.

● **생각해보기★★★**

초음파도 음파처럼 고체에서 속력이 제일 빠를까?

01 소리에 대한 설명으로 옳지 <u>않은</u> 것은?

① 소리는 종파이다.
② 소리는 물체의 진동으로 생긴다.
③ 진공 속에서 소리의 속력이 가장 빠르다.
④ 같은 매질일 때 온도가 높을수록 속력이 빠르다.
⑤ 소리의 진행 방향과 공기의 진동 방향은 나란하다.

02 소리가 공기(15 ℃), 공기(0 ℃), 바닷물(0 ℃), 얼음(−4 ℃) 속에서 전달될 때 소리의 속력이 가장 큰 매질에서 작은 매질의 순서대로 바르게 나열한 것은?

① 바닷물(0 ℃) − 얼음(-4 ℃) − 공기(15 ℃) − 공기(0 ℃)
② 공기(15 ℃) − 얼음(-4 ℃) − 바닷물(0 ℃) − 공기(0 ℃)
③ 공기(0 ℃) − 바닷물(0 ℃) − 공기(15 ℃) − 얼음(-4 ℃)
④ 얼음(-4 ℃) − 바닷물(0 ℃) − 공기(15 ℃) − 공기(0 ℃)
⑤ 얼음(-4 ℃) − 공기(15 ℃) − 바닷물(0 ℃) − 공기(0 ℃)

03 지표면에서 발생한 소리가 화살표 방향으로 퍼져 나가고 있다. 이에 대한 설명으로 옳지 <u>않은</u> 것은?

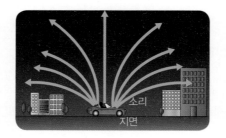

① 소리의 굴절 현상이다.
② 밤에 일어나는 현상이다.
③ 상공의 기온이 지표면보다 높다.
④ 소리가 지상의 멀리까지 전달된다.
⑤ 소리가 상공으로 진행할 때 속력이 느려진다.

04 소리 (가) ~ (다) 의 파형을 나타낸 것이다. 이에 대한 설명으로 옳지 **않은** 것은?

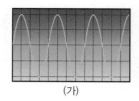
(가)

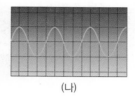
(나)

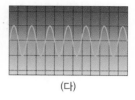
(다)

① (가) 가 가장 큰 소리이다.
② (다) 는 (나) 보다 큰 소리이다.
③ (가) 는 (다) 보다 낮은 소리이다.
④ (나) 와 (다) 는 소리의 세기가 같다.
⑤ (가) 와 (나) 는 소리의 높낮이가 같다.

05 피아노 건반을 나타낸 것이다. 같은 세기로 건반 a ~ e 를 누를 때 진동수가 가장 큰 경우는?

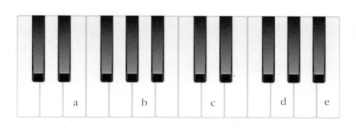

① a   ② b   ③ c   ④ d   ⑤ e

06 일반적으로 사람의 귀로 들을 수 있는 소리의 진동수의 범위로 가장 적당한 것은?

① 20 Hz 이하   ② 15 ~ 50,000 Hz   ③ 20 ~ 20,000 Hz
④ 20,000 Hz 이상   ⑤ 1,000 ~ 200,000 Hz

[유형20-1] 소리의 발생

고무망치로 소리굽쇠를 두드린 다음 소리가 나는 소리굽쇠를 사진과 같이 물이 든 그릇에 넣으면 그릇 속의 물이 튄다. 이로부터 알 수 있는 사실로 옳은 것은?

① 소리는 매질이 있어야 전달된다.
② 소리는 공기의 진동으로 전달된다.
③ 소리는 물체의 진동으로 발생한다.
④ 소리는 기체보다 액체에서 더 빠르다.
⑤ 소리는 매질의 진동 방향과 파동의 진행 방향이 나란한 파동이다.

01 다음 그림은 스피커에서 나는 소리가 전달되는 모습을 나타낸 것이다. 다음 〈보기〉 중 옳은 것만을 모두 고른 것은?

파동의 진행 방향

매질의
진동 방향   공기

─── 〈 보기 〉 ───
ㄱ. 소리는 종파이다.
ㄴ. 소리는 공기의 진동으로 전달된다.
ㄷ. 파동의 진행 방향과 매질의 진동 방향이
   나란하다.

① ㄴ   ② ㄷ   ③ ㄱ, ㄴ
④ ㄱ, ㄷ   ⑤ ㄱ, ㄴ, ㄷ

02 그림 (가)는 물이 든 유리잔을 유리 막대로 두드려 소리를 내는 모습을, 그림 (나)는 유리병 입구를 불어 소리를 내는 모습을 나타낸 것이다. (가)와 (나)에서 소리가 날 때 진동하는 물체를 옳게 짝지은 것은?

(가)   (나)

	(가)	(나)
①	물	유리병
②	물	병 속의 공기
③	유리잔	유리병
④	유리잔	병 속의 공기
⑤	잔 속의 공기	병 속의 공기

[유형20-2] 소리의 전달과 특징

향을 피우고 북을 세게 치면서 향 연기가 움직이는 모습을 관찰하였다. 이에 대한 설명으로 옳지 <u>않은</u> 것은? (단, 바람이 없는 실내에서 실험을 하였다.)

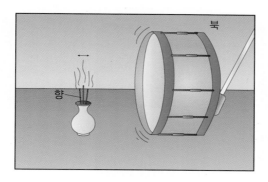

① 북소리는 막의 진동으로 생긴다.
② 북소리를 전달하는 매질은 공기이다.
③ 북소리가 전달될 때 매질은 좌우로 진동한다.
④ 향 연기가 좌우로 진동하는 것으로 보아 북소리는 종파이다.
⑤ 향 연기가 상하로 진동하는 것으로 보아 북소리의 진행 방향과 공기의 진동 방향은 수직이다.

03 철봉의 한쪽 끝에 귀를 대고 반대쪽 끝을 살짝 때리면 철봉에서 소리를 들을 수 있다. 이로부터 알 수 있는 사실로 옳은 것은?

① 소리는 고체를 통해서 전달된다.
② 소리는 매질이 없어도 전달된다.
③ 소리는 공기의 진동으로 전달된다.
④ 온도가 높을수록 소리의 속력이 빠르다.
⑤ 소리는 파동의 진행 방향과 매질의 진동 방향이 나란한 종파이다.

Tip!

04 소리의 속력에 대한 설명으로 옳지 <u>않은</u> 것은?

① 진폭이 커서 큰 소리일수록 속력이 빠르다.
② 줄이 매질일 때 줄이 팽팽할수록 속력이 빠르다.
③ 매질이 고체, 액체, 기체 일 때 고체에서 가장 빠르다.
④ 매질이 공기일 때 공기의 온도가 높을수록 속력이 빠르다.
⑤ 매질이 공기일 때 공기의 밀도가 높을수록 속력이 빠르다.

[유형20-3] 소리의 표현과 3요소

그림은 여러 가지 소리의 파형을 나타낸 것이다. 가장 큰 소리를 나타내는 파형(가)과 가장 높은 소리를 나타내는 파형(나)으로 바르게 짝지은 것은?

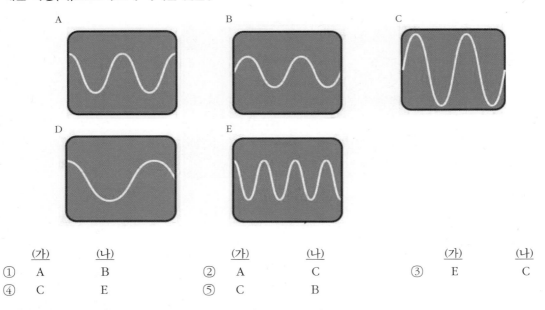

	(가)	(나)		(가)	(나)		(가)	(나)
①	A	B	②	A	C	③	E	C
④	C	E	⑤	C	B			

05 책상 위에 자를 놓고 한쪽 끝을 눌러 고정시킨 후, 다른 쪽 끝을 손으로 퉁겨 소리를 내었다. 이에 대한 설명으로 옳지 <u>않은</u> 것은?

① 자를 강하게 퉁기면 진폭이 커진다.
② 자를 강하게 퉁기면 큰 소리가 난다.
③ 자의 길이가 짧으면 낮은 소리가 난다.
④ 자의 길이가 짧으면 소리의 진동수가 크다.
⑤ 소리의 높낮이와 관계 있는 것은 자의 길이이다.

06 소리의 높낮이를 조절할 수 있는 경우가 <u>아닌</u> 것은?

① 북을 세게 쳤다 약하게 쳤다 한다.
② 컵의 물 양을 조절하면서 두드린다.
③ 실로폰의 판 길이가 다른 것을 두드린다.
④ 기타 줄의 길이를 다르게 하면서 연주한다.
⑤ 리코더 구멍을 막는 개수를 다르게 하면서 분다.

[유형20-4] **초음파**

그림 (가)는 태아의 상태를 진단하는 모습을, 그림 (나)는 자동차 후방 감지기의 모습을 나타낸 것이다.

(가)

후방감지기
(나)

이에 대한 설명으로 옳은 것을 〈보기〉에서 있는 대로 고른 것은?

〈 보기 〉

ㄱ. (가)와 (나)는 모두 파동의 굴절을 이용한다.
ㄴ. 해저 지형 탐사 장치도 (나)와 같은 원리를 이용한다.
ㄷ. (가)와 (나)에서 이용한 소리는 사람이 들을 수 없다.

① ㄱ   ② ㄴ   ③ ㄷ   ④ ㄱ, ㄷ   ⑤ ㄴ, ㄷ

07 다음은 박쥐의 초음파 이용에 대한 설명이다. ㉠, ㉡에 알맞은 말을 옳게 짝지은 것은?

박쥐는 초음파를 발생시키고 장애물이나 먹잇감에서 반사되어 오는 것을 감지하여 길을 찾거나 사냥을 한다. 이때 진동수가 (㉠) 초음파를 사용할수록 장애물이나 먹잇감의 위치를 더 정확히 감지할 수 있다. 이는 초음파의 파장이 짧아 (㉡)이 잘 일어나지 않기 때문이다.

	㉠	㉡		㉠	㉡
①	큰	굴절	②	큰	회절
③	작은	굴절	④	작은	회절
⑤	작은	반사			

08 배에서 초음파를 발생시켰더니 해저 바닥에서 반사되어 되돌아오는 데 6 초가 걸렸다. 해저 바닥의 깊이는? (단, 바닷물 속에서 초음파의 속력은 1500 m/s 이다.)

① 2000 m   ② 3000 m   ③ 3500 m
④ 4500 m   ⑤ 6000 m

01 두 사람이 골목에서 큰 북과 작은 북을 연주하고 있다. 이때 두 북에서 발생한 소리의 파면은 다음 그림과 같다. 큰 북과 작은 북의 소리 중 무한이에게 더 잘 들리는 것을 고르고, 그 이유를 설명하시오.

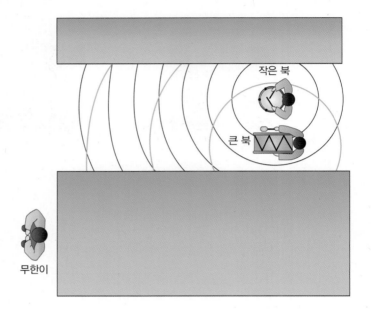

02 일반적으로 커다란 소리, 불협화음, 높은 주파수의 음 등이 소음으로 분류될 수 있지만 구체적으로 어떤 것을 소음으로 느끼느냐 하는 것은 개인의 심리 상태에 따라서 다르다. 소음은 주로 자동차, 철도, 비행기와 같은 교통 수단이 이동할 때의 소리, 공장에서 나는 기계음 등이 있다. 최근에는 아파트 생활을 하는 과정에서 가정에서 사용하는 TV, 오디오, 피아노, 세탁기 등이 유발하는 생활 소음이 큰 문제가 되고 있다. 다음 그래프는 소음 측정기를 이용하여 알탐 중학교의 오후 수업 시간의 소음 정도를 나타낸 것이다. 소음도를 나타내는 단위는 dB(데시벨)이고, 10 dB 이 증가하면 소음도는 10 배 증가한다.

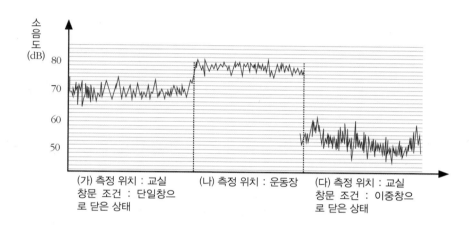

(1) 다음 그림은 이중창의 구조이다. 이중창은 2 장의 판 유리를 그 두께의 2 배 정도로 사이를 떼어서 고정시킨 창문으로 그 사이의 공기를 빼서 제작한다. 창문을 이중창으로 했을 때 위 그래프에서의 특징을 쓰고, 그 이유를 설명하시오.

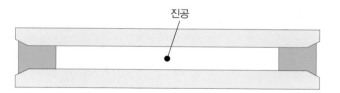

(2) 교실에서 소음을 줄일 수 있는 또 다른 방법 2 가지만 서술하시오.

03 소리는 고체, 액체, 기체를 통해서 전달될 수 있고, 매질에 따라 전달되는 속력이 달라진다. 평소에 자신의 목소리를 중후한 목소리로 인식하던 무한이는 녹음기에 자신의 목소리를 녹음하고 들어보았다. 그러나 녹음되어서 들린 목소리는 상당히 낯설었고 심지어 가볍다는 생각도 들었다.

녹음한 목소리와 자신이 인식하는 목소리에 차이가 나는 이유를 서술하시오.

04 다음 그림은 능동 소음 제어 장치의 원리이다. 능동 소음 제거 장치는 소음을 또 다른 소음을 이용하여 제거하는 장치이다. 음파의 모양은 같지만 위상이 반대인 다른 소음끼리 중첩시키면 서로 상쇄되는 원리를 이용한다. 생활 속에서 이러한 원리를 이용하거나 나타나는 예를 서술하시오.

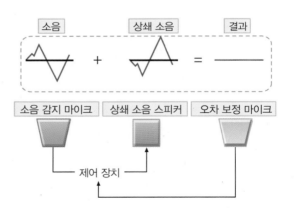

05 커다란 풍선을 사이에 두고 무한이와 지은이가 마주 앉아 말을 했더니 상대편 말소리가 잘 들리는 것을 경험할 수 있었다. (단, 풍선은 매우 얇으며, 반사에 의한 손실은 거의 없다.)

풍선을 사이에 놓고 대화를 할 때 두 사람의 대화가 더 잘 들렸다면 풍선 내부의 기체가 무엇인지 그 원리와 함께 서술하시오.

A

01 바람이 심하게 부는 날 문틈이나 건물 사이에서 씽씽거리는 소리가 나는 것과 같은 원리를 〈보기〉에서 있는 대로 고른 것은?

─〈 보기 〉─
ㄱ. 단소를 불 때 나는 소리
ㄴ. 기타의 줄을 퉁길 때 나는 소리
ㄷ. 굴착기로 땅을 팔 때 나는 소리
ㄹ. 선풍기가 고속으로 회전할 때 나는 바람 소리

① ㄱ
② ㄱ, ㄹ
③ ㄴ, ㄷ
④ ㄱ, ㄴ, ㄷ
⑤ ㄴ, ㄷ, ㄹ

02 어군 탐지기에 사용하는 초음파는 우리가 내는 목소리에 비해 어떤 차이가 있는가?

① 파장이 길다.
② 진폭이 크다.
③ 주기가 길다.
④ 속력이 빠르다.
⑤ 진동수가 크다.

03 소리를 발생하는 방법이 나머지와 다른 하나는?

① 해금
② 첼로
③ 가야금
④ 바이올린
⑤ 클라리넷

04 〈보기〉는 소리가 발생하여 대뇌에 전달될 때까지의 과정을 순서없이 나타낸 것이다. 다음 중 이 과정을 순서대로 바르게 나열한 것은?

─〈 보기 〉─
ㄱ. 물체가 진동한다.
ㄴ. 고막이 진동한다.
ㄷ. 전기 신호가 발생한다.
ㄹ. 공기가 진동한다.

① ㄱ-ㄴ-ㄷ-ㄹ
② ㄱ-ㄹ-ㄴ-ㄷ
③ ㄴ-ㄱ-ㄹ-ㄷ
④ ㄷ-ㄹ-ㄱ-ㄴ
⑤ ㄹ-ㄱ-ㄴ-ㄷ

05 높은 산에 올라가 맞은편 산을 향해 소리쳤더니 10 초 후에 메아리가 들렸다. 맞은편 산까지는 거리는 몇 m 인가? (단, 공기 중에서 소리의 속력은 340 m/s 이다.)

① 340 m
② 680 m
③ 1700 m
④ 3400 m
⑤ 6800 m

06 그림은 속이 빈 플라스틱 관 앞에서 소리굽쇠를 진동시킬 때 어느 순간 공기 입자의 분포를 나타낸 것이다. 이때 소리의 진행 방향(㉠)과 공기 입자의 진동 방향(㉡)을 바르게 짝지은 것은?

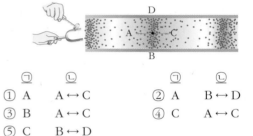

	㉠	㉡		㉠	㉡
①	A	A↔C	②	A	B↔D
③	B	A↔C	④	C	A↔C
⑤	C	B↔D			

07 그림은 어떤 노래의 악보이다. 이 노래를 연주할 때 A~E 중 진동수가 가장 작은 음은?

① A
② B
③ C
④ D
⑤ E

08 그림은 두 소리 (가), (나)의 파동의 모양을 나타낸 것이다. 두 소리 (가), (나) 에 대한 설명으로 옳은 것은 O 표, 옳지 않은 것은 X 표 하시오.

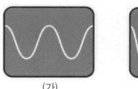
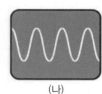

(가)   (나)

(1) (가) 와 (나) 의 소리의 세기는 같다. (   )

(2) (나) 보다 (가) 의 파장이 더 길다. (   )

(3) (가) 는 (나) 보다 더 고음이다. (   )

(4) 진폭이 큰 파동일수록 높은 소리가 난다.
(   )

09 2가지 소리의 파형을 나타낸 것이다.

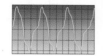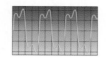

이와 같은 소리 차이로 설명할 수 있는 현상만을 〈보기〉에서 있는 대로 고른 것은?

───〈보기〉───
ㄱ. 목소리로 사람을 구별할 수 있다.
ㄴ. 병의 입구에서 불었을 때 병의 길이에 따라 소리가 다르게 발생한다.
ㄷ. 같은 음이라도 피아노 소리와 클라리넷 소리가 다르다.
ㄹ. 기타 줄을 약하게 퉁길 때와 세게 퉁길 때의 소리가 다르다.

① ㄱ, ㄴ   ② ㄱ, ㄷ   ③ ㄴ, ㄷ
④ ㄴ, ㄹ   ⑤ ㄷ, ㄹ

10 사람은 모기의 날갯짓 소리를 들을 수 있으나 나비의 날개짓 소리는 들을 수 없다. 사람이 나비의 날개짓 소리를 들을 수 없는 이유로 옳은 것은?

① 진폭이 작기 때문에
② 진폭이 크기 때문에
③ 진동수가 작기 때문에
④ 진동수가 크기 때문에
⑤ 소리의 파형이 다르기 때문에

B

11 밀폐 용기의 뚜껑에 휴대 전화를 매달고 뚜껑을 닫은 후 전화를 걸면 벨소리가 들린다. 그러나 오른쪽 그림과 같이 용기 속의 공기를 뺀 후 전화를 걸면 더 이상 벨소리가 들리지 않는다. 이로부터 소리에 대해 알 수 있는 사실은?

① 소리는 매질이 있어야 전달된다.
② 소리는 온도가 높을수록 속력이 빨라진다.
③ 소리가 전달될 때 에너지도 함께 이동한다.
④ 소리는 속력은 고체 〉 액체 〉 기체 순이다.
⑤ 소리는 파동의 진행 방향과 매질의 진동 방향이 나란한 종파이다.

12 그림 (가), (나)는 각각 고무줄을 약하게 퉁길 때와 세게 퉁길 때의 모습이다.

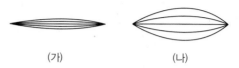

(가)   (나)

(가)에서 (나)로 고무줄의 모습이 변할 때 나타나는 변화로 옳은 것만을 〈보기〉에서 있는 대로 고르시오.

───〈보기〉───
ㄱ. 소리의 진폭이 커진다.
ㄴ. 소리의 진동수가 커진다.
ㄷ. 소리의 파장이 길어진다.
ㄹ. 소리의 파형이 달라진다.

(   )

13 그림은 A ~ E의 5가지 소리의 파형을 나타낸 것이다. 가장 높은 소리와 내는 악기와 가장 작은 소리를 옳게 짝지은 것은?

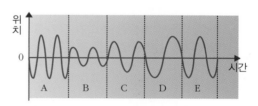

	높은 소리	작은 소리
①	A	B
②	B	A
③	C	B
④	D	C
⑤	E	A

14 그림은 스피커를 통해 발생된 소리가 공기의 진동으로 전달되는 것을 나타낸 것이다. 스피커에서 발생한 소리의 진동수가 680 Hz라면 공기를 통해 전달되는 소리의 속력은 몇 m/s인가?

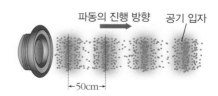

파동의 진행 방향   공기 입자

←50cm→

(   ) m/s

15 똑같은 유리컵을 여러 개 준비한 다음 유리컵에 물을 각각 다르게 담고 막대로 유리컵을 두드리면 음악을 연주할 수 있다.

이에 대한 설명으로 옳은 것만을 〈보기〉에서 있는 대로 고른 것은?

〈 보기 〉
ㄱ. 유리컵이 진동하면서 소리가 난다.
ㄴ. 유리컵마다 소리의 높이가 다르다.
ㄷ. 물이 적게 담긴 유리병에서 가장 낮은 소리가 난다.

① ㄱ   ② ㄴ   ③ ㄱ, ㄴ
④ ㄱ, ㄷ   ⑤ ㄴ, ㄷ

16 소리의 전파 속력이 다른 공기층 1, 2 가 있다. 공기층 1 에서 발생한 소리가 공기층 2 로 진행할 때에 대한 설명으로 옳은 것은?

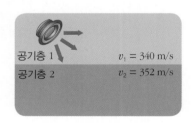

공기층 1 $v_1 = 340$ m/s
공기층 2 $v_2 = 352$ m/s

① 파장이 짧아진다.
② 더 높은 소리가 된다.
③ 경계면에서 일부 반사된다.
④ 공기층 2 의 온도가 더 낮다.
⑤ 굴절각이 입사각보다 작다.

17 진동수가 500 Hz인 소리굽쇠를 고무망치로 쳤을 때 소리가 42 m 떨어진 지점까지 전달되는 데 0.1 초 걸렸다. 이 소리의 파장은 몇 cm 인가? (단, 소리가 전달되는 동안 소리의 속력은 일정하다.)

① 21 cm   ② 42 cm   ③ 63 cm
④ 84 cm   ⑤ 105 cm

18 라디오의 볼륨을 줄였더니 소리가 작게 들렸다. 이 때 진폭과 진동수의 변화를 바르게 짝지은 것은?

	진폭	진동수
①	작아진다	커진다
②	작아진다	작아진다
③	작아진다	변화없다
④	변화없다	작아진다
⑤	변화없다	변화없다

19 다음 그림은 큰 폭발로 발생한 소리에 의해 주변의 유리창이 깨진 모습이다. 이와 같은 모습으로 알 수 있는 것은?

① 소리는 매질이 있어야 전달된다.
② 소리는 온도가 높을수록 빨라진다.
③ 소리가 전달될 때 에너지도 함께 이동한다.
④ 소리는 기체보다 액체에서 더 빨리 전달된다.
⑤ 소리가 전달될 때 공기인 매질도 함께 이동한다.

20 그림은 음파가 낮과 밤에 진행하는 모습을 파면으로 표시한 것이다. 이 그림에 대한 설명으로 옳지 <u>않은</u> 것은?

(가)   (나)

① 밤에는 음파가 지면 쪽으로 굴절한다.
② 낮에는 높은 층에 있는 교실에서 운동장의 소리가 잘 들린다.
③ 기온이 낮은 곳보다 기온이 높은 곳에서 파면의 간격이 더 넓다.
④ 음파가 장애물 뒤쪽까지 넘어가는 것도 같은 현상으로 설명된다.
⑤ 기온이 낮은 곳에서의 음파의 진행 속도는 기온이 높은 곳보다 느리다.

C

21 다음 그림은 최소 15 층까지 방음하기 위해 설치한 방음벽을 옆에서 본 모습이다. 방음벽의 높이를 B 가 아닌 A 까지 높게 설치한 이유로 옳은 것은?

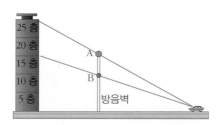

① 방음벽에서 모든 소리가 반사되므로
② 방음벽이 소리의 직진을 방해하므로
③ 방음벽에서 소리의 속력이 달라지므로
④ 방음벽 끝에서 소리가 모두 흡수되므로
⑤ 방음벽 끝에서 소리의 회절 현상이 일어나므로

22 그림의 울리는 종에서 2 m 떨어진 곳에서 종소리의 크기가 40 dB 이었다. 이 종소리를 20 m 떨어진 곳에서 들었을 때 종소리의 크기는 몇 dB 인가? (단, 소리의 에너지가 10 배 커질 때마다 소리의 크기는 10 dB 씩 올라간다.)

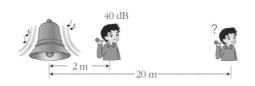

① 20 dB   ② 30 dB   ③ 40 dB
④ 50 dB   ⑤ 60 dB

23 그림은 초음파를 이용하여 해저 지형과 물고기 떼의 위치를 측정하는 모습을 나타낸 것이다. 파장이 3 cm 이고, 진동수가 50,000 Hz 인 초음파를 발생시켰을 때 1차 반사파의 도착 시간이 0.4 초이었다면 물고기 떼는 수심 몇 m 에 있는 것인가?

① 150 m   ② 200 m   ③ 300 m
④ 1,500 m   ⑤ 3,000 m

24 눈금실린더에 물의 높이를 다르게 채우고 실험을 하였다. 〈그림 1〉 에서는 눈금실린더의 입구를 입으로 불면서 나는 소리를 들었고, 〈그림 2〉 에서는 눈금실린더를 막대로 치면서 나는 소리를 들었다. 가장 높은 소리가 나는 눈금실린더의 기호를 각각 쓰시오.

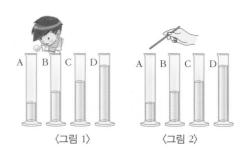

〈그림 1〉   〈그림 2〉

그림 1 : (   )
그림 2 : (   )

25 그림 (가)에서 마이크를 이용하여 스피커에서 나오는 진동수가 일정한 음파를 측정하였더니 그래프 (나)와 같은 파형이 오실로스코프에 나타났다. 그림 (가)에서 A 는 공기가 밀한 곳 사이의 간격이다. 이에 대한 설명으로 옳은 것을 있는 대로 고르시오.

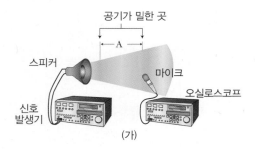

공기가 밀한 곳

스피커
신호
발생기
마이크
오실로스코프

(가)

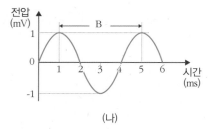

(나)

① A 는 음파의 주기이다.
② A 가 짧을수록 B 도 작아진다.
③ A 와 B 의 곱은 음파의 속도이다.
④ 그림 (나) 에서 볼 때 음파의 진폭은 1 mV 이다.
⑤ 음파는 매질의 진동 방향과 파동의 진행 방향이 나란하다.

26 유리컵에 물을 채우면 물의 양에 따라 소리가 달라진다. 유리컵에 물을 채우면서 숟가락으로 유리컵의 윗부분을 계속 두드리면, 소리의 높이 변화는 어떻게 달라지는지 서술하시오.

27 그림 (가)는 야외 공연장에서 관찰자가 무대 스피커로부터 343 m 떨어진 곳에서 음악을 듣는 모습이다. 그림 (나)는 같은 음악을 위성을 통해 전파 경로 상 30,000 km 떨어진 곳에서 청취자가 듣고 있는 모습이다. (가)와 (나)의 경우 청취자가 같은 음악을 듣게 되는 시간을 각각 계산해 보시오. (단, 소리의 속력은 343 m/s, 전파의 속력은 30만 km/s 로 한다.)

(가)   (나)

28 사람이 말을 할 때 소리는 성대의 진동에 의하여 만들어진다. 일반적으로 여자는 남자보다 성대의 길이가 짧다. 보통 여자의 목소리가 남자의 목소리보다 고음인데, 그 이유를 성대의 길이와 관련지어 서술하시오.

성대의 길이

29 공기가 없는 우주 공간에 우주인들이 있다. 가까이 있는 우주인들이 소리를 이용하여 의사소통을 할 수 없는 이유를 서술하고, 우주인들이 서로 의사소통을 할 수 있는 방법을 서술하시오. (단, 무선 장치는 현재 휴대하지 않았고 어두워서 손짓, 몸짓은 보이지 않는다고 가정한다.)

30 파형 분석 프로그램을 이용하여 여러 가지 소리의 파형을 나타낸 것이다.

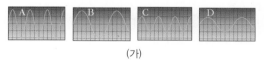

(가)

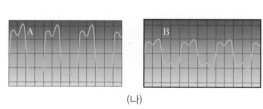

(나)

(1) 그림 (가) 의 파형 중 소리의 크기가 같은 파동과 소리의 높이가 같은 파동을 묶어 분류하고, 그 이유를 설명하시오.

(2) 그림 (나) 의 두 소리 A, B 의 공통점과 차이점을 설명하시오.

31 소리는 공기의 진동이 귀에 도달하여 고막을 진동시키고, 이 진동이 대뇌로 전달될 때 들을 수 있는 것이다.

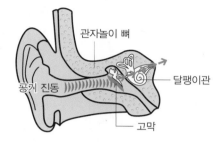

관자놀이 뼈

달팽이관

공기 진동

고막

달팽이관이나 청신경은 정상이더라도 고막이나 청소골이 손상되면 진동을 대뇌로 전달할 수 없기 때문에 들을 수 없게 된다. 청신경이 정상이라는 것은 소리 신호를 대뇌로 보낼 수 있다는 것이다. 그렇다면 만약 고막은 손상되었지만, 달팽이관과 청신경이 정상인 사람이 들을 수 있는 방법은 없을까? 자신의 생각을 서술하시오.

32 사람의 목소리를 이용하여 범인을 밝혀내는 방법을 '성문 분석법'이라고 한다. 성문이란 사람마다 서로 다른 고유한 목소리의 파형을 말한다. 사람의 목소리는 지문과 같아서 전 세계 수십억 사람들 중 같은 목소리를 가진 사람이 없다. 목소리가 모두 다른 이유에 대하여 자신의 생각을 서술하시오.

공명
(resonance)

유리잔을 젓가락으로 두드리면 소리가 나는데, 이것은 유리잔이 외부의 힘에 의한 변형을 없애기 위해 진동하기 때문이다. 같은 유리잔이라면 두드릴 때마다 똑같은 소리를 내는데 유리잔이 언제나 같은 방법으로 진동하기 때문이다.

유리잔처럼 이 세상에 존재하는 모든 물체는 저마다 고유의 흔들림을 가지고 진동하는데, 이것을 물체의 고유 진동수라고 한다. 고유 진동수가 같은 물체를 옆에 두고 한 물체를 진동시키면 옆에 있는 물체도 함께 진동하기 시작한다. 소리굽쇠 두개를 세워두고 한개를 진동시키면 나머지 한개도 저절로 진동이 되는 것도 이때

문이다. 이때 소리굽쇠 하나를 계속해서 진동시키면 다른 소리굽쇠의 진폭이 커지는 것을 볼 수 있는데 이러한 현상을 공명이라고 한다. 그네를 탈 때 뒤에서 밀어주거나 다리를 앞뒤로 흔드는 것도 그네의 고유진동수와 같은 진동을 만듦으로써 그네의 움직임을 증폭시키는 것이다. 가끔 TV에서 와인잔 옆에서 소리를 질러 와인잔을 깨는 경우를 보게 되는데 이 또한 공명 현상에 의한 것이다.

1940년 미국 워싱턴에 건설된 타코마 다리는 시속 190 km 의 강속에도 견딜 수 있도록 설계된 현수교였다. 하지만 이 다리는 건설된지 3개월만에 시속 70 km 의 약한 바람에 의해 무너졌는데, 그것 또한 공명 현상 때문이었다. 약한 바람에 의해 현수교인 타코마 다리가 살짝씩 흔들리면서 진동이 발생하였고, 그 진동이 다리의 고유 진동수와 일치하여 다리를 더욱 크게 진동하게 만들었기 때문에 다리가 크게 뒤틀리면서 붕괴하게 된 것이다.

▲ 타코마 다리

Q1 2011년 국내 한 대형 건물이 상하 진동으로 흔들려서 사람들이 대피하는 사건이 있었다. 이 건물의 진동은 건물 위쪽 헬스장에서 20여 명의 사람들이 함께 태보춤을 추었기 때문이라는 결론이 내려졌다. 태보춤과 건물의 상하 진동이 어떤 연관이 있을지 추리해 보시오.

생활 속의 공명 현상

전자레인지

전자레인지는 파장이 약 1.2 cm 인 마이크로파를 방출하는데 이 마이크로파에 의해 물 분자가 공명 현상으로 맹렬히 진동하면서 열에너지를 만들어낸다. 이 열에너지가 음식물의 온도를 높아지게 해서 음식물이 데워지거나 요리가 되는 것이다. 수분이 많지 않은 음식은 공명시킬 물 분자가 적기 때문에 전자레인지로 데우거나 조리하기 어렵다.

세탁기 소리

빨래를 할 때는 조용하던 세탁기가 탈수가 끝날 때쯤 시끄러운 소리를 내면서 흔들리다가 멈추는데 이 현상 또한 공명현상에 의한 것이다. 탈수를 시작하면 세탁조가 빠르게 회전하면서 규칙적인 진동을 만들게 된다. 이렇게 만들어진 진동은 세탁기의 고유진동수와 다르기 때문에 세탁기에 큰 진동을 만들지 않는다. 그러다 탈수가 끝나가면 세탁조의 회전속도가 서서히 감소하는데 그에 따라 진동수도 서서히 변하다가 어느 순간 세탁기 자체의 고유진동수와 같아지게 된다. 그러면 세탁기 전체가 진동하면서 시끄러운 소리를 내는 것이다.

자기 공명 단층 촬영 장치(MRI)

인체의 단면을 선명하게 찍을 수 있는 MRI 는 몸속에 있는 물(H_2O)을 공명시킨다. 사람의 몸에 자기장을 걸어주면 몸 안에 있는 수소원자는 공명 현상에 의해 특정 주파수의 에너지를 흡수한다. 수소원자는 흡수한 에너지를 다시 방출하면서 안정된 상태가 되려고 하는데 세포에 따라 에너지를 내보내는데 걸리는 시간이 달라진다. 이 차이점을 이용하여 몸 안의 질병 여부를 파악하는 것이다.

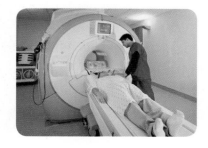

Q2 컵에 음료수를 담고 걸어가면 음료수가 출렁이면서 밖으로 흘러내린다. 이 현상을 공명을 이용하여 설명하시오.

[탐구-1] 빛의 반사와 굴절

준비물   거울, 각도기, 흰종이, 광학용 물통, 우유, 모기향, 레이저 포인터

(1) 빛의 반사

① 흰 종이에 수직선과 수평선을 $90°$ 되도록 선을 그리고 각도기와 거울을 이용하여 그림과 같이 장치한다.

② 레이저 포인터를 이용하여 한 쪽에서 빛을 비추고 빛이 반사되는 모양을 관찰한다.

③ 각도를 바꿔가면서 관찰하고 빛이 반사되는 모양을 관찰한다.

(2) 빛의 굴절

① 광학용 물통에 물을 반 채우고 채운 물에는 우유를 살짝 타고, 나머지 반쪽 공기에는 모기향 연기를 채운다.

② 그림 (가) 와 같이 공기 부분에서 물쪽으로 레이저포인터를 이용하여 여러 각도로 빛을 비추면서 입사각과 굴절각을 관찰한다.

③ 그림 (나) 와 같이 아래쪽 물 부분에서 공기 부분으로 빛을 입사시켜 입사각과 굴절각을 관찰한다.

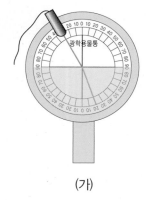

(가)   (나)

탐구 문제

1. 우유와 모기향을 넣는 이유는 무엇인가?

2. 레이저 포인터를 사용하는 이유는 무엇인가?

3. 공기와 물속에서 빛의 속도는 어디가 **빠른가**? 그 이유는 무엇인가?

4. 빛의 반사 실험을 통해 알 수 있는 것은 무엇인가?

5. 빛의 굴절 실험에서 물에서 공기 쪽으로 빛을 입사시킬 때 공기 쪽의 굴절 광선이 나타나지 않기 시작하는 각이 있는데, 이 각을 무엇이라 하는가?

Project - 탐구

준비물 평면거울, 오목거울, 볼록거울, 오목렌즈, 볼록렌즈, 인형

(1) 거울에 의한 상 관찰

① 평면거울에 비치는 상의 모습을 관찰한다.

② 오목거울에 물체를 가까이 두었을 때와 멀리 두었을 때 거울에 비치는 상의 모습을 관찰한다.

③ 볼록거울에 물체를 가까이 두었을 때와 멀리 두었을 때 거울에 비치는 상의 모습을 관찰한다.

(2) 렌즈에 의한 상 관찰

① 오목렌즈를 통해 가까이 있는 물체를 보았을 때와 멀리 있는 물체를 보았을 때 상의 모습을 관찰한다.

② 볼록렌즈를 통해 가까이 있는 물체를 보았을 때와 멀리 있는 물체를 보았을 때 상의 모습을 관찰한다.

1. 거울에 비친 상의 모습을 관찰하여 다음 표에 기록하시오.

	평면거울	볼록거울	오목거울
물체와 거울이 가까이 있을 때			
물체와 거울이 멀리 있을 때	좌우 바뀐다. 크기는 같다.		

2. 렌즈를 이용하여 관찰한 상의 모습을 다음 표에 기록하시오.

	볼록렌즈	오목렌즈
물체와 렌즈가 가까이 있을 때		
물체와 렌즈가 멀리 있을 때		

그림과 같이 오목거울 앞에 화살표 모양의 물체를 놓았을 때 생기는 상을 작도하고, 상의 위치, 크기 상의 종류를 적으시오.

(1)　　　　　　　　　　　　　(2)　　　　　　　　　　　　　(3)

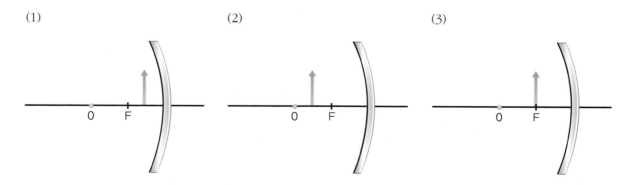

VI

열 에너지

우리 주변에서 일어나는 산·염기 반응은 무엇이 있을까?

온도계의 종류

· 접촉식 온도계 : 열평형을 이용하여 온도를 측정
→ 알코올 온도계

· 비접촉식 온도계 : 온도에 따라 방출하는 적외선의 파장이 다른 것을 이용하여 온도를 측정
→ 적외선 온도계

온도 단위 변화 공식

· $T = C + 273$

· $F = \frac{9}{5}C + 32$

T : 절대 온도(K)
C : 섭씨 온도(℃)
F : 화씨 온도(℉)

물질을 이루는 분자와 분자 운동

물질은 눈으로 볼 수 없는 매우 작은 입자로 이루어져 있는데, 각 물질의 성질을 가지는 가장 작은 입자를 분자라고 한다. 분자는 물질 내에서 가만히 있지 않고 끊임없이 운동하고 있다.

생각해보기★

용광로와 같이 매우 뜨거운 물질의 온도는 어떻게 측정할까?

미니사전

분자 [分 나누다 子 작다] 물체의 고유한 성질을 가지는 아주 작은 알갱이

유물 [遺 남기다 物 물건] 선대의 인류가 후대에 남긴 물건

1. 열과 온도

(1) 열 : 온도가 높은 물체에서 온도가 낮은 물체로 이동하는 에너지이다.

(2) 온도 : 물체의 차고 뜨거운 정도를 숫자로 표현한 것이다.

섭씨 온도(℃)	절대 온도(K : 캘빈)	화씨 온도(℉)
1 기압에서의 순수한 물의 어는점을 0 ℃, 끓는점을 100 ℃로 정하고 그 사이를 100 등분한 온도	국제 단위계에서 쓰는 온도로, 물체를 이루는 분자 운동의 활발한 정도를 수치로 나타낸 것. 절대 온도 0 K 에서는 분자 운동이 멈춘다.	1 기압에서의 순수한 물의 어는점을 32 ℉, 끓는점을 212 ℉ 로 정하고 그 사이를 180 등분한 온도

(3) 온도와 분자 운동의 관계 : 온도가 높을수록 분자 운동이 활발해진다. 즉 물체의 온도는 물체를 구성하는 분자 운동의 활발한 정도를 나타낸 것이다.

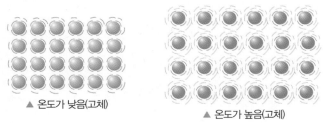

▲ 온도가 낮음(고체)   ▲ 온도가 높음(고체)

(4) 온도와 우리 생활

① 음식은 종류에 따라 알맞은 조리 온도가 다르다.
② 온도에 따라 옷 입는 모습이나 생활 모습이 달라진다.
③ 몸의 상태를 확인하기 위해서 병원에서는 체온을 측정한다.
④ 박물관의 실내 온도를 일정하게 유지하여 유물의 변질을 방지한다.

 개념확인 1

온도에 대한 설명으로 옳은 것은 O 표, 옳지 않은 것은 X 표 하시오.

(1) 물체를 이루는 분자 운동의 활발한 정도를 나타낸다. ( )

(2) 절대 온도 0 K 는 섭씨 온도 273 ℃ 와 같은 온도이다. ( )

(3) 1 기압에서 물의 어는 점을 0 ℃, 끓는점을 100 ℃로 하고, 그 사이를 100 등분한 것이 섭씨 온도이다. ( )

 확인 +1

다음 중 분자 운동이 정지할 때의 온도를 나타낸 것은?

① 270 ℃   ② 0 ℃   ③ 0 K   ④ 100 ℃   ⑤ 100 K

2. 비열

(1) **열량** : 온도가 다른 두 물체를 접촉시켰을 때 이동하는 열의 양으로 단위는 cal, kcal, J이다. 1 kcal는 물 1 kg의 온도를 1 ℃ 높이는 데 필요한 열량이다.

$$Q = cm\Delta t \ (Q : 열량, \ c : 비열, \ m : 질량, \ \Delta t : 온도 \ 변화량)$$

(2) **비열** : 어떤 물질 1 kg 의 온도를 1 ℃ 높이는 데 필요한 열량으로 단위는 kcal/kg·℃ 또는 J/kg·℃ 이다.

$$c = \frac{Q}{m\Delta t}$$

① 비열은 물질마다 고유한 값을 가지므로 물질의 특성이다.
② 같은 열을 가할 때 비열이 작은 물체일수록 온도 변화가 크고, 비열이 큰 물체일수록 온도 변화가 작다.

(3) 비열에 의한 현상 및 이용

일상생활	자연
▲ 뚝배기 　 ▲ 찜질팩	▲ 해안 지역 　 ▲ 사막 지역
• 뚝배기는 금속 냄비보다 비열이 커서 천천히 뜨거워지고 천천히 식는다. • 찜질팩 속에 비열이 큰 물질을 넣어 오랫동안 따뜻함을 유지한다.	• 해안 지역에서는 비열 차이에 의해서 해류풍이 분다. • 사막 지역은 모래의 비열이 작기 때문에 일교차나 연교차가 크게 나타난다.

정답 및 해설 32

개념확인 2

비열에 대한 설명으로 옳은 것은 O 표, 옳지 않은 것은 X 표 하시오.

(1) 비열은 물질의 종류에 따라 고유한 값을 가지므로 물질의 특성이다. 　(　　)

(2) 같은 열량을 가할 때 비열이 큰 물질일수록 온도 변화가 크다. 　(　　)

(3) 물의 비열은 1 kcal/kg·℃ 이다. 　(　　)

(4) 금속의 비열은 금속의 종류에 관계없이 모두 같다. 　(　　)

확인 +2

질량 2 kg인 어떤 물체의 온도를 30℃ 높이는 데 18 kcal의 열량을 가했다면, 이 물체의 비열은 얼마인가?

(　　　　　) kcal/kg·℃

옆단 주석

● **열용량**
어떤 물체의 온도를 1℃ 높이는 데 필요한 열량. 단위는 kcal/℃ 또는 J/℃ 이다.

$$C = cm \ (C : 열용량)$$

● **열의 일당량**
에너지의 단위는 cal, kcal, J 이며 1 cal 는 4.2 J, 1 J은 0.24 cal 이다.
1 kcal = 1000 cal

● **생각해보기★★**
건식 사우나(수증기를 제거한 사우나)의 온도는 100℃가 넘고 습식 사우나(수증기를 많이 포함한 사우나)의 온도는 약 50~55℃ 정도 된다고 한다. 두 사우나의 온도의 차이가 나는 이유는 무엇일까?

미니사전

일교차 [日 날 較 비교하다 差 다르다] 하루의 최고 기온과 최저 기온의 차이이다.

연교차 [年 해 較 비교하다 差 다르다] 1년 간 측정한 평균 최저 기온과 최고 기온의 차이

간단실험

뜨거운 물과 차가운 물의 열평형

① 수조에 차가운 물을 넣고 온도계를 장치한다.
② 뜨거운 물을 넣은 삼각 플라스크를 수조에 넣은 후, 삼각플라스크에 온도계를 장치한다.
③ 1분 간격으로 차가운 물과 뜨거운 물의 온도를 각각 측정해 기록한다.

3. 열평형

(1) 열의 이동 방향 : 온도가 높은 물체에서 온도가 낮은 물체로 열이 이동한다.

(2) 열평형 상태 : 온도가 다른 두 물체를 접촉시키면 얼마 후 두 물체의 온도가 서로 같아지는 상태를 말한다.

　① 뜨거운 물체 : 에너지를 잃어 온도가 낮아지고, 분자 운동이 느려진다.
　② 차가운 물체 : 에너지를 얻어 온도가 높아지고, 분자 운동이 활발해진다.

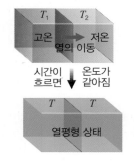
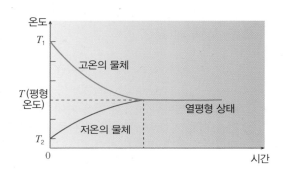

(3) 열량 보존의 법칙 : 두 물체를 접촉시킨 상태에서 외부와의 열출입이 없을 때, 열 평형 상태에 도달하는 동안 고온의 물체가 잃은 열량은 저온의 물체가 얻은 열량 과 같다.

| 고온의 물체가 잃은 열량 : $Q_1 = c_1 m_1 (T_1 - T)$ | 저온의 물체가 얻은 열량 : $Q_2 = c_2 m_2 (T - T_2)$ |

$$Q_1 = Q_2$$
$$\therefore c_1 m_1 (T_1 - T) = c_2 m_2 (T - T_2)$$

생각해보기 ★★★

얼음물이 담긴 컵을 상온에 놓았다. 이때 얼음이 얻은 열량과 물이 잃은 열량은 같다고 볼 수 있는가?

 개념확인 3

열과 온도에 대한 설명으로 옳지 <u>않은</u> 것은?

① 물체가 열을 얻으면 온도가 높아진다.
② 물체가 열을 잃으면 분자 운동이 둔해진다.
③ 열은 온도가 낮은 물체에서 높은 물체로 이동한다.
④ 열은 분자 운동이 활발한 물체에서 둔한 물체로 이동한다.
⑤ 온도가 다른 물체 사이에서 이동하는 에너지를 열이라고 한다.

확인 +3

온도가 다른 두 물체 A와 B를 접촉시켰다. 빈칸에 알맞은 말을 고르시오. (단, 외부와의 열 출입은 없다.)

(1) 열은 (A에서 B, B에서 A)로 이동한다.

(2) A의 온도는 점점 ㉠ (높아, 낮아)지고, B의 온도는 점점 ㉡ (높아, 낮아)진다.

(3) A의 분자 운동은 점점 ㉠ (활발해, 둔해)지고, B의 분자 운동은 점점 ㉡ (활발해, 둔해)진다.

(4) A가 잃은 열의 양은 (B가 얻은 열의 양, B가 잃은 열의 양)과 같다.

4. 열평형의 응용

(1) 금속의 비열(c_1) 구하기

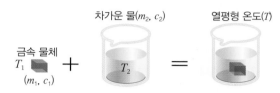

i. 차가운 물의 온도(T_2)와 물의 질량(m_2), 금속 물체의 질량(m_1)을 측정한다.
ii. 금속 물체를 가열한 뒤에 온도(T_1)를 측정하고 차가운 물에 넣는다.
iii. 충분히 기다린 뒤 금속 물체를 넣은 물의 온도(T)를 측정한다.

(금속이 잃은 열량 = 물이 얻은 열량)을 이용하여 금속 물체의 비열(c_1)을 구한다.

$$금속의 비열(c_1) = \frac{물의 비열(c_2) \times 물의 질량(m_2) \times 물의 온도 변화(T-T_2)}{금속의 질량(m_1) \times 금속의 온도 변화(T_1-T)}$$

(2) 식용유와 물의 열평형 과정 그래프 : 온도가 서로 다른 물과 식용유가 든 시험관을 일정한 온도의 물에 담그면 물과 식용유의 온도가 같아져서 열평형 상태가 된다. 이때 두 물질의 열용량(질량×비열)이 클수록 온도 변화가 작다.

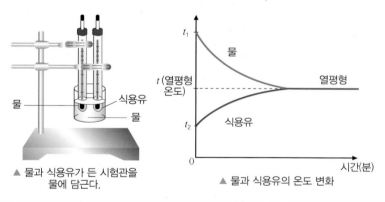

▲ 물과 식용유가 든 시험관을 물에 담근다.

▲ 물과 식용유의 온도 변화

정답 및 해설 32

개념확인
4

다음 중 두 물체가 열평형 상태를 이룬 경우는 O 로, 열평형 상태를 이루지 못한 경우는 × 로 표시하시오.

(1) 공기 중에 오랫동안 놓아 둔 유리병과 공기 ( )
(2) 계란을 오랫동안 끓였을 때 계란과 그릇의 물 ( )
(3) 얼음에 음료수 병을 오랫동안 넣어 두었을 때 얼음과 음료수 병 ( )

확인
+4

질량 m_1 과 m_2 의 비가 1 : 2 인 두 물체가 있다. 두 물체에 같은 열량 Q 를 가했더니 온도 변화 $\varDelta t$ 가 같았다. 두 물체의 비열의 비 c_1 : c_2 는 어떻게 되겠는가?

$$c_1 : c_2 = (\quad\quad : \quad\quad)$$

여러 가지 물질의 비열

물질		비열
금속	알루미늄	0.21
	철	0.10
	구리	0.09
	은	0.05
	금	0.03
비금속	암모니아	1.23
	물	1.00
	알코올	0.58
	콩기름	0.56
	얼음	0.50

→ 대체로 액체의 비열은 고체의 비열보다 크다. (비열의 단위는 kcal/kg · ℃ 이다.)

온도 측정의 원리
물체가 온도계와 열평형을 이루어 물체와 온도계의 온도가 서로 같아져야 온도를 측정할 수 있다.

생각해보기★★★★
뜨거운 국물을 떠먹을 때는 금수저가 좋을까? 은수저가 좋을까?

미니사전
금속[金 쇠 屬 무리] 열이나 전기를 잘 전도하고, 펴지고 늘어나는 성질이 풍부하며, 특수한 광택을 가진 물질을 통틀어 이르는 말. 상온에서는 수은을 제외하고는 모두 고체이다.

01 열의 성질 중 옳지 않은 것은?

① 열도 에너지의 일종이다.
② 물체가 가지는 열에너지의 양을 숫자로 나타낸 것이 온도이다.
③ 뜨거운 물체는 차가운 물체보다 분자 운동하는 입자의 개수가 많다.
④ 물체의 내부 에너지가 0이 아니면 물체는 열을 가지고 있다고 할 수 있다.
⑤ 물체를 구성하는 분자의 열운동이 더 활발해질수록 물체의 온도가 높아진다.

02 찬물과 따뜻한 물을 각각 담은 비커에 잉크 방울을 떨어뜨린 후 퍼지는 모습을 나타낸 것이다. 이에 대한 설명으로 옳은 것은?

찬 물   따뜻한 물

① 찬물의 분자들은 분자 운동을 하지 않는다.
② 온도가 높을수록 분자들이 더 빠르게 운동한다.
③ 찬물의 분자 운동이 따뜻한 물보다 더 활발하다.
④ 물의 온도와 잉크가 퍼지는 것은 서로 관계없다.
⑤ 같은 종류의 액체라면 온도가 달라도 잉크가 퍼지는 속도는 같다.

03 비열 및 열용량의 차이로 인해 나타나는 현상으로 옳은 것만을 〈보기〉에서 있는 대로 고른 것은?

─〈 보기 〉─

ㄱ. 얼음은 항상 물 위에 뜬다.
ㄴ. 낮에는 해풍이 불고, 밤에는 육풍이 분다.
ㄷ. 대류과 해양의 경계에 위치한 중위도 지방에서 계절풍이 분다.
ㄹ. 대류에 위치한 지방이 해안에 위치한 곳보다 온도 변화가 작다.

① ㄱ, ㄴ   ② ㄴ, ㄷ   ③ ㄷ, ㄹ   ④ ㄱ, ㄴ, ㄹ   ⑤ ㄱ, ㄷ, ㄹ

04 물체 A 와 B가 접촉하였을 때, 두 물체의 온도 변화를 시간에 따라 나타낸 것이다. 이에 대한 설명으로 옳은 것은?(단, 외부와 열출입은 없다.)

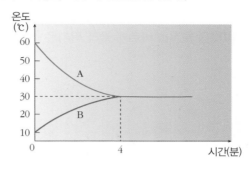

① 열은 B에서 A로 이동한다.
② A의 분자 운동은 점점 활발해진다.
③ 4 분일 때 A와 B는 열평형 상태에 도달했다.
④ 시간이 지날수록 이동하는 열의 양은 많아진다.
⑤ 0 ~ 4 분 동안 A가 잃은 열의 양이 B가 얻은 열의 양보다 많다.

05 같은 물질로 이루어진 A, B 두 고체의 분자 운동 상태를 나타낸 것이다. 이에 대한 설명 중 옳지 않은 것은?

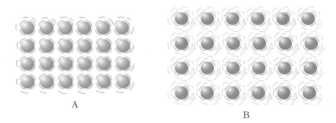

① A는 B보다 온도가 낮은 상태이다.
② 두 물체를 접촉시키면 열은 물체 B에서 A로 이동한다.
③ 두 물체를 접촉시키면 물체 A는 열을 흡수하고, 물체 B는 열을 방출한다.
④ 두 물체를 접촉시키면 물체 A의 온도는 올라가고, 물체 B의 온도는 내려간다.
⑤ 물체 A의 질량이 B보다 크다면 두 물체를 접촉시켰을 때 물체 B는 물체 A보다 더 빨리 열평형 상태에 도달한다.

06 온도가 25 ℃ 인 식용유 500 g 의 온도를 100 ℃ 까지 높이려고 한다. 이때 식용유에 가해 주어야 하는 열량은? (단, 식용유의 비열은 0.4 kcal/kg·℃ 이다.)

① 5 kcal   ② 10 kcal   ③ 15 kcal   ④ 30 kcal   ⑤ 50 kcal

[유형22-1] 열과 온도

그림 (가) ~ (다)는 어떤 물질을 이루는 분자들이 운동하는 모습을 나타낸 것이다. (가) ~ (다) 중 온도가 가장 높은 물질과 가장 낮은 물질을 바르게 골라 짝지은 것은?

(가)　　　　　　　(나)　　　　　　　(다)

	온도가 가장 높은 물질	온도가 가장 낮은 물질		온도가 가장 높은 물질	온도가 가장 낮은 물질
①	(다)	(나)	②	(다)	(가)
③	(나)	(가)	④	(가)	(나)
⑤	(가)	(다)			

Tip!

01 한국에 있는 무한이와 미국에 있는 존이 SNS 를 이용해 나눈 대화인데, 서로 섭씨온도와 화씨온도에 대한 착각으로 오해가 생겼다. 문맥 상 ⓐ 와 ⓑ 에 들어갈 값으로 알맞은 것은?

> 무한 : 존~ 거기 기온이 어떻게 돼?
> 존 : 여긴 ⓐ_____ 야.
> 무한 : 으악! 섭씨 35 도? 그럼 엄청 덥겠네.
> 존 : 아니…… 화씨야…… 섭씨로는 약 ⓑ_____ 도라고!

	ⓐ	ⓑ		ⓐ	ⓑ		ⓐ	ⓑ
①	17	3.0	②	17	3.1	③	35	1.7
④	35	3.0	⑤	35	3.1			

02 같은 온도끼리 짝지은 것은?

〈 보기 〉

ㄱ. 60 ℃　　　　ㄴ. 333 K　　　　ㄷ. 80 ℃　　　　ㄹ. 400 K

① ㄱ, ㄴ　　　　　　② ㄱ, ㄹ　　　　　　③ ㄴ, ㄷ
④ ㄴ, ㄹ　　　　　　⑤ ㄷ, ㄹ

[유형22-2] 비열

다음 그래프는 질량이 각각 500 g 으로 같은 액체 A 와 B 에 같은 양의 열을 가했을 때 시간에 따른 온도 변화를 나타낸 것이다. 액체 A의 비열은 얼마인가? (단, 액체 B의 비열은 0.5 kcal/kg·℃ 이다.)

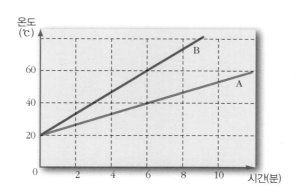

① 0.2 kcal/kg·℃
② 0.25 kcal/kg·℃
③ 0.5 kcal/kg·℃
④ 0.75 kcal/kg·℃
⑤ 1 kcal/kg·℃

03 오른쪽 그래프는 질량이 서로 같은 세 물질 A, B, C 에 같은 세기의 열을 가했을 때, 시간에 따른 온도 변화를 나타낸 것이다. 이에 대한 설명으로 옳은 것은?

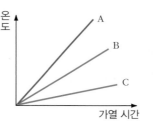

① A의 비열이 가장 크다.
② A의 온도 변화가 가장 작다.
③ 같은 시간 동안 가열할 때 B가 흡수한 열량이 가장 많다.
④ 같은 시간 동안 가열할 때 C의 온도가 가장 많이 올라간다.
⑤ 온도를 각각 1 ℃ 올리려면 C에 가장 많은 열을 가해야 한다.

Tip!

04 김장독에 넣은 김치를 땅에 묻는 까닭을 바르게 설명한 것은?

① 흙의 비열이 물보다 크기 때문이다.
② 땅의 온도가 기온보다 낮기 때문이다.
③ 땅 속에는 몸에 이로운 미생물이 많기 때문이다.
④ 땅이 열을 뿜어내어 김치가 더 빨리 숙성되기 때문이다.
⑤ 땅의 열용량이 커서 공기 중보다 온도 변화가 작기 때문이다.

[유형22-3] **열평형**

그래프는 질량 1 kg 인 고체 A를 질량 2 kg 인 액체 B에 넣은 후, A와 B의 온도를 시간에 따라 나타낸 것이다.
A와 B의 처음 온도는 각각 90 ℃ 와 20 ℃ 이었고, A의 비열은 B의 3 배이다. 이에 대한 설명으로 옳은 것만
을 〈보기〉 에서 있는 대로 고른 것은? (단, 열은 A와 B 사이에서만 이동한다.)

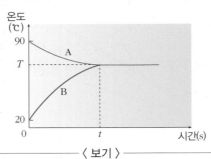

〈 보기 〉

ㄱ. $T = 30$ ℃ 이다.
ㄴ. 열용량은 A가 B보다 크다.
ㄷ. $0 \sim t$ 초 동안 A가 잃은 열량은 B가 얻은 열량보다 크다.

① ㄱ   ② ㄴ   ③ ㄱ, ㄴ   ④ ㄱ, ㄷ   ⑤ ㄴ, ㄷ

---

05 그래프는 질량이 같은 두 물체 A, B 를 접촉
할 때 시간에 따른 온도 변화를 나타낸 것이
다. A, B 에 대한 설명으로 옳지 <u>않은</u> 것은?
(단, 외부와 열출입은 없다.)

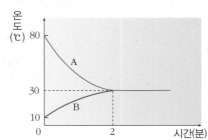

① 비열은 A 가 B 보다 크다.
② 온도 변화는 A 가 B 보다 크다.
③ 0 ~ 2 분 동안 열은 A 에서 B 로 이동한다.
④ A 가 잃은 열량은 B 가 얻은 열량과 같다.
⑤ 열평형 상태가 되었을 때 온도는 30 ℃ 이다.

06 두 물체 사이의 열의 이동 방향을 화살표로
나타낸 것이다. 온도가 높은 물체로부터 가
장 낮은 물체로 옳게 나열한 것은?

· 물체 B → 물체 E   · 물체 D → 물체 E
· 물체 C → 물체 B   · 물체 E → 물체 A
· 물체 C → 물체 D   · 물체 D → 물체 B

① C D B E A   ② C E D B A
③ C B D E A   ④ B C D E A
⑤ B E C D A

[유형22-4] 열평형의 응용

90 ℃ 의 물이 든 비커에 10 ℃ 의 식용유가 든 시험관을 담갔다. 외부로 유출되는 열은 무시할 수 있고, 물과 식용유의 질량이 같을 때 물과 식용유의 시간에 따른 온도 변화를 바르게 나타낸 그래프는 어느 것인가? (물의 비열은 1 cal/g · ℃, 식용유의 비열은 0.5 cal/g · ℃로 한다.)

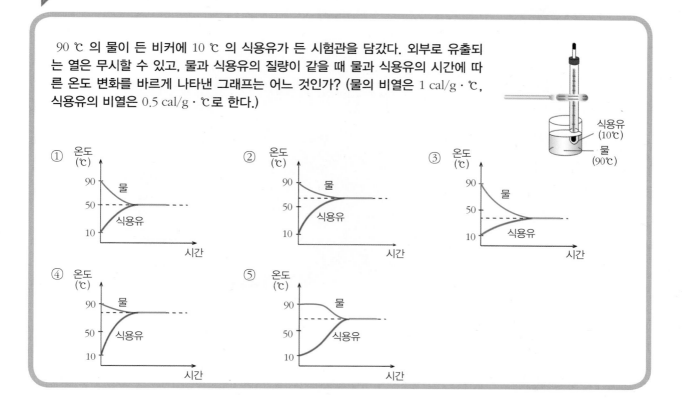

07 철, 납, 구리의 비열과 질량을 각각 나타낸 것이다. 세 물체를 같은 조건에서 동시에 같은 시간만큼 가열하여 얼마 후 온도를 측정하였다. 이때 온도가 높은 것에서 낮은 것의 순으로 옳게 나열한 것은?

물질	비열(cal/g · ℃)	질량(g)
철	0.11	50g
납	0.03	100g
구리	0.09	200g

① 철 > 구리 > 납   ② 구리 > 철 > 납
③ 철 > 납 > 구리   ④ 납 > 구리 > 철
⑤ 납 > 철 > 구리

08 다음 그림과 같이 장치하고 금속의 비열을 측정하는 실험에서 꼭 필요한 준비물이 아닌 것은?

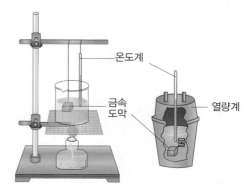

① 저울   ② 온도계   ③ 초시계
④ 열량계   ⑤ 금속도막

01 추운 겨울날 지은이는 무한이를 밖에서 기다리고 있었는데 너무 손이 시려워서 마트에서 따뜻한 캔커피를 사서 손으로 감싸고 있었다. 시간이 지나면서 지은이는 캔커피의 온기가 점점 사라지는 것을 느꼈고 빨리 무한이가 오기만을 바라고 있었다.

캔커피를 잡은 때부터 캔커피가 식을 때까지 캔커피와 피부의 분자 운동의 변화를 설명하시오.

02 '단열'이라는 것은 열적으로 차단되어 있다는 뜻이다. 단열된 용기 내에 들어 있는 −10 ℃ 의 얼음 200 g 에 15 ℃의 물 600 g 을 부은 후 열평형 상태가 될 때까지 기다렸다. 얼음의 비열은 0.5 cal/g·℃ 이다.

(1) 0 ℃의 얼음이 0 ℃의 물로 녹을 때 1 g 당 80 cal가 필요하다. 이것을 얼음의 융해열이 라고 한다. 0 ℃의 얼음 200 g이 모두 0 ℃ 의 물이 되기 위해서는 몇 cal 의 열이 필요한 가?

(2) 열평형 온도는 몇 ℃ 인가?

03 전기 오븐은 내부의 전열기를 이용하여 전열기에 불이 들어오면 열이 발생하고 열을 이용하여 고기를 익히는 가전제품이다. 다음은 전기 오븐의 설명서에 제시된 표이다. 열전도율은 열 전달이 잘될수록 크게 나타나는 물리량이다. 다음 물음에 답하시오.

쇠고기의 양(kg)	내부 온도(℃)	익히는 시간(분)
1.5	180	60
3.0	160	80

(1) 설명서에서 같은 온도에서 익히는 시간을 제시하지 않고 쇠고기의 양에 따라 서로 다른 온도에서 익히는 시간을 짧거나 길게 제시한 이유는 무엇일까?

① 양이 많을수록 덜 흡수하기 때문에
② 양이 많을수록 쇠고기의 열용량이 커지기 때문에
③ 고기 전체가 비슷한 비율로 가열되게 하기 위해서
④ 양이 많을수록 쇠고기의 열전도율이 작아지기 때문에
⑤ 쇠고기의 양이 많으면 오븐 내의 공간이 줄어 공기의 대류이 잘 일어나지 않기 때문에

(2) 표에서 3.0 kg 의 쇠고기를 익히는 데 더 오랜 시간이 필요한 이유를 서술하시오.

04

질량(m)이 각각 100 g, 200 g 의 구형 모양의 납덩어리 2 개가 각각 200 m/s, 100 m/s 의 속력(v)으로 반대 방향에서 날아와 정면충돌한 후 한 덩어리가 되어서 멈췄다. 다음 물음에 답하시오. (단, 1 cal 는 4.2 J 이고, 운동 에너지는 $\frac{1}{2}mv^2$ 이며 단위는 J 이다.)

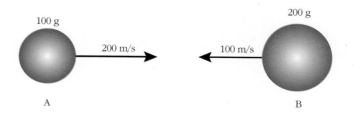

(1) 충돌 전 납덩어리 각각의 운동 에너지는 얼마인가?

(2) 충돌로 인해 손실된 에너지가 모두 열로 변했다면 이 과정에서 발생하는 열량은 몇 J 인가?

(3) 발생한 열량이 공기 중으로 나가지 않고, 모두 납덩어리의 온도를 상승시키는데 사용된다면 납의 온도는 얼마나 상승하겠는가? (단, 납의 비열은 0.03 cal/g·℃ 이다.)

A

01 온도가 다른 네 물체 A, B, C, D 를 서로 접촉할 때 열의 이동 방향이 다음 그림과 같았다. A ~ D 중 두 물체를 접촉할 때 열이 가장 많이 이동하는 경우는?

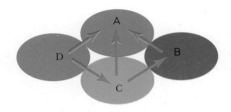

① A 와 B   ② A 와 C   ③ A 와 D
④ B 와 C   ⑤ C 와 D

02 뜨거운 물체와 차가운 물체를 서로 접촉시켜 놓았을 때 일어나는 현상이 아닌 것은?

① 뜨거운 물체의 분자 운동은 점점 느려진다.
② 뜨거운 물체에서 차가운 물체로 열이 이동한다.
③ 두 물체의 온도가 같아지면 열은 더 이상 이동하지 않는다.
④ 뜨거운 물체의 온도는 내려가고 차가운 물체의 온도는 올라간다.
⑤ 시간이 많이 흐르면 뜨거운 물체보다 차가운 물체의 운동이 더 활발해진다.

03 그림은 질량이 같은 물질 A, B, C 를 같은 세기의 불꽃으로 가열하였을 때의 온도 변화를 시간에 따라 나타낸 것이다. 비열이 가장 큰 물질부터 순서대로 쓰시오.

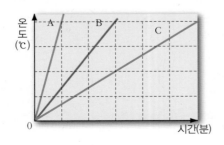

(   )

[04~05] 다음 그래프는 물체 A 와 B 를 접촉하였을 때, 두 물체의 온도 변화를 시간에 따라 나타낸 것이다. (단, 외부와 열출입은 없다.)

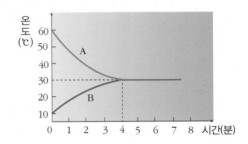

04 이에 대한 설명으로 옳지 않은 것은?

① 열은 A 에서 B 로 이동한다.
② A 의 분자 운동은 점점 활발해진다.
③ 5 분일 때 A 와 B 는 열평형 상태이다.
④ 시간이 지날수록 이동하는 열의 양은 점점 적어진다.
⑤ 0 ~ 4 분 동안 A 가 잃은 열의 양과 B 가 얻은 열의 양은 같다.

05 생활에서 위와 같은 현상을 이용한 예로 옳은 것만을 있는 대로 고르시오.(2개)

① 주방 기구의 손잡이는 나무로 만든다.
② 사람이 많은 곳에서 훈훈함이 느껴진다.
③ 음식물을 냉장고 속에 넣으면 시원해진다.
④ 여름철에 수박을 계곡 물에 담가둔 후 먹는다.
⑤ 반지가 손가락에서 빠지지 않아 손을 뜨거운 물에 담근 후에 반지를 뺀다.

06 물질의 비열 차로 인한 현상
이 <u>아닌</u> 것은?

① 맑은 날에 사막에서는 일교차가 몹시 크다.
② 자동차 냉각 액체로는 물을 주로 사용한다.
③ 바닷가에서 낮에는 해풍이 밤에는 육풍이 분다.
④ 같은 양의 물과 기름을 끓일 때 기름이 먼저 끓는다.
⑤ 사우나실 내부는 온도가 100 ℃ 가 넘지만 데지 않는다.

07 100 ℃ 의 납 100 kg 을 0 ℃ 의 물에 넣고 한참
후에 보니 납의 온도가 15 ℃ 가 되었다. 납이 잃
은 열량은 몇 kcal 인지 구하시오. (단, 납의 비
열은 0.03 kcal/kg · ℃ 이다.)

(   ) kcal

08 한 학생이 각각 왼손은 찬물에 오른손은 따뜻한
물에 담그고 있던 손을 미지근한 물로 동시에 옮
겼다. 이에 대한 설명으로 옳지 <u>않은</u> 것은?

오른손   왼손

따뜻한 물 미지근한 물   찬물

① 오른손은 차갑게 느껴진다.
② 왼손은 따뜻하게 느껴진다.
③ 미지근한 물에서 왼손으로 열이 이동한다.
④ 오른손에서 미지근한 물로 열이 이동한다.
⑤ 사람의 감각으로도 온도를 측정할 수 있다.

09 다음 그림은 뜨거운 물에 구리 막대를 넣고 시
간에 따라 물과 구리 막대의 분자 운동을 나타
낸 것이다. 이에 대한 설명으로 옳지 <u>않은</u> 것은?
(단, 원의 왼쪽은 구리 막대 분자, 오른쪽은 물
분자를 나타낸 것이고, (다)는 시간이 충분히 흐
른 후의 상태이다.)

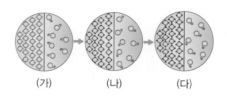

(가)   (나)   (다)

① 물의 분자 운동은 느려진다.
② 구리 막대의 분자 운동을 빨라진다.
③ 물에서 구리 막대로 열이 이동한다.
④ (다) 와 같은 상태를 열평형 상태라고 한다.
⑤ 시간이 지나면 구리 막대의 온도가 물보다 높
아진다.

10 그림 (가)는 손난로를 손에 올려 놓은 모습이고,
(나)는 얼음을 손에 올려 놓은 모습을 나타낸 것
이다. 그림 (가)와 (나)에서 열의 이동 방향을 바
르게 나타낸 것은?

(가)   (나)

	(가)	(나)
①	손 → 손난로	얼음 → 손
②	손 → 손난로	손 → 얼음
③	손난로 → 손	얼음 → 손
④	손난로 → 손	손 → 얼음
⑤	두 경우 모두 열이 이동하지 않는다.	

스스로 실력 높이기

B

11 다음 그래프는 질량이 각각 100 g, 200 g, 200 g 인 세 물질 A, B, C 를 같은 열원으로 가열할 때의 시간에 따른 온도를 나타낸 것이다. A, B, C 의 열용량을 각각 C_A, C_B, C_C 라고 할 때, C_A : C_B : C_C 는?

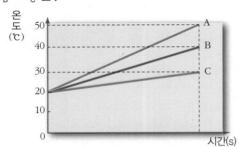

① 1 : 2 : 3   ② 2 : 3 : 6   ③ 3 : 4 : 5
④ 3 : 2 : 1   ⑤ 5 : 4 : 3

12 80 ℃의 금속 100 g 을 열량계 속에 있는 20 ℃ 물 200 g 에 넣었더니, 30 ℃에서 더 이상 온도가 변하지 않았다면 이 금속의 열용량은? (단, 물의 비열은 1 cal/g·℃이고, 외부와 열 출입은 없다.)

① 0.01 kcal/℃   ② 0.02 kcal/℃
③ 0.04 kcal/℃   ④ 0.05 kcal/℃
⑤ 0.06 kcal/℃

[13~14] 그림 (가)의 100 ℃의 끓는 물에서 충분히 가열한 질량 100 g인 금속을 꺼내어 곧바로 질량 120 g의 찬물이 들어 있는 열량계에 넣었다. 그림 (나)는 찬물의 온도를 시간에 따라 나타낸 것이다.

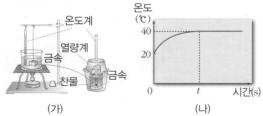

(가)   (나)

13 이 금속의 비열은? (단, 물의 비열은 1kcal/kg·℃이다.)

① 0.4 kcal/kg·℃   ② 0.5 kcal/kg·℃
③ 0.6 kcal/kg·℃   ④ 0.8 kcal/kg·℃
⑤ 0.9 kcal/kg·℃

14 위 실험 과정에서 질량이 100 g, 온도가 100 ℃ 인 동일한 금속을 추가로 열량계에 넣었다. 충분한 시간이 지난 후, 물의 온도가 일정해 졌을 때의 물의 온도는?

① 32℃   ② 40℃   ③ 52℃
④ 60℃   ⑤ 70℃

15 표는 A, B, C 의 상태, 질량, 비열, 처음 온도를 각각 나타낸 것이다.

구분	상태	질량	비열	처음 온도
A	고체	m	$3c$	80 ℃
B	액체	$3m$	$4c$	20 ℃
C	고체	m	$5c$	60 ℃

액체 B 에 A 를 넣고 시간이 충분히 지난 후 B 의 온도를 T_1, A 를 넣은 상태에서 액체 B 에 다시 C 를 넣고 시간이 충분히 지난 후의 액체 B 의 온도를 T_2 라고 할 때, T_1 과 T_2 의 값을 옳게 짝지은 것은? (단, 열은 A, B, C 사이에서만 이동한다.)

	T_1	T_2			T_1	T_2
①	32 ℃	39 ℃		②	32 ℃	41 ℃
③	37 ℃	39 ℃		④	37 ℃	41 ℃
⑤	42 ℃	46 ℃				

16 물을 가열하면서 물의 온도를 측정한 결과가 표와 같았다.

시간	0	5	10
온도(℃)	20	25	30

비커에 담긴 물의 질량이 500 g 일때 10 분 동안 물이 받은 열량은? (단, 물의 비열은 1 kcal/kg·℃ 이고, 외부와 열 출입은 없다.)

① 1 kcal   ② 5 kcal   ③ 10 kcal
④ 15 kcal   ⑤ 50 kcal

17 뜨거운 물과 차가운 물을 접촉시켜 놓았더니 온도가 그래프와 같이 변하였다. 차가운 물의 질량이 0.6 kg 이었다면, 뜨거운 물에서 차가운 물로 이동한 열량은 몇 kcal 인가? (단, 외부와의 열출입은 없고, 물의 비열은 1 kcal/kg · ℃ 이다.)

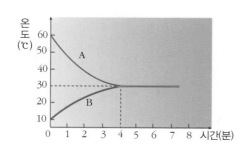

① 2 kcal   ② 8 kcal   ③ 12 kcal
④ 18 kcal   ⑤ 24 kcal

18 분자 운동과 온도에 대한 설명으로 옳지 <u>않은</u> 것은?

① 온도가 높을수록 분자 운동이 활발하다.
② 60 ℃ 인 물의 분자 운동은 10 ℃ 의 물보다 활발하다.
③ 물체를 이루는 분자의 운동을 분자 운동이라고 한다.
④ 온도가 같아도 물체의 질량이 클수록 분자 운동이 활발하다.
⑤ 온도는 물체를 이루는 분자들의 운동이 활발한 정도를 나타낸 값이다.

19 〈보기〉의 두 물체를 골라 서로 접촉시킬 때 두 물체 사이에서 열이 이동하지 <u>않는</u> 것끼리 짝지은 것은?

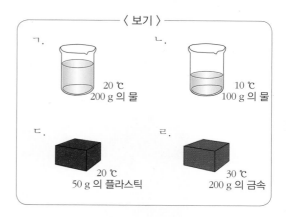

① ㄱ, ㄴ   ② ㄱ, ㄷ   ③ ㄱ, ㄹ
④ ㄴ, ㄷ   ⑤ ㄷ, ㄹ

20 처음 온도와 질량이 서로 같은 물과 식용유를 동일한 가열 장치로 가열하였더니 5 분 후 식용유의 온도가 물보다 높았다. 이에 대한 설명으로 옳은 것만을 〈보기〉에서 있는 대로 고른 것은?

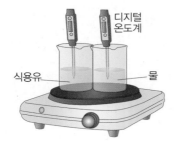

디지털
온도계

식용유   물

―――――― 〈 보기 〉 ――――――

ㄱ. 물의 열용량이 식용유보다 더 크다.
ㄴ. 식용유의 비열이 물보다 더 크다.
ㄷ. 식을 때도 식용유가 물보다 더 빨리 식는다.

① ㄱ   ② ㄷ   ③ ㄱ, ㄴ
④ ㄴ, ㄷ   ⑤ ㄱ, ㄷ

21 질량 840 kg 인 자동차가 10 m/s 의 속력으로 달리다가 장애물을 보고 급브레이크를 걸어서 정지하였다. 자동차가 가지고 있던 운동 에너지가 모두 마찰에 의한 열로 발생하였다면 발생한 열량은 몇 kcal 인가?(단 운동 에너지는 $\frac{1}{2}mv^2$ 이며 단위는 J 이고, 1 cal = 4.2 J 이다.)

① 1 kcal   ② 10 kcal   ③ 100 kcal
④ 420 kcal   ⑤ 42000 kcal

22 질량이 10 kg 이고 온도가 −20 ℃ 인 얼음 덩어리에 열을 가하였더니 온도가 −10 ℃ 로 상승하였다. 같은 양의 열량을 질량이 10 kg 이고 온도가 10 ℃ 인 물에 가했을 때 온도가 15 ℃ 가 되었다면, 얼음의 열용량은 얼마인가?(단, 물의 비열은 1 kcal/kg · ℃ 이다.)

① 1 kcal/℃   ② 2 kcal/℃   ③ 5 kcal/℃
④ 10 kcal/℃   ⑤ 20 kcal/℃

23 하루에 4000 kcal 의 열량을 섭취하는 씨름 선수가 섭취한 열량을 하루 동안 일정하게 소모하여 전구의 에너지로 모두 보낸다면 60 W 전구 몇 개를 켤 수 있겠는가?(단, 1 W 는 1 초 동안 1 J 의 에너지를 소비하는 경우를 말한다.)

① 1 개   ② 2 개   ③ 3 개
④ 4 개   ⑤ 5 개

24 그래프는 단열된 그릇에 질량이 각각 m, $2m$, m 인 세 물체 A, B, C 를 넣고 디지털 온도계로 온도를 재어서 시간에 따른 세 물체의 온도 변화를 나타낸 것이다. 열평형 진행 과정에서 물체 A 와 물체 B 가 잃은 열량은 서로 같다

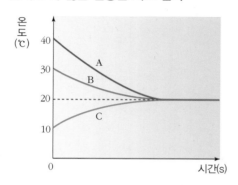

다음 설명 중 옳은 것을 <u>모두</u> 고르시오.(3개)

① 물체 A 의 비열은 물체 B의 비열과 같다.
② 물체 A 의 비열은 물체 B의 비열보다 작다.
③ 물체 A, B, C 중 비열이 가장 큰 것은 물체 C 이다.
④ 물체 A, B 가 잃은 열량의 합은 물체 C 가 얻은 열량과 같다.
⑤ 물체 B 와 C 의 열용량은 같다.

25 그래프는 질량비가 2 : 1 인 두 물체 A, B 에 열을 가했을 때 가해 준 열량에 따른 온도를 나타낸 것이다.

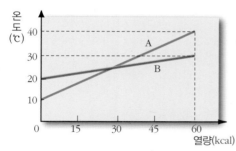

이에 대한 설명으로 옳은 것만을 〈보기〉에서 있는 대로 고른 것은? (단, A의 비열은 0.2 kcal/kg · ℃ 이고, 외부와의 열출입은 없다.)

〈 보기 〉
ㄱ. B의 질량은 5 kg이다.
ㄴ. 열용량은 B가 A의 3 배이다.
ㄷ. A의 온도가 30 ℃ 에서 20 ℃ 로 변할 때 외부로 방출되는 열량은 10 kcal 이다.

① ㄱ   ② ㄷ   ③ ㄱ, ㄴ
④ ㄴ, ㄷ   ⑤ ㄱ, ㄴ, ㄷ

26 그래프는 각각 100 g 의 물과 콩기름을 같은 세기의 불꽃으로 가열했을 때의 온도 변화를 나타낸 것이다.

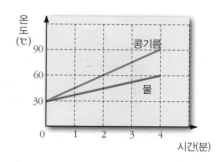

(1) 콩기름 500 g 을 10 ℃ 높이는 데 필요한 열량은 몇 kcal 인지 구하시오.(단, 물의 비열은 1 kcal/kg · ℃ 이다.)

(2) 콩기름 100 g 의 열용량은 몇 kcal/℃ 인지 구하시오.

27 건식 사우나탕(공기 중 수증기가 거의 없는 사우나)의 기온은 100 ℃ 정도인데도 그 안에 있는 사람은 화상을 입지 않는다. 그 이유를 서술하시오.

28 그림은 일상생활에서 사용하는 찜질팩이다. 찜질팩에 들어갈 가장 알맞은 액체를 다음 표에서 고르고 그 이유를 설명하시오.

물질	물	식용유	에틸알코올
찜질팩에 들어갔을 때, 찜질팩 부피의 열용량(kcal/℃)	10	5	5.8

30 다음 그래프는 질량이 같은 두 물체 A, B 를 접촉시켰을 때 온도 변화를 나타낸 것이다.

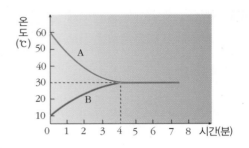

(1) 비열이 더 작은 물질을 고르고, 그 이유를 설명하시오. (단, 외부와의 열출입은 없다.)

(2) 위의 그래프에서 온도 변화 그래프의 기울기가 점차 작아지는 이유를 설명하시오.

29 아래와 같이 섭씨온도와 절대 온도를 나타냈을 때 섭씨온도의 정의를 쓰고, 절대온도와 섭씨온도의 관계식을 서술하시오.

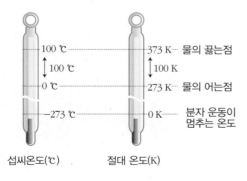

섭씨온도(℃)   절대 온도(K)

창의력 서술

31 체온을 측정할 때에는 체온계를 입에 물거나 옆구리에 넣은 후 일정한 시간을 기다려야 한다. 그 이유에 대하여 열평형 개념들을 이용하여 설명하시오.

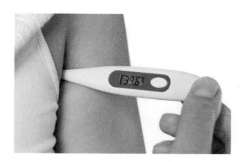

32 실내에 실내 온도와 열평형 상태인 물체가 있다. 이 물체의 온도를 높이는 방법을 다양하게 서술하시오.

33 냉장고 속 음식은 외부 온도와는 상관없이 항상 차가운 온도를 유지한다. 뜨거운 음식물을 냉장고에 넣으면 냉장고 속 온도는 올라가고 음식물의 온도는 내려가 열평형이 되어야 한다. 하지만 음식물의 온도만 내려가고 냉장고 속 온도는 차가운 상태를 유지한다. 이 경우도 열평형이라고 할 수 있을까? 자신의 생각을 서술하시오.

23강. 열전달과 열팽창

1. 열의 이동 방법

(1) 전도 : 주로 고체 내부에서 물질의 이동 없이 열(에너지)이 전달되는 방법

① 열을 받은 분자들이 활발하게 움직이면서 이웃한 분자로 열을 전달한다.

② 고체 내부에서 열이 전달되는 주된 방법이다.

③ 열이 전도되는 정도는 물질의 종류에 따라 다르다.

(2) 대류 : 액체나 기체 상태의 분자가 직접 이동하면서 열이 전달되는 방법

① 물질을 이루는 분자들이 직접 이동하여 열을 전달한다.

② 액체나 기체와 같이 흐르는 성질이 있는 물질에서 주로 열이 전달되는 방법이다.

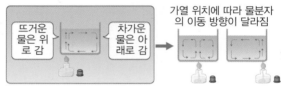

(3) 복사 : 파동의 형태로 열(에너지)이 전달되는 방법

① 매질이 없어도 복사되고, 매질을 통해서도 복사될 수 있다.

② 파동의 형태로 열이 이동하는 방법이므로 전도나 대류보다 훨씬 빠르게 전달된다.

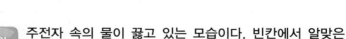

복사에 의한 열의 전달 ▶

여러 가지 물질에서 열의 전도

· 열이 잘 전도되는 물질 : 은, 구리, 알루미늄, 철 등과 같은 금속

· 열이 잘 전도되지 않는 물질 : 유리, 나무, 플라스틱, 천(면) 등

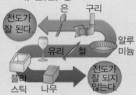

난로와 에어컨에 의한 공기의 대류

· 난로 : 따뜻한 공기가 위로 올라간다. → 위에 있던 차가운 공기가 아래로 내려와 데워진다. → 시간이 지나면 방 전체가 따뜻해진다.

· 에어컨 : 차가운 공기가 아래로 내려온다. → 아래에 있던 따뜻한 공기가 위로 올라가 차가워진다. → 시간이 지나면 방 전체가 시원해진다.

▲ 공기의 대류

사람이 복사로 열을 내보내는 현상

· 사람이 많은 곳에서 훈훈함을 느낀다.

· 빈 교실에 혼자 있을 때보다 많은 학생이 함께 있을 때 따뜻함을 느낀다.

개념확인 1

전도에 대한 설명으로 옳은 것은 O 표, 옳지 않은 것은 X 표 하시오.

(1) 분자가 직접 이동하여 열을 전달한다. ( )

(2) 고체에서 주로 일어나는 열의 이동 방법이다. ( )

(3) 이웃한 분자들 사이의 충돌에 의해 열이 전달된다. ( )

(4) 떨어져 있는 두 물체 사이에도 이러한 방법으로 열이 이동할 수 있다. ( )

확인 +1

주전자 속의 물이 끓고 있는 모습이다. 빈칸에서 알맞은 말을 있는 대로 고르시오.

(1) (찬물, 따뜻한 물)은 위로 올라가고, (찬물, 따뜻한 물)은 아래로 내려간다.

(2) (전도, 대류, 복사)에 의해 나타나는 현상이다.

(3) (기체, 액체, 고체)에서 주로 일어나는 열의 이동 방법이다.

2. 생활 속의 열 관리

(1) **단열** : 물체와 물체 사이에서 열의 이동을 막는 것
  ① 단열재 : 열의 이동을 막는 물질
  ② 물질의 종류에 따라 단열 정도가 다르며, 같은 물질인 경우 두께가 두꺼울수록 단열이 잘 된다.
  ③ 단열의 방법 : 전도, 대류, 복사에 의한 열의 이동을 모두 막아야 단열이 잘 된다.

주택의 단열	아이스 박스	보온병
벽돌 / 스타이로폼 / 이중창 / 공기		마개 / 은도금된 금속 / 은도금된 유리 벽면 / 따뜻한 물 / 진공
벽돌과 벽돌 사이에 들어 있는 스타이로폼이나 이중창 안에 들어 있는 공기는 열의 이동을 막아준다.	스타이로폼은 전도에 의한 열의 이동을 줄여 아이스 박스 내부를 차갑게 유지시켜 준다.	진공 상태의 이중벽은 전도와 대류에 의한 열의 이동을, 은도금한 유리벽면은 복사에 의한 열의 이동을 막아준다.

(2) **폐열** : 발전소, 소각장, 공장, 보일러 등에서 효율적으로 이용하지 못하고 버려지는 열 → 열병합 발전소에서 난방 시 이용

(3) **지구온난화** : 온실기체의 증가로 인하여 지구의 평균 기온이 상승하는 현상

〈 지구온난화가 일어나는 과정 〉

ⅰ. 지구는 태양으로부터 복사에너지를 받고 지구 복사 에너지를 내보낸다.

ⅱ. 지표에서 복사된 열은 기권 밖으로 빠져나가기도 하고, 기권에서 다시 복사되어 지표로 되돌아오기도 한다.

ⅲ. 온실기체(이산화 탄소, 메테인 등)가 증가하면 기권에서 지표로 되돌아 오는 열이 증가한다.

ⅳ. 지구 온난화 현상이 나타난다.

정답 및 해설 36

개념확인 2
단열에 대한 설명으로 옳은 것은 O 표, 옳지 않은 것은 X 표 하시오.

(1) 솜과 스타이로폼은 공기를 적게 포함하고 있어서 좋은 단열재이다. (   )

(2) 열의 이동을 효과적으로 차단하기 위해서는 전도에 의한 열의 이동만 막으면 된다. (   )

(3) 주택에 이중창을 설치하고, 바닥에 카펫을 깔면 주택에서 빠져나가는 열을 줄일 수 있다. (   )

(4) 추운 겨울에는 두꺼운 옷을 한 벌 입는 것보다 얇은 옷을 여러 벌 껴입는 것이 더 따뜻하다. (   )

확인 + 2
빈칸에 공통으로 들어갈 말을 쓰시오.

· 보일러에서 사용되지 못하고 버려지는 (   )을 이용하여 음식물 건조에 사용할 수 있다.
· 자동차의 엔진에서 발생하는 (   )로 승차 공간에 난방을 할 수 있다.

● **스타이로폼**
스타이로폼은 내부에 공기를 많이 포함하고 있어 단열에 효율적이다.

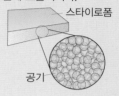
스타이로폼 / 공기

● **단열의 이용**
· 방열복 : 열이 잘 전달되지 않는 소재를 사용하여 외부의 열기로부터 몸을 보호해준다.
· 석빙고 : 얼음을 저장하는 창고로 지붕에 잔디를 심거나 얼음을 볏짚이나 톱밥으로 덮어 얼음을 보관한다.

▲ 방열복

▲ 석빙고

● **열병합 발전소**
쓰레기와 기름을 태울 때 발생하는 열을 이용하여 전기 에너지를 생산하고, 이때 발생하는 폐열로 물을 데워 난방에 이용한다.

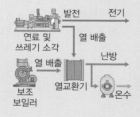

미니사전
온실기체 [溫 따뜻하다 室 집 −기체] 이산화 탄소, 메테인, 수증기 등의 온실 효과를 잘 일으키는 기체

● 물질의 상태에 따라 열팽
창 정도의 차이가 생기는
이유

분자 운동이 자유로울수
록 온도 변화에 따른 분자
운동의 속도 변화가 커지
므로 분자 사이의 거리가
크게 변한다.

● 고체의 길이와 부피 팽창

길이 팽창	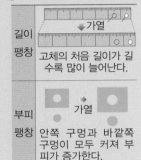 고체의 처음 길이가 길 수록 많이 늘어난다.
부피 팽창	안쪽 구멍과 바깥쪽 구멍이 모두 커져 부 피가 증가한다.

● 기체의 열팽창

· 압력이 일정할 때 온도
가 높아지면 기체의 부피
는 기체의 종류에 관계없
이 일정하게 증가한다.
· 기체의 열팽창의 이용 :
열기구

● 겉보기 팽창

용기에 담긴 액체를 용기
와 함께 가열하였을 때 액
체와 용기가 함께 팽창하
므로 실제로 증가한 액체
의 부피 팽창 정도보다 덜
팽창한 것처럼 겉보기 팽
창이 나타난다.

● 생각해보기★

물에 열을 가하면 물의 부
피는 어떻게 될까?

미니사전

고체 [固 굳다 體 몸] 나
무, 쇠, 돌과 같이 일정한 형
태와 부피를 가지는 물질
액체 [液 즙 體 몸] 물이
나 기름처럼 용기의 모양
에 따라 모양이 변하며,
일정한 형태를 갖지 않는
물질

3. 열팽창

(1) **열팽창** : 물질에 열을 가했을 때 물질의 길이나 부피가 증가하는 현상

   ① 열팽창이 일어나는 이유 : 열에 의해 물질의 온도가 높아지면 분자 운동이 활
     발해져서 분자 사이의 거리가 멀어지기 때문이다.
   ② 열팽창하는 정도는 물질의 종류(금속>비금속)나 상태(기체>액체>고체)에
     따라 다르다.

(2) **고체의 열팽창** : 열에 의해 고체의 길이 또는 부피가 증가하는 현상

분자 사이의 거리가 가깝다.   분자 사이의 거리가 멀다.

(3) **액체의 열팽창** : 열에 의해 액체의 부피가 증가하는 현상

   ① 삼각 플라스크 속 액체가 열팽창하여 유리관을 따라 올라간다.
   ② 액체가 열팽창할 때 액체를 담은 용기도 함께 팽창한다.
   ③ 고체의 열팽창이 액체의 열팽창보다 작기 때문에 겉보기 팽창이 일어난다.
   ④ 액체의 열팽창 = 겉보기 팽창 + 용기의 팽창

 개념확인 3   **열팽창에 대한 설명으로 옳은 것은 O 표, 옳지 않은 것은 X 표 하시오.**

(1) 물질을 가열하였을 때 부피가 증가하는 현상이다. ( )

(2) 가열하면 분자의 수와 분자의 크기가 변한다. ( )

(3) 같은 물질이면 고체, 액체, 기체 상태에 관계없이 열팽창 정도가 같다.( )

(4) 물질의 종류에 따라 고체의 열팽창 정도는 다르다. ( )

 확인 + 3   **다음은 고체의 열팽창에 대한 설명이다. 빈칸에 알맞은 단어를 〈보기〉에서
골라 쓰시오.**

고체에 열을 가하면 온도가 증가하므로 분자 ㉠ ( )이(가) 활발해진다. 따
라서 분자 사이의 ㉡ ( )이(가) 멀어지므로 고체의 ㉢ ( )이
(가) ㉣ ( ) 한다.

───── 〈 보기 〉 ─────

팽창   거리   부피   온도   운동   질량

4. 열팽창의 이용

(1) 열팽창에 의한 현상

고체의 열팽창	액체의 열팽창
· 에펠탑의 높이 : 기온이 높은 여름에 길이가 늘어나서 겨울보다 높이가 더 높다. · 전깃줄 : 여름에는 길이가 늘어나서 아래로 늘어지고 겨울에는 길이가 줄어들어서 팽팽해진다. · 다리나 철로의 이음매 : 다리나 레일의 길이가 늘어나 뒤틀리는 것을 막기 위해 이음매 사이에 틈을 만든다.	· 온도계 : 온도계 내부에 들어 있는 액체는 온도에 따라 일정한 비율로 팽창한다. · 음료수의 빈 공간 : 병에 음료수를 끝까지 채우지 않는 이유는 열을 받으면 부피가 늘어나기 때문이다. · 주유 : 석유가 열을 받으면 부피가 늘어나기 때문에 기온이 낮을 때 주유하는 것이 조금 더 유리하다.
 ▲ 에펠탑　　▲ 전깃줄　　▲ 다리의 이음매	 ▲ 온도계　　▲ 음료수의 빈 공간　　▲ 주유

(2) 바이메탈 : 열팽창 정도가 다른 두 금속을 붙여 놓은 장치로 두 금속의 열팽창 정도의 차이가 클수록 더 많이 휘어진다.

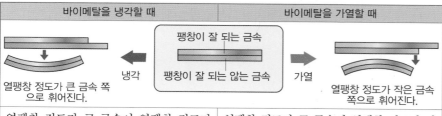

바이메탈을 냉각할 때	바이메탈을 가열할 때
냉각 ← 팽창이 잘 되는 금속 / 팽창이 잘 되는 않는 금속 → 가열	
열팽창 정도가 큰 금속 쪽으로 휘어진다.	열팽창 정도가 작은 금속 쪽으로 휘어진다.
열팽창 정도가 큰 금속이 열팽창 정도가 작은 금속보다 더 많이 수축한다. → 열팽창 정도가 큰 금속 쪽으로 휘어진다.	열팽창 정도가 큰 금속이 열팽창 정도가 작은 금속보다 더 많이 팽창한다. → 열팽창 정도가 작은 금속 쪽으로 휘어진다.

정답 및 해설 36

개념확인 4　생활에서 볼 수 있는 열팽창에 의한 현상으로 옳은 것은 O 표, 옳지 않은 것은 X 표 하시오.

(1) 겨울에는 전깃줄이 팽팽해진다.　　　　　　　　　　　　　　　(　)

(2) 다리의 이음새 부분에는 틈을 만든다.　　　　　　　　　　　(　)

(3) 주유를 할 때는 밤보다 낮에 하는 것이 좋다.　　　　　　　(　)

(4) 병에 음료수는 끝까지 채우는 것이 좋다.　　　　　　　　　(　)

확인+4　금속 막대 A, B, C 를 사용하여 바이메탈을 만든 후 가열하였더니 그림과 같이 변하였다. 열팽창 정도가 가장 큰 금속은?

(　　　　　)

● 바이메탈의 이용

· 자동 온도 조절 장치 : 온도 변화에 의해 자동으로 전원을 차단하거나 작동시킨다.

· 전기다리미 : 온도가 높아지면 바이메탈이 휘면서 회로의 연결이 끊어져 전류가 흐르지 않는다.

온도 증가
열 저항선

· 화재 경보기 : 온도가 높아지면 바이메탈이 휘면서 회로에 연결되어 전류가 흘러 경보음이 울린다.

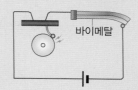
바이메탈

● 생각해보기★★

끼어서 빠지지 않는 그릇을 분리할 때 효율적으로 분리할 수 있는 방법이 무엇일까?

미니사전

이음매 두 물체를 이은 자리

01 열의 대류로 설명할 수 있는 현상을 <u>모두</u> 고르시오.(2 개)

① 모닥불 옆에 있으면 얼굴이 뜨거워진다.
② 주전자에 물을 넣고 끓이면 물전체가 뜨거워진다.
③ 방의 한 쪽에 난로를 켜두면 방 전체가 따뜻해진다.
④ 뜨거운 국에 숟가락을 넣으면 손잡이가 뜨거워진다.
⑤ 프라이팬에 소시지를 넣고 아래쪽을 가열하면 위쪽까지 열이 전달된다.

02 다음 현상에서 전도에 의한 열의 이동 현상은 '전', 복사에 의한 열의 이동 현상은 '복', 대류에 의한 열의 이동 현상은 '대'라고 각각 쓰시오.

(1) 태양의 열이 우주 공간을 지나 지구로 전달된다. ( )
(2) 에어컨을 켜면 얼마 후 방 전체가 시원해진다. ( )
(3) 그늘진 곳보다 햇빛이 드는 곳이 더 따뜻하다. ( )
(4) 뜨거운 국에 담가 놓았던 숟가락은 손잡이까지 뜨거워진다. ( )
(5) 겨울철 놀이터에 있는 철봉을 만지면 나무 의자보다 차갑게 느껴진다. ( )

03 같은 온도의 뜨거운 물이 든 시험관을 비커에 넣고, 시험관과 비커 사이의 빈 공간에 공기, 모래, 톱밥, 스타이로폼을 각각 채운 다음, 5 분 후 시험관 속 물의 온도 변화를 측정하여 표와 같은 결과를 얻었다.

공기   모래   톱밥   스타이로폼

물질	공기	모래	톱밥	스타이로폼
온도 변화	5 ℃	7 ℃	1 ℃	2 ℃

다음 중 단열 효과가 가장 좋은 물질은?

① 공기   ② 모래   ③ 톱밥   ④ 스타이로폼   ⑤ 모두 같다

04 네 개의 둥근바닥 플라스크에 같은 부피의 네 가지 액체를 넣고 뜨거운 물에 넣었더니, 각각의 부피가 다음 그림과 같이 증가하였다. 이에 대한 설명으로 옳은 것은 O 표, 옳지 않은 것은 X 표 하시오.(단 뜨거운 물에 넣기 전 모든 액체의 온도는 25 ℃ 이다.)

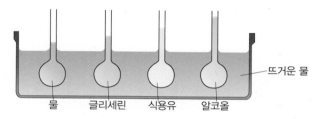

물   글리세린   식용유   알코올   뜨거운 물

(1) 액체에 열을 가하면 부피가 증가한다. ( )

(2) 네 가지 액체 중 열팽창 정도가 가장 큰 것은 식용유이다. ( )

(3) 액체의 종류에 따라 열팽창 정도가 다르다. ( )

(4) 알코올을 냉각시키면 부피가 가장 많이 감소한다. ( )

05 고체의 열팽창으로 설명할 수 있는 현상이 <u>아닌</u> 것은?

① 여름철에 전깃줄이 늘어난다.
② 여름철 폭염에 철로가 휘어진다.
③ 온도계를 사용하여 사람의 체온을 측정한다.
④ 에펠탑의 높이는 겨울철보다 여름철이 더 높다.
⑤ 유리병 뚜껑에 뜨거운 물을 부으면 뚜껑이 열팽창하여 쉽게 열린다.

06 다음 그림과 같이 종류가 다른 두 금속 A, B 를 붙여서 만든 바이메탈을 가열하였더니 A 방향으로 휘어졌다. 이에 대한 설명으로 옳은 것은?

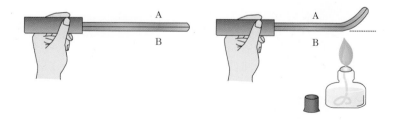

① A 와 B 는 비열이 같다.
② A 는 B 보다 열에 의해 더 많이 팽창한다.
③ 이 바이메탈을 냉각시키면 A 방향으로 휘어진다.
④ 이 바이메탈을 냉각시키면 A 가 B 보다 더 많이 수축한다.
⑤ 이러한 물질은 온도에 따라 자동으로 작동되거나 전원이 차단되는 제품에 사용된다.

[유형23-1] 열의 이동 방법

다음 그림은 촛농으로 세워 둔 나무 막대가 금속 막대의 가열되는 부분과 가까운 쪽부터 떨어지는 실험을 나타낸 것이다. 이와 관련된 열의 이동 방법에 대한 설명으로 옳은 것은?

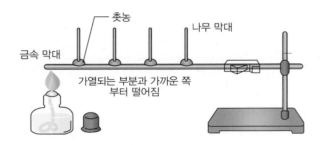

① 중간에 매질이 없이 에너지가 이동하는 방법이다.
② 분자 운동이 이웃한 분자로 전달되어 열이 이동하는 방법이다.
③ 물질을 이루는 분자들이 직접 이동하여 에너지를 전달하는 방법이다.
④ 액체나 기체와 같이 흐르는 성질이 있는 물질에서 주로 열이 전달되는 방법이다.
⑤ 에어컨을 한쪽 벽면에 설치해도 방 전체가 시원해지는 것도 같은 열의 이동 방법에 의한 현상이다.

01 다음 그림과 같이 물의 한 부분만 가열해도 물 전체가 뜨거워진다. 이와 같은 방법으로 열이 이동하는 것은?

① 찬물에 담근 손이 차가워진다.
② 햇빛을 쬐면 몸이 따뜻해진다.
③ 에어컨은 위쪽에 설치해야 한다.
④ 추운 곳에 있으면 체온이 낮아진다.
⑤ 방바닥의 한쪽만 가열해도 방바닥 전체가 뜨겁다.

02 다음과 같은 방법으로 열이 이동하는 경우와 관련된 설명으로 옳은 것은?

> 태양과 지구 사이의 우주 공간에는 열을 전달해 줄 수 있는 물질이 없어도 열이 빛의 형태로 전달된다.

① 낮에는 해풍이 불고, 밤에는 육풍이 분다.
② 체온계를 입에 물고 있으면 온도가 높아진다.
③ 뜨거운 여름날에는 모자로 태양열을 차단한다.
④ 뜨거운 물이 담긴 유리컵을 만지면 따뜻해진다.
⑤ 방 안에 보일러를 틀면 방 전체가 따뜻해진다.

[유형23-2] 생활 속의 열 관리

지구 대기가 없을 때의 복사 평형 (가)와 지구 대기가 있을 때의 복사 평형 (나)를 나타낸 것이다. 이에 대한 설명으로 옳지 <u>않은</u> 것은?

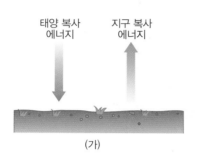

(가)

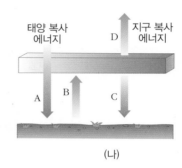

(나)

① A 는 D 보다 크다.
② 지표면의 온도는 (나)의 경우가 더 높다.
③ 지구 복사 에너지의 양은 (가)와 (나)가 같다.
④ 지표면이 받는 총에너지는 (나)의 경우가 더 많다.
⑤ (나)에서 온실 기체는 주로 적외선 영역의 빛을 흡수한다.

03 보온병의 내부 구조를 나타낸 것이다. 이에 대한 설명으로 옳지 <u>않은</u> 것은?

① 단열을 활용한 예이다.
② 진공으로 된 부분에 공기를 넣으면 단열이 더 잘 된다.
③ 내부의 은도금된 벽면은 복사에 의한 열의 이동을 막는다.
④ 진공으로 된 부분은 전도와 대류에 의한 열의 이동을 모두 막는다.
⑤ 안쪽 벽을 유리로 만드는 이유는 전도에 의한 열의 손실을 막기 위해서이다.

04 지구 온난화를 방지하기 위한 방법으로 옳은 것을 〈보기〉에서 모두 고른 것은?

─── 〈 보기 〉───
ㄱ. 폐열을 사용한다.
ㄴ. 신·재생 에너지를 이용한다.
ㄷ. 화석 연료의 사용량을 늘린다.
ㄹ. 산림을 개간하여 가축을 기른다.

① ㄱ, ㄴ   ② ㄱ, ㄷ   ③ ㄴ, ㄷ
④ ㄴ, ㄹ   ⑤ ㄷ, ㄹ

[유형23-3] 열팽창

그림은 금속공과 금속공이 겨우 빠져나갈 수 있는 금속 고리를 나타낸 것이다. 이와 관련된 설명으로 옳은 것은?

금속공

금속
고리

① 복사에 의한 열의 이동 방법을 알아보는 것이다.
② 금속 고리를 가열하면 금속공은 통과할 수 없게 된다.
③ 금속구를 가열하면 금속구를 이루는 분자 사이의 거리가 더욱 가까워진다.
④ 금속 고리를 가열하면 금속 고리를 이루는 분자들의 운동이 더욱 느려진다.
⑤ 금속공을 가열하면 열팽창으로 부피가 늘어나므로 금속 고리를 통과할 수 없다.

05 식용유를 삼각 플라스크에 가득 넣고 유리관을 끼운 고무마개로 삼각 플라스크 입구를 막은 다음 알코올램프로 가열하였다. 이에 대한 설명으로 옳지 않은 것은?

식용유

① 식용유를 이루는 분자의 크기가 커진다.
② 식용유를 이루는 분자의 운동이 활발해진다.
③ 식용유를 이루는 분자의 수는 변하지 않는다.
④ 유리관 속 식용유의 높이가 처음보다 높아진다.
⑤ 식용유를 이루는 분자들 사이의 거리가 멀어진다.

06 다음 중 액체의 열팽창에 대한 설명으로 옳지 않은 것은?(단, 물은 제외한다.)

① 액체를 냉각시키면 부피가 감소한다.
② 액체는 열을 받으면 부피가 증가한다.
③ 액체를 냉각시키면 분자의 운동이 느려진다.
④ 액체의 종류에 관계없이 열팽창 정도는 같다.
⑤ 액체는 열을 받으면 분자 사이의 거리가 멀어진다.

[유형23-4] **열팽창의 이용**

전기다리미에 들어 있는 온도 조절 스위치의 원리를 간단하게 나타낸 것이다. 이에 대한 설명으로 옳지 <u>않은</u> 것은?

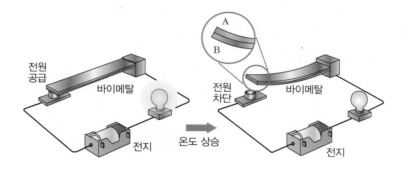

① A 가 B 보다 열팽창 정도가 작다.
② 온도가 높아지면 B 가 A 보다 길어진다.
③ 이 실험으로는 A 와 B 의 비열을 알 수 없다.
④ 처음 상태에서 바이메탈을 냉각시키면 B 가 A 보다 짧아진다.
⑤ 온도가 높아지면 바이메탈은 열팽창 정도가 큰 쪽으로 휘어진다.

07 다음 그림과 같이 구리와 납을 붙인 후, 열을 가하거나 냉각하였다. 이때 바이메탈이 휘어지는 방향을 바르게 짝지은 것은?(단, 열팽창 정도는 납>구리이다.)

	가열	냉각		가열	냉각
①	A	B	②	A	C
③	B	B	④	C	A
⑤	C	B			

08 오른쪽 그림과 같이 여름철에 자동차에 기름을 넣을 때는 기름통을 가득 채우지 않는 것이 좋다고 한다. 그 이유를 바르게 설명한 것은?

① 기름이 기화하여 공기 중으로 날아가기 때문
② 기름이 부피가 작아져 기름값이 많이 나오기 때문이다.
③ 기름의 온도가 높아져 기름이 많이 소모되기 때문이다.
④ 기름통이 팽창하여 연료 게이지가 잘 맞지 않기 때문이다.
⑤ 가득 채우면 액체의 열팽창으로 기름이 흘러 넘칠 수 있기 때문이다.

01 그림은 실험실에서 흔히 사용하는 알코올이나 수은을 이용한 액체 온도계이다. 액체 온도계에 물을 사용하지 않는 이유를 설명하시오.(단, 알코올의 녹는점은 −114 ℃, 끓는점은 78 ℃ 이고, 수은의 녹는점은 −39 ℃ , 끓는점은 357 ℃ 이다.)

02 한국 도시숲 연구소에서는 건물 벽면에 식물을 키우는 벽면 녹화 작업을 추진하고 있다. 다음 사진은 수원시 환경사업소 벽면 녹화 조성 공사 장면을 나타낸 것이다. 식물은 태양빛을 차단하고 그늘을 만들어서 여름에 에어컨 사용 빈도를 낮추어 준다. 벽면 녹화 작업의 장점을 에너지 절약과 관련지어 설명하시오.

03 요즘은 쉽게 얼음을 만들 수 있지만 옛날에는 추운 겨울이 아니면 얼음을 구하기 쉽지 않았다. 냉장고가 없던 옛날에는 '석빙고'라는 얼음 보관 창고를 만들어 한 겨울의 얼음을 보관했다가 여름에 사용했는데, 주로 더위에 지친 사람들에게 얼음을 나눠주는데 사용했다고 한다. 석빙고가 한여름까지 얼음을 보관할 수 있었던 비밀은 겨울에 석빙고 내부를 최대한 냉각시켜 차갑게 만들고 얼음을 넣고 나서는 여름까지 낮은 온도로 유지하는 것이다. 이렇게 낮은 온도를 유지하는 데는 여러 가지 과학적 원리가 숨어 있다. 다음 물음에 답하시오.

▲ 석빙고 외부 모습

▲ 석빙고 내부 모습

(1) 석빙고의 지붕은 열전달율이 낮은 진흙, 석회 등으로 덮고, 그 위에 잔디를 심었다. 지붕을 진흙, 석회 등으로 덮은 이유와 지붕 위에 잔디를 심은 이유를 각각 서술하시오.

(2) 석빙고 안에 얼음을 보관할 때 얼음 위를 볏짚으로 덮어서 얼음의 온도가 유지되도록 하였다고 한다. 볏짚은 속이 비어 있는 공간이 많기 때문에 공기가 많이 들어갈 수 있다. 이를 참고로 하여 얼음을 볏짚으로 덮는 이유를 서술하시오.

04 사진 (가)는 추시계를 나타낸 것이다. 추시계 아래에 보이는 시계추는 진자 운동을 하고 한번 왕복할 때마다 시계 바늘의 톱니가 움직이게 된다. 그림 (나)는 추 시계의 내부 구조를 나타낸 것이다. 추시계는 시계가 빨라지면 시계 추의 길이를 길게 하고, 느려지면 시계 추의 길이를 짧게 하여 시간을 맞출 수 있다.

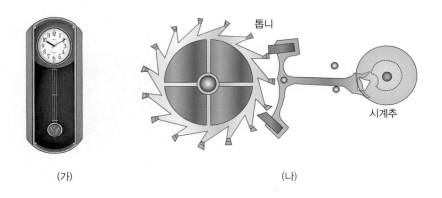

(가)   (나)

추운 겨울에 추 시계의 시간은 평소보다 어떻게 달라지는지 쓰고, 이때 시계를 맞추려면 시계 추의 길이를 어떻게 조절해야 하는지 설명하시오.

05

겨울철이 되면 단열이 덜 된 집은 집안의 열이 밖으로 많이 빠져나가서 집안 온도가 낮다. 단열의 방법으로는 이중창을 하거나 벽과 벽 사이에 스타이로폼을 넣는 방법 등을 사용한다.

바깥 기온이 0 ℃로 유지되었다고 하고, 단위 시간 당 발열량이 H_0 인 같은 보일러를 틀어 놓고 오랫동안 집을 비워 놓은 두 집 A, B 에 관한 문제를 풀어 보자. 다음 그래프는 두 집 A, B 에서 단위 시간 당 빠져나가는 열량 (H) 를 집안과 바깥의 온도 차이에 따라 그린 그래프이다.

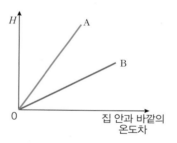

(1) 시간에 따른 두 집의 내부 온도 변화를 옳게 나타낸 그래프로 가장 적당한 것은?

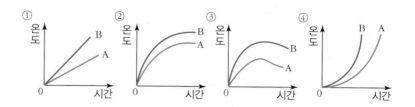

(2) 두 집 A와 B 중에 어느 집이 더 빨리 열평형에 도달하겠는가?

A

01 우리 주변에서 폐열을 이용한 예가 <u>아닌</u> 것은?

① 쓰레기 소각장의 열로 목욕탕의 물을 데운다.
② 시멘트 제조에 사용한 열을 이용하여 전기를 생산한다.
③ 화력 발전소에서 석유를 이용하여 물을 끓여 증기 터빈을 돌린다.
④ 쓰레기 소각장의 열을 이용하여 한 겨울에 온실에서 토마토를 재배한다.
⑤ 자동차를 운행할 때 발생하는 열을 이용하여 히터를 켜지 않고도 난방을 한다.

02 다음 그림은 책을 뒤로 이동하는 방법을 나타낸 것이고, 〈보기〉 는 일상생활에서 열이 이동하는 예이다. 그림의 1, 2, 3 과 같은 열의 이동 방법과 〈보기〉 의 예를 바르게 짝지은 것은?

────── 〈 보기 〉 ──────
ㄱ. 에어컨을 위에 설치한다.
ㄴ. 난로에 가까이 가면 따뜻함을 느낀다.
ㄷ. 라면 그릇 속의 젓가락이 뜨거워진다.

① 그림1 - ㄱ, 그림2 - ㄴ, 그림3 - ㄷ
② 그림1 - ㄱ, 그림2 - ㄷ, 그림3 - ㄴ
③ 그림1 - ㄴ, 그림2 - ㄱ, 그림3 - ㄷ
④ 그림1 - ㄷ, 그림2 - ㄱ, 그림3 - ㄴ
⑤ 그림1 - ㄷ, 그림2 - ㄴ, 그림3 - ㄱ

03 우리 주변에서 단열을 효율적으로 이용한 것을 〈보기〉 에서 모두 고르시오.

────── 〈 보기 〉 ──────
ㄱ. 난방기   ㄴ. 이중창   ㄷ. 냉방기
ㄹ. 보온병   ㅁ. 소방복   ㅂ. 프라이팬

(   )

04 상온(25 ℃)에 오랫동안 두었던 부피가 같은 식용유, 물, 에탄올을 동일한 세 유리병에 각각 넣고 뜨거운 물에 충분히 담가 두었더니, 다음 그림과 같이 유리관으로 올라오는 액체의 높이가 각각 달랐다. 이에 대한 설명으로 옳지 <u>않은</u> 것은?

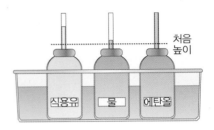

① 열은 액체에서 뜨거운 물로 이동한다.
② 세 액체 모두 분자 운동이 활발해진다.
③ 열팽창 정도는 에탄올 > 식용유 > 물이다.
④ 시간이 지나면 세 액체의 온도는 모두 같아진다.
⑤ 식용유의 분자 사이의 거리는 처음보다 멀어진다.

05 스타이로폼은 내부에 많은 양의 공기를 가지고 있어 단열에 효율적이다. 공기가 단열에 효율적인 이유로 옳은 것은?

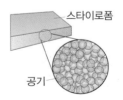

① 공기가 가볍기 때문이다.
② 공기가 비열이 작기 때문이다.
③ 공기가 열팽창을 막기 때문이다.
④ 공기는 대류가 잘 일어나기 때문이다.
⑤ 공기는 열의 전도가 느리게 일어나기 때문이다.

06 작은 병을 알루미늄 박으로 싸고 큰 병 속에 넣은 후, 병과 병 사이를 솜으로 채운 다음 뚜껑을 닫았다. 이에 대한 설명으로 옳은 것만을 〈보기〉에서 있는 대로 고른 것은?

알루미늄박

─── 〈 보기 〉 ───
ㄱ. 물의 온도를 높이기 위한 장치이다.
ㄴ. 솜은 전도에 의한 열의 이동을 막아 준다.
ㄷ. 알루미늄박은 대류에 의한 열의 이동을 막아준다.

① ㄱ   ② ㄴ   ③ ㄷ
④ ㄱ, ㄴ   ⑤ ㄴ, ㄷ

[07~08] 오른쪽 그림과 같이 페트병의 아래 위를 잘라내고 스타이로폼 공을 넣은 다음 그물망을 씌우고, 헤어드라이어를 아래로부터 작동시켜 공과 그물망의 움직임을 관찰하였다.

그물망
스타이로폼 공

07 실험을 통해 알아보고자 하는 것은 무엇인가?

① 물질의 열팽창 원인
② 비열과 열용량의 관계
③ 질량과 열용량의 관계
④ 대류에 의한 열의 전달
⑤ 전도에 의한 열의 전달

08 이 실험에서 스타이로폼 공과 헤어드라이어의 바람은 각각 무엇에 비유할 수 있는가?

	스타이로폼 공	바람
①	비열	열용량
②	분자	열용량
③	분자	열평형
④	분자	가해 준 열
⑤	온도 변화	가해 준 열

09 오른쪽 그림과 같이 건물의 외벽에 설치된 가스관은 중간 부분이 구부러져 있다. 이와 같은 원리로 설명할 수 있는 현상은?

① 양은 냄비에 라면을 끓였다.
② 여름에는 전깃줄의 길이가 늘어난다.
③ 뜨거운 국물 속에 담긴 국자가 뜨거워진다.
④ 사막 지역은 해안 지역보다 일교차가 크다.
⑤ 여름날 야외 수영장의 물은 시원하지만 주변의 시멘트 바닥은 뜨겁다.

10 그림과 같이 금속 공을 가열할 때 금속 공을 이루는 분자들의 변화에 대한 설명으로 옳은 것만을 〈보기〉에서 있는 대로 고른 것은?

─── 〈 보기 〉 ───
ㄱ. 분자의 수 : 많아진다.
ㄴ. 분자의 크기 : 커진다.
ㄷ. 분자 사이의 거리 : 멀어진다.
ㄹ. 분자들의 움직임 : 활발해진다.

① ㄱ, ㄴ   ② ㄱ, ㄹ   ③ ㄴ, ㄷ
④ ㄴ, ㄹ   ⑤ ㄷ, ㄹ

B

11 다음은 지구 온난화에 따른 해수면 상승 과정을 순서 없이 나열한 것이다. 해수면 상승 과정을 순서대로 바르게 나열하시오.

> ㄱ. 화석 연료의 사용 증가
> ㄴ. 지구의 평균 기온 상승
> ㄷ. 빙하가 녹고, 바닷물의 팽창
> ㄹ. 대기 중의 이산화 탄소 증가

( )

12 유리병 입구를 바깥으로 막은 금속 뚜껑이 잘 빠지지 않는 경우 따뜻한 물속에 담그면 잘 빠진다. 그 이유를 설명한 것으로 옳은 것은?

① 물 때문에 유리병의 표면이 미끄러워지기 때문이다.
② 따뜻한 물이 물과 금속 뚜껑 사이로 스며들어가서 팽창하기 때문이다.
③ 유리병과 금속 뚜껑 모두 팽창하나 금속 뚜껑이 더 많이 팽창하기 때문이다.
④ 유리병과 금속 뚜껑이 달라붙어 있으므로 물이 스며들어가 떼어 놓기 때문이다.
⑤ 따뜻해지면 유리는 팽창하지 않으나 금속 뚜껑은 팽창하여 지름이 커지기 때문이다.

13 다음 그림과 같이 둥근바닥 플라스크에 20℃의 물을 넣고 가열하였더니, 유리관 속 물의 높이가 낮아졌다가 다시 높아졌다.

이와 같은 현상이 나타난 이유는?

① 가열을 시작할 때 물이 증발하여 양이 줄어들므로
② 둥근바닥 플라스크 내부의 압력이 잠시 낮아지므로
③ 물을 가열하면 부피가 수축한 후 다시 팽창하므로
④ 물을 가열하면 대류 현상에 의해 아래로 내려가므로
⑤ 물이 팽창하기 전에 둥근바닥 플라스크가 먼저 팽창하므로

14 눈금이 매겨져 있지 않은 수은 온도계를 0 ℃ 얼음물 속에 넣었더니 수은 기둥의 높이가 2 cm 였고, 100 ℃ 끓는 물 속에 넣었더니 수은 기둥의 높이가 18 cm 였다. 이 온도계를 25 ℃ 물에 넣으면 수은 기둥의 높이는 몇 cm 가 되는가?(단, 수은은 열을 가하면 일정한 비율로 부피가 늘어난다.)

① 5 cm   ② 6 cm   ③ 7 cm
④ 8 cm   ⑤ 9 cm

15 사각형 유리관을 스탠드에 고정한 후 물을 가득 채우고, 알코올램프로 가열하면서 유리관의 윗부분에 빨간색 잉크를 떨어뜨렸다. 이때 잉크가 물 속에서 어느 방향으로 움직이는지 쓰시오.

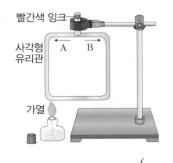

( )

16 그림 (가)와 같이 철, 구리, 알루미늄 막대를 움직일 수 있는 바늘에 연결한 후 각각을 알코올 램프로 가열하였더니 알루미늄에 연결된 바늘이 가장 많이 오른쪽으로 움직였고 그 다음에 구리, 그 다음에 철 순서로 연결된 바늘이 움직였다.

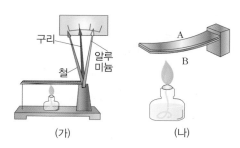

(가)   (나)

세 금속을 이용하여 바이메탈을 만들어 가열할 때 (나)와 같이 바이메탈이 위쪽으로 휘는 경우는?

	A	B		A	B
①	철	알루미늄	②	구리	철
③	알루미늄	철	④	알루미늄	구리
⑤	알루미늄	알루미늄			

17 그림과 같은 고리 모양의 고체를 골고루 가열할 때, 안쪽 원의 크기와 바깥쪽 원의 크기의 변화로 바르게 짝지은 것은?

	안쪽 원	바깥쪽 원
①	넓어진다.	넓어진다.
②	넓어진다.	좁아진다.
③	좁아진다.	좁아진다.
④	좁아진다.	넓어진다.
⑤	변화없다.	변화없다.

18 따뜻한 봄날에 얼음을 각각 스타이로폼 상자(가)와 금속 상자(나)에 넣어 양지바른 곳에 두었다. 얼음이 빨리 녹는 상자는 어느 것이며, 그 이유를 바르게 설명한 것은?

① (가) - 복사를 잘 막기 때문에
② (나) - 전도가 잘 되기 때문에
③ (가) - 전도가 잘 되지 않기 때문에
④ (나) - 대류가 잘 되지 않기 때문에
⑤ 상자 안의 얼음은 같은 속도로 녹는다.

19 다음 그림은 시험관 속의 차가운 물의 위쪽을 토치로 가열하고 있는 모습이다. 충분한 시간 동안 가열했다고 했을 때 시험관의 물에 대한 설명 중 옳은 것을 고르시오.

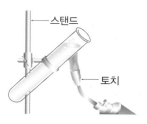

① 물이 전체적으로 끓는다.
② 가열하는 곳의 윗부분의 물만 끓는다.
③ 물이 위 아래로 섞이기만 하고 끓지 않는다.
④ 물에 아무런 변화가 일어나지 않는다.

20 벽면 전체가 두꺼운 유리로 된 건물은 외관은 아름답지만 실내 온도를 적정하게 유지하기 어려운 문제점이 있다. 이에 대한 설명으로 옳지 않은 것은?

① 유리는 여름에 태양 복사 에너지를 통과시킨다.
② 여름에 표면 온도가 높아지면 건물 내부의 온도가 높아진다.
③ 유리는 단열 효과가 낮아 겨울에 실내에서 실외로 나가는 열 손실이 크다.
④ 유리를 통해 내부로 들어온 에너지 중에서 밖으로 일부 빠져나가는 비율은 작다.
⑤ 유리를 통해 들어온 태양빛에 의해서 내부 공기가 가열되면 건물 내부의 온도가 올라간다.

C

21 그림 (가)는 타고 있는 양초에 아래 위가 뚫린 유리관을 씌우면 양초가 더 잘 타는 것을 나타낸 것이고 그림 (나)는 중동 지방의 사막에 살고 있는 베두인 족의 검은 옷으로 흰 옷을 입은 다른 종족보다 더 시원하게 생활하는 모습을 나타낸 것이다.

(가)   (나)

다음 중 그림 (가), (나) 에 공통적으로 적용된 원리를 이용한 것을 <u>모두</u> 고르시오.(2개)

① 보온을 위하여 이중창을 한다.
② 흰 눈은 더럽혀진 눈보다 잘 녹지 않는다.
③ 굴뚝을 높게 하면 벽난로에 피운 불이 잘 탄다.
④ 사우나 실의 온도는 매우 높은데도 데지 않는다.
⑤ 풍선에 물을 넣고 아래 부분을 불로 가열해도 풍선에 불이 붙지 않는다.

22 다음은 금속의 열팽창을 이용한 바이메탈 온도계의 원리를 나타낸 것이다. P 와 Q 에 사용하는 금속 A, B, C, D 를 표와 같이 바꾸어가면서 가열하였더니, 바늘이 모두 고온 쪽으로 움직였다. 팽창이 잘 되는 금속부터 차례대로 나열한 것은?

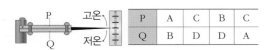

P	A	C	B	C
Q	B	D	D	A

① B - A - C - D
② C - A - B - D
③ C - D - B - A
④ D - B - A - C
⑤ D - C - A - B

23 실내에 난로를 피우고 A, B, C 점에서 온도를 측정하였다. 이후 외부와의 열출입이 없게 하였을 때 1시간 후 같은 지점에서 각각 온도를 측정하여 표에 기록하였다.

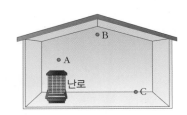

위치	A	B	C
처음 온도(℃)	10	10	10
1시간 후 온도(℃)	50	31	23

이에 대한 설명으로 옳은 것을 <u>모두</u> 고르시오.
(2개)

① A → B → C → A 로 공기가 대류한다.
② A 점의 공기는 가벼워져 B 로 이동한다.
③ A 점의 공기는 대부분 아래로 이동한다.
④ B 점의 공기가 식으면서 A 점으로 이동한다.
⑤ 실내에서는 대류에 의해서만 열이 전달된다.

24 하루 중 햇빛이 비치는 시간(일조 시간)을 측정하는 장치를 개략적으로 나타냈다. 유리관 속에서 도선은 끊어져 있으며, 햇빛이 비칠 때만 유리구 속의 액체가 팽창하여 끊어진 도선에 닿아서 전기 시계가 작동하게 되어 있다.

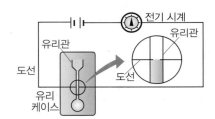

이에 대한 설명으로 옳은 것만을 <보기>에서 있는 대로 고른 것은?

〈 보기 〉

ㄱ. 유리구 속의 액체는 전기가 통하지 않는 물질이다.
ㄴ. 유리구 속 액체가 유리보다 부피 팽창 정도가 더 크다.
ㄷ. 유리 케이스 내부가 진공으로 되어 있으면 장치가 작동하지 않는다.

① ㄱ   ② ㄴ   ③ ㄷ
④ ㄱ, ㄴ   ⑤ ㄴ, ㄷ

25 다음은 플라스크에 액체를 가득 채우고 가열하는 모습이다. L_1 은 가열하기 전 액체의 부피를 나타내는 눈금이고, L_2 는 가열한 후의 액체의 부피를 나타내는 눈금이다. 가열하는 동안 플라스크의 부피가 V 만큼 팽창하였다면 플라스크 내의 액체의 부피는 실제로 얼마만큼 팽창한 것인가?

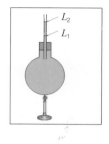

① L_2　　　　② $L_2 - L_1$　　　　③ $L_1 + V$
④ $L_2 - L_1 + V$　　⑤ $L_2 - L_1 - V$

26 여름에 외출할 때에는 밝은 색의 옷을, 겨울에 외출할 때에는 어두운 색의 옷을 입는 것이 좋다. 이러한 이유를 열의 복사와 관련하여 서술해 보시오.

▲ 겨울 옷　　　　▲ 여름 옷

27 자전거의 핸들은 손잡이 부분이 플라스틱으로 되어 있다. 추운 겨울날 자전거 핸들의 금속 부분보다 손잡이 부분이 덜 차갑게 느껴지는 이유를 설명하시오.

28 나무바퀴나 포도주를 저장하는 통은 지름이 약간 작은 금속으로 테두리가 쳐져 있다. 나무바퀴나 포도주 저장 통에 금속 테두리를 쉽게 씌우는 방법에 대하여 설명하시오.

▲ 나무바퀴　　　　▲ 저장 통

29 태평양의 아름다운 섬 투발루는 아홉 개의 작은 섬으로 이루어져 있었으나 몇 해 전부터 해수면이 높아져 바닷물에 잠기는 부분이 늘어나 현재는 두 개의 섬이 없어졌다. 이러한 현상이 나타나는 이유는 무엇일까?

30 그림 (가)는 온도가 올라가면 바이메탈이 철 쪽으로 기울어져 도선과 접촉하면 전류가 흘러 벨이 울리도록 되어 있는 화재 경보기의 구조를 나타낸 것이고, 그림 (나)는 철수와 지은이가 어떤 화재 경보기를 테스트한 후 대화를 나누고 있는 모습이다.

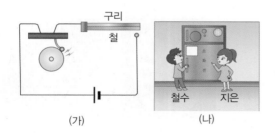

구리
철
철수   지은
(가)   (나)

지은이는 화재 경보기가 80 ℃ 가 될 때 울린다고 하였다. 그러나 철수는 60 ℃ 가 되더라도 경보기를 울리게 하고 싶다. 어떻게 하면 되겠는가?(단, 열팽창 정도는 알루미늄>구리>철 순이다.)

31 그림은 기름을 먼 곳까지 보내기 위한 송유관이다. 세계에서 가장 긴 송유관은 아제르바이잔과 터키를 잇는 것으로 길이가 약 1,770 km 에 달한다고 한다.

송유관은 중간중간 굽은 모양으로 하여 연결하게 된다. 송유관을 직선으로만 연결할 때보다 비용도 많이 들고, 높은 기술력이 필요함에도 불구하고 구불구불하게 연결하는 이유는 무엇일까? 자신의 생각을 서술하시오.

32 눈이 많이 오는 지역에서 집 A 와 B 의 지붕을 살펴보았더니 집 A 의 지붕은 눈이 녹지 않고 쌓여 있었고, 집 B 의 지붕 위에는 눈이 벌써 녹아서 흘러내리고 있었다. 두 집 중 어떤 집이 단열이 잘 되는 집일까? 그 이유와 함께 서술하시오.

〈집 A〉

〈집 B〉

33 아이스 박스는 음식물을 차갑게 보관하기 위해 사용되는 도구이다. 아이스 박스의 내용물을 차갑게 오래 보관하기 위해서 아이스팩을 음식물의 위쪽에 넣어야 할까, 아래쪽에 넣어야 할까? 자신의 생각을 서술하시오.

휘발유가 없어도 자동차가 달린다?
-영구 기관과 열역학의 법칙

값비싼 휘발유 없이도, 커다란 풍차를 돌리지 않고도 에너지를 영원히 얻을 수 있다면 인류에게 경제적으로 에너지와 환경 문제를 동시에 해결해주는 행운의 선물이 될 것이다.

▲ 바퀴가 돌면 오른쪽의 손잡이가 밖으로 제껴져 계속 돌 수 있게 한다.

그러한 무한 에너지를 만들어내는 영구기관(perpetual mobile)은 오랜 인류의 꿈이지만, 현재는 자연법칙 상 불가능하다고 알려져 있다. 그럼에도 불구하고 실현되기만 하면 인류의 삶을 근본적으로 개선할 수 있고 큰 돈도 벌 수 있다는 희망으로 많은 사람들이 도전하고 있다.

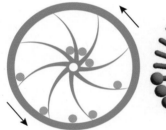

▲ 바퀴가 돌면 구슬이 밖에로 굴러나가거나 미끄러져서 바퀴가 계속 돌 수 있게 한다.

영구기관 혹은 무한동력기관은 에너지를 공급받지 않고도 무한정 작동하여 일을 할 수 있는 장치를 뜻한다. 쉽게 말해 자동차 엔진이 영구기관이라면, 폐차할 때까지 기름 값 걱정없이 차를 굴릴 수 있는 것이다.

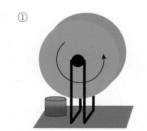

① 자석이 금속 바퀴의 왼쪽 부분을 잡아당기므로 계속 바퀴가 도는 영구기관

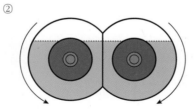

② 가운데와 양쪽 바깥쪽의 물의 양의 차이로 계속 회전하는 바퀴

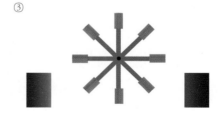

③ 자석의 인력과 척력을 받아 계속 도는 축바퀴

Q1 만약 영구기관이 존재한다면 손해 보는 사람은 누구이고, 이익 보는 사람은 누구인가?

제 1 종 영구기관은 외부로부터 전혀 에너지 공급이 없는 환경에서 일을 하는 (작동하는) 기관이다. 그러므로 물체의 내부에너지는 계속 감소하고 온도는 계속 내려갈 수 밖에 없으므로 이론적으로 불가능하다. 제1종 영구기관에 대한 우스갯소리로 '잼 바른 토스트와 고양이 발전기'가 있다. 잼 바른 토스트는 항상 잼이 바른 쪽으로 떨어지고 고양이는 발부터 떨어진다는 현상을 이용하여 어느 쪽으로도 떨어지지 않고 회전하여 동력을 만들어내는 발전기가 될 수도 있다는 것이다. 물론 고속으로 회전할 때 잼이 튕겨져 나가고 고양이가 살아 있어야 이 발전기가 실현 가능하기 때문에 이 영구 기관은 만들 수 없다.

▲ 잼 바른 토스트와 고양이

제 2 종 영구기관은 열효율이 100 % 인 기관을 말하는 것으로 1 종 기관과 다른 점은 에너지를 변환한다는 점이다. 즉, 열에너지를 운동에너지로 변환할 때 손실되는 열이 없이 전부 운동에너지로 바꿀 수 있도록 한다는 가정 하에 만일 그러한 기관을 만들 수 있다면 그것을 제 2 종 영구기관이라 한다. 결국 열이 운동으로, 운동이 다시 열로 100 % 전환되는 것이므로 영원히 기관은 작동한다고 할 수 있다. 그러나 제 2 종 영구기관은 자연 현상을 거스르기 때문에 실현 가능성이 없다. 자연 현상은 엔트로피(entropy)가 커지는 방향으로 진행된다. 물에 떨어진 잉크가 확산되는 것을 보면 잉크가 떨어진 초기에서 물에 골고루 퍼진 상태로 진행이 된다. 잉크가 물에 골고루 퍼진 상태가 엔트로피가 큰 상태이다. 연기의 확산도 마찬가지이며, 냄새가 퍼지는 경우도 같다. 엔트로피가 큰 상태는 '더 자연스러운 상태'라고 할 수 있는 것이다. 제 2 종 영구 기관은 열(엔트로피 큰 상태)을 일(엔트로피가 작은 상태)로 100 % 바꿀 수 있는 기관인데 자연 현상에서 엔트로피가 큰 상태에서 엔트로피가 작은 상태로 돌아가는 것은 있을 수 없으므로 실현 가능성이 없다.

▲ 확산된 연기와 잉크가 다시 모이는 일은 없다.

▲ 물이 아래에서 위로 흐르는 일은 없다.

옛날에는 어떤 물체가 영구운동할 수 있다면 즉, 멈추지 않고 영원히 움직인다면, 그것을 이용하여 영구기관도 만들 수 있을 것이라 생각하였다. 그러나 뉴턴이 운동의 기본 법칙을 정립한 이후, 영구운동과 영구기관은 별개라는 것이 알려졌다. 예를 들어 마찰이나 저항을 완벽하게 없앤다면 영원히 회전하는 바퀴를 만들 수 있을 것이다. 그러나 실제 상황에서는 기관을 작동시키면 마찰이나 저항으로 인하여 작동을 멈추게 되는 것이다.

Q2 잼 바른 토스트와 고양이 발전기를 왜 만들 수 없는지 그 이유를 쓰시오.

Project - 탐구

[탐구-1] 방 안에서의 공기의 무게

준비물 진공 용기, 커다란 수조, 전자 저울, 눈금 실린더, 스포이트, 비커

① 진공용기의 무게를 측정한다.

② 펌프로 진공용기 속의 공기를 최대한 뺀 다음 진공용기의 무게를 재어 기록한다.

③ 공기를 뺀 진공 용기를 물속에 담근다.

④ 물속에서 진공용기 뚜껑의 콕을 열어 물이 진공용기 속으로 들어가게 한다.

⑤ 더 이상 물이 들어가지 않을 때까지 기다려 진공용기를 물이 들어있는 채로 조심스럽게 밖으로 꺼내 세운다.

⑥ 진공 용기의 뚜껑을 조심스레 열고 비커와 눈금실린더를 사용하여 진공용기 내부의 물의 부피를 정밀하게 측정한다.

밀도 구하는 공식 : $\dfrac{질량}{부피}$ (단위 : kg/m³)

탐구 결과

1. 실험 결과를 표에 나타내고, 공기의 평균 밀도를 구하시오.

	〈1회〉	〈2회〉	〈3회〉
진공용기에서 빼낸 공기의 질량(g) (진공 용기의 처음질량 − 진공 용기의 나중 질량)	0.59	0.55	1.55
진공용기 속으로 들어온 물의 부피(mL)	426	629	932
공기의 밀도(kg/m^3)			

공기의 평균 밀도(온도 26 ℃, 습도 68 %) :

탐구 문제

1. 25 ℃ 1 기압에서 공기의 밀도는 1.184 (kg/m^3)이다. 우리가 구한 실험값(평균값)과 비교했을 때 정확하게 측정했다고 볼 수 있는가? (단, 오차 범위 ±5 % 이내로 들어왔을 때 정확했다고 볼 수 있으며 오차 범위 내의 공기 밀도값의 범위는 1.125 (kg/m^3) ~ 1.248 (kg/m^3)이다.)

2. 보통 방안(부피 5 m × 5 m × 3 m = 75 m^3)에서의 공기의 무게는 얼마나 될까?

[탐구-2] 액체 부피 팽창 실험하기

준비물   뜨거운 물이 담긴 수조, 둥근 바닥 플라스크, 고무 마개, 가느다란 유리관

①    ②    ③ 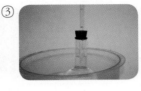   ④

① 수조에 뜨거운 물을 채우고, 둥근 바닥 플라스크에는 4℃가 넘는 물을 채운다.
② 둥근 바닥 플라스크 입구에 가느다란 유리관을 끼운 고무 마개를 끼우고 유리관에 올라와 있는 물의 위치를 표시한다.
③ 둥근 바닥 플라스크를 뜨거운 물로 채워진 수조에 넣는다.
④ 뜨거운 물과 둥근 바닥 플라스크에 있는 물이 열평형을 이룰 때 유리관에 올라와 있는 물의 위치를 측정한하고 겉보기 팽창을 측정한다.

액체의 겉보기 팽창 : 유리관에서의 나중 높이 – 유리관에서의 처음 높이
액체의 열팽창 : 겉보기 팽창 + 용기의 팽창
물의 열팽창 : 물은 고체, 액체, 기체 상태를 통털어 액체 상태의 4℃에서 부피가 가장 작고 밀도가 가장 크다.

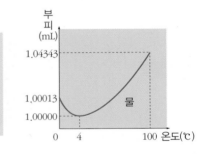

탐구 결과

1. 물이 들어 있는 둥근 바닥 플라스크에 있는 유리관의 높이를 측정하시오.

2. 뜨거운 물이 담겨져 있는 수조에 둥근 바닥 플라스크를 넣은 후 열평형에 도달할 때의 유리관의 높이를 측정하시오.

3. 주어진 액체의 겉보기 팽창 공식을 이용하여 물의 겉보기 팽창을 구하시오.

탐구 문제

1. 열평형이 일어날 때 둥근 바닥 플라스크의 팽창한 부피가 V 일 때 둥근 바닥 플라스크 안에 들어 있는 물의 팽창을 구하시오.

2. 다음 표는 여러 가지 액체 물질의 열팽창 정도이다. 둥근 바닥 플라스크에 아래 표와 같은 액체들을 각각 넣고 뜨거운 물이 들어있는 수조에 넣었다. 열평형이 일어난 후에 부피가 가장 많이 늘어난 액체는 무엇이겠는가? 그 이유와 함께 쓰시오.

물질	글리세린	휘발유	메틸알코올	벤젠	아세톤
팽창 정도(10^{-3}/℃)	0.5	0.95	1.2	1.24	1.49

세페이드

세페이드

창의력과학

세페이드

2F 물리학(하) 개정2판
정답과 해설

윤찬섭
무한상상 영재교육 연구소

<온라인 문제풀이>
[스스로 실력 높이기] 는 동영상 문제풀이를 합니다.
http://cafe.naver.com/creativeini

무한상상

세페이드 Ⅰ 변광성은
지구에서 은하까지의
거리를 재는 기준별이
며 우주의 등대라고 불
린다.

사람은 누구나 창의적이랍니다.
창의력 과학의 세계로 오심을 환영합니다!

창의력과학

의

창 력 과 학

세페이드

2F. 물리학(하) 개정2판
정답과 해설

Ⅰ 전기와 자기

14강. 전류의 자기 작용

1. (1) X (2) O (3) X   **2.** (1) O (2) O (3) X (4) X
3. (1) O (2) X (3) X (4) O   **4.** ⑤

1. 답 (1) X (2) O (3) X
해설 (1) 자석 부근에 자기장이 0 인 곳은 없고, 자석에 가까울수록 자기장이 세다.
(2) 자석 내부에도 자기장은 존재한다.
(3) 자기장의 방향은 나침반 자침의 N 극이 가리키는 방향이다.

2. 답 (1) O (2) O (3) X (4) X
해설 (1), (4) 직선 전류에 의한 자기장은 전류가 셀수록 도선에 가까울수록 세다.
(2) 전류의 방향이 바뀌면 자기장의 방향도 바뀐다.
(3) 전류가 커져도 자기장의 방향은 바뀌지 않는다.

3. 답 (1) O (2) X (3) X (4) O
해설 (1), (4) 원형 도선 주위의 자기장을 세기게 하려면 원형 도선의 반지름을 작게 하거나 도선에 흐르는 전류의 세기를 강하게 해준다.
(2) 철가루를 뿌린다고 해서 자기장의 세기는 변하지 않는다.
(3) 전류의 방향을 바꾸면 자기장의 방향만 바뀐다.

4. 답 ⑤
해설 ⑤ 코일 내부에서 자기장의 방향은 오른손의 엄지손가락이 가리키는 방향이다.

1. A   **2.** >   **3.** ④   **4.** A : 동, B : 동

1. 답 A
해설 단위 면적 당 자기력선이 많을수록 자기력선이 촘촘할수록 자기장의 세기가 세다.

2. 답 >
해설 직선 도선 주위의 자기장의 세기는 전류의 세기가 같을 때, 직선 도선과의 거리에 반비례한다. 따라서 거리가 더 먼 P_2 에서의 자기장의 세기 B_2 가 P_1 에서의 자기장이 세기 B_1 보다 작다.

3. 답 ④
해설 오른손의 엄지손가락을 전류의 방향과 일치시키고 나머지 네 손가락으로 도선을 감아질 때 네 손가락이 가리키는 방향은 북쪽이다.

4. 답 A : 동, B : 동
해설 전류는 (+) 에서 (-) 로 흐르고 네 손가락으로 코일을 감아쥐면 엄지손가락의 방향은 동쪽을 향한다. 따라서 코일의 왼쪽은 S 극, 오른쪽은 N 극이 되므로 나침반 A 와 B 의 N 극은 모두 동쪽을 향한다.

01. ④   **02.** (1) X (2) O (3) O (4) X
03. ①   **04.** ②   **05.** ④   **06.** ①

01. 답 ④
해설 ④ 자석 내부에도 자기장이 형성된다.

02. 답 (1) X (2) O (3) O (4) X
해설 (1) 직선 전류에 의한 자기장은 거리가 멀어질수록 약해지기 때문에 균일한 자기장이 형성되지 않는다.
(3) 솔레노이드 내부 자기장의 세기는 많은 원형 전류에 의한 자기장의 합성된 결과로, 원형 전류 한 개에 의한 자기장의 세기보다 세고 균일하다.
(4) 물질마다 자화되는 정도가 다르기 때문에 철심 대신 다른 물질을 넣으면 같은 세기의 전자석을 만들 수 없다.

03. 답 ①
해설 오른손의 네 손가락을 N 극이 가리키는 방향으로 감아쥐고 엄지 손가락을 향하면 전류의 방향은 위 → 아래이고, 자기장의 방향은 시계 방향이다.

04. 답 ②
해설 오른손의 엄지 손가락을 전류의 방향으로 향하게 한 뒤 네 손가락으로 도선을 감아지면 네 손가락은 남쪽을 향하게 된다. 그러므로 나침반 A는 남쪽을 향하고 나침반 B의 N 극도 남쪽을 향한다.

05. 답 ④
해설 솔레노이드에 의해 형성되는 자기장의 방향은 솔레노이드에 흐르는 전류의 방향으로 오른손을 사용하여 솔레노이드를 감아쥘 때 엄지손가락이 향하는 방향이다. 따라서 A 와 C 에 흐르는 자기장의 방향은 오른쪽이다. 솔레노이드의 자기장은 막대 자석에 의한 자기장과 비교한다. 솔레노이드의 C 쪽이 N 극, A 쪽이 S 극이므로 B 와 D 에 생성된 자기장의 방향은 왼쪽이다.

06. 답 ①
해설 코일을 오른손의 네 손가락으로 감아쥘 때 엄지 손가락이 가리키는 방향이 전자석의 N 극이다. 현재 전자석의 왼쪽이 N극이므로, 나침반 (가) 의 자침의 N 극은 A 쪽으로 향하고, 나침반 (나) 의 자침의 N 극은 C 쪽으로 향한다.

[유형 14-1] ③, ⑤	**01.** ①	**02.** ①
[유형 14-2] ②	**03.** 6 : 3 : 2	**04.** ⑤
[유형 14-3] ③	**05.** ⑤	**06.** ③
[유형 14-4] ⑤	**07.** ⑤	**08.** ④

[유형 14-1] 답 ③, ⑤

해설 자기력선은 N 극에서 나가며 S 극으로 들어온다. 나침반 자침의 N 극이 자기장의 방향이므로 바르게 나타낸 나침반 자침의 방향은 ③, ⑤ 이다.

01. 답 ①

해설 지구의 북극(A)은 S 극을 띠고, 남극(B)은 N 극을 띤다. 따라서 나침반 자침의 N 극인 C 는 인력에 의해 S 극인 북극을 향하고, 나침반 자침의 S 극인 D 는 N 극인 남극을 향한다.

02. 답 ①

해설 자석 A 의 왼쪽은 자기력선이 나가는 것으로 보아 S 극 오른쪽은 자기력선이 들어오는 것으로 보아 N 극이다. 자석 B 의 왼쪽은 N 극 오른쪽은 S 극이다.
① 자석 B 가 자석 A 보다 자기력선이 많으므로 자석 B 가 더 센 자석이다.
② 자석은 분리한다고 해서 N 극과 S 극으로 나누어지지 않는다.
③ 자석은 항상 극 부분의 자기장의 세기가 가장 세다.
④ 자석 A 와 자석 B 는 인력이 작용한다.

[유형 14-2] 답 ②

해설 오른손의 엄지 손가락을 전류의 방향으로 향하게 하고 네 손가락으로 감아쥐는 방향이 자기장이다 도선 아래에서는 자기장은 오른쪽으로 향하므로 도선 아래에 나침반을 놓으면 나침반 자침의 N 극은 오른쪽을 향한다.

03. 답 $6:3:2$

해설 전류 I 가 흐르는 직선 도선에서 r 만큼 떨어진 곳의 자기장의 세기는 $k\dfrac{I}{r}$ 로 쓸 수 있다.

A점, B점, C점의 자기장의 세기는 각각 $k\dfrac{I}{r}$, $k\dfrac{I}{2r}$, $k\dfrac{I}{3r}$ 이다.

$$\therefore B_A : B_B : B_C = k\dfrac{I}{r} : k\dfrac{I}{2r} : k\dfrac{I}{3r} = 6:3:2$$

04. 답 ⑤

해설

오른손의 엄지 손가락을 전류의 방향으로 향하게 한 다음 네 손가락으로 도선을 감싸쥐는 방향이 자기장의 방향이다.

[유형 14-3] 답 ③

해설 원형 도선의 중심에서 자기장 방향을 찾을 때 오른손의 네 손가락을 전류의 방향으로 감아쥐고, 엄지 손가락을 폈을 때 엄지 손가락이 가리키는 방향이 자기장의 방향이다.

05. 답 ⑤

해설

ㄱ. 그림과 같이 오른손의 네 손가락을 전류의 방향으로 감아쥐고, 엄지손가락을 폈을 때 엄지손가락이 가리키는 방향이 원형 도선

중심(내부)에서 자기장의 방향이다.
ㄴ. 원형 전류의 중심에서 자기장의 세기는 전류의 세기에 비례하고, 원형 도선의 반지름에 반비례한다.

06. 답 ③

해설

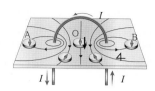

전류가 흐르는 도선 주위에는 자기장이 동심원 모양으로 생기고, 원형 전류 내부(중심 O)의 자기장의 방향은 남쪽이다. 평면상에서 봤을 때 원형 전류의 외부A, B에는 O에 생기는 자기장의 방향과 반대 방향인 북쪽으로 각각 자기장이 형성된다.

[유형 14-4] 답 ⑤

해설

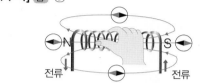

위 그림처럼 솔레노이드를 감아쥐었을 때 전자석의 오른쪽이 S 극이고 왼쪽이 N 극이 된다. 전자석 바깥에서는 자기장은 N 극에서 S 극으로 향하므로 코일 내부의 나침반 A 의 자침의 N 극은 왼쪽을 가리키고, 외부 나침반 B 의 자침의 N 극은 오른쪽을 가리킨다.

07. 답 ⑤

해설 ㄱ. 코일 안에서 자기장의 방향은 왼쪽, 코일 밖 A 지점에서 자기장의 방향은 오른쪽이다.
ㄴ. 코일 내부의 자기장은 전류가 셀수록, 코일의 감은 수가 많을수록 세다.
ㄷ. 코일에 전류가 흐르면 막대자석이 만드는 자기장과 같은 모양의 자기장이 생긴다.

08. 답 ④

해설 전자석의 오른쪽은 N 극 왼쪽은 S 극이다. 전자석 바깥에서는 N 극에서 S 극으로 자기장이 형성되므로 나침반 자침의 N 극이 왼쪽으로 향하는 것은 B, D 이다. 전자석 바깥에서는 자기장의 방향이 C 에서 A 방향으로 막대자석과 같이 형성되므로 A 와 C 에서 나침반 자침의 N 극이 가리키는 방향은 오른쪽이다.

창의력 & 토론마당 20~23쪽

01

> 저울의 눈금이 점점 커진다. 전자석 아래쪽에 생긴 N 극이 원형 자석에 척력을 작용하는데, 저항이 작아져 전류의 세기가 점점 증가하여 N 극이 점점 세지기 때문이다.

해설 전자석에 전류가 흐르면 오른손의 네 손가락을 코일에 감싸쥐면 엄지 손가락이 가리키는 방향이 자기장 방향이다. 그래서 전자석 위쪽에 S 극이, 아래쪽에 N 극이 생긴다. 저울 위의 자석은 전자석에 의해 아래쪽으로 힘을 받는데, 집게를 B 에서 A 쪽으로 옮기면 저항이 작아져 전류의 세기는 점점 증가하므로 저울의 눈금은 점점 커지게 된다.

02 (1) 나침반 (가) : 동, 나침반 (나) : 서
(2) 해설 참조

해설 (1) 스위치를 닫아 알루미늄 막대에 전류가 흐르면 직선 도선에 의해 자기장이 생성이 된다. 오른손의 엄지 손가락을 전류의 방향으로 향하게 한 뒤에 네 손가락으로 감아쥐면 나침반 (가)의 자침의 N 극은 동쪽으로 향하고, 나침반 (나)의 자침의 N 극은 서쪽으로 향하게 된다.
(2) 나침반이 돌아가는 정도를 크게 하려면 전원의 전압을 높이거나 니크롬선의 길이를 짧게 하거나 저항이 작은 니크롬선을 연결하거나 알루미늄 막대를 저항이 작은 막대로 교체하거나 알루미늄 막대에 꽂혀 있는 집게 전선의 거리를 가깝게 하면 된다. 즉 전류를 세게 흐르게 하기 위해서 전압을 높이거나 저항을 낮추는 방법이 있다.

03 (1) 종이면에서 수직으로 나오는 방향
(2) 2 배

해설 (1) 중심 O 에서 A 에 의한 자기장의 방향은 종이면에서 수직으로 나오는 방향이고, B 에 의한 자기장의 방향은 종이면에서 수직으로 들어가는 방향이다. t 일 때 전류의 세기는 같고 A 의 반지름이 더 작으므로 A 에 의한 자기장의 세기가 더 세다. 따라서 합성 자기장은 종이면에서 수직으로 나오는 방향이다.
(2) 종이면에서 수직으로 나오는 방향의 자기장을 (+)로 하면 시간이 t 일 때 자기장이 세기는 $k'\dfrac{I}{R} - k'\dfrac{I}{2R} = k'\dfrac{I}{2R}$ 이다. 시간이 2t 일 때 B 에 흐르는 전류의 세기가 0 이므로 중심 O 에서 자기장의 세기는 $k'\dfrac{I}{R}$ 이다. 따라서 중심 O 에서 자기장의 세기는 2t 일 때가 t 일 때의 2 배이다.

04 (1) S극 (2) 해설 참조

해설 (1) 전류가 흐르게 되면 전자석 위쪽은 N 극이 되고 아래쪽은 S 극이 된다. 전류 I 가 흐를 때 당기는 힘이 F 이고 전류 I 가 흐르기 전에 당기는 힘이 F 보다 작다면 바구니와 전자석은 인력이 작용한다는 의미이다. 그래서 바구니 밑면은 S 극이 되어야 한다.
(2) 전자석이 작동하는 상태에서 당기는 힘 F 보다 작게 해서 바구니를 더 많이 끌어올리고 싶다면 바구니와 전자석 사이의 인력을 작게 하면 된다. 그러기 위해 전자석의 세기를 줄이는 방법이 있다. 따라서 전류의 세기를 줄이면 되는데 전압 장치의 전압을 낮추거나 저항이 더 큰 니크롬선을 쓰면 된다. 그리고 전자석에 사용하는 철심을 막대로 교체하는 방법도 있다.

01. ③	**02.** ④	**03.** ③	**04.** ⑤
05. ③	**06.** ①	**07.** (1) N, S (2) S, N	
08. ④	**09.** ②	**10.** ①	
11. 동, 북, 서, 남		**12.** ④	**13.** ②
14. ②	**15.** ①	**16.** ⑤	**17.** ⑤
18. ④	**19.** ①	**20.** ㄴ	**21.** ③
22. 1.5 m	**23.** ㄱ, ㄷ	**24.** ③	**25.** ③
26.~ 32. 〈해설 참조〉			

01. 답 ③
해설 직선 도선에 의한 자기장의 세기는 거리에 반비례한다. 따라서 자기장의 세기는 A 점이 가장 세다. 자기장의 방향은 오른손의 엄지 손가락을 전류 방향으로 한 다음에 네 손가락으로 도선을 감아쥐면 B 지점에서의 자기장 방향은 지면에 수직으로 들어가는 방향이다.

02. 답 ④
해설 ④ 회로에 저항을 직렬로 하나 더 연결하면 저항값이 높아져 옴의 법칙에 의해 전류가 감소한다. 그러므로 코일 주위에 생기는 자기장의 세기가 감소한다.

03. 답 ③
해설 직선 도선에 의한 자기장의 방향을 구하는 방법을 이용하면 나침반 자침의 N 극이 가리키는 방향을 알 수 있다. 그러나 동서남북 방향을 유심히 잘 살펴봐야 한다. 우리가 보는 위쪽 방향이 동쪽이고 아래쪽 방향이 서쪽이다. 따라서 A 는 서쪽, B 는 동쪽, C 는 서쪽이다.

05. 답 ③
해설 직선 도선 주변의 자기장의 세기 $= k\dfrac{I}{r}$ 이다.
이때 자기장의 세기가 B 라고 할 때 전류의 세기가 2 배로 증가하고 , 거리가 2 배로 증가하면 자기장의 세기
$B' = k\dfrac{2I}{2r} = k\dfrac{I}{r} = B$ 가 되어 변동없다.

06. 답 ①
해설 그림을 보았을 때 전류 위쪽으로는 서에서 동으로 자기장이 형성되고, 도선 아래쪽으로는 동에서 서 방향으로 자기장이 형성된다. 때문에 A 의 N 극은 동쪽, B 의 N 극은 서쪽을 가리킨다.

07. 답 (1) ⓐ : N 극, ⓑ : S 극 (2) ⓐ : S 극, ⓑ : N 극
해설 솔레노이드의 전류가 흐르는 방향으로 오른손을 감아쥐면 엄지 손가락이 가리키는 방향이 N 극이다. (1)의 a 는 N 극, b 는 S 극 (2)의 a 는 S 극, b 는 N 극이다.

08. 답 ④
해설 직선 도선에 흐르는 전류의 세기가 같을 때 자기장의 세기는 직선 도선과 떨어져 있는 거리에 반비례한다. 따라서 (나)에서 자기장의 세기가 가장 세고 (가)에서 가장 작다.

09. 답 ②
해설 ② 전자석이 극을 바꿀 수 있는 것은 전류의 방향을 바꿔주

면 된다. ①, ③ ,④ ,⑤ 전자석의 세기를 세게 하거나 약하게 하는 방법이다.

10. 답 ①

해설

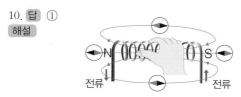

그림처럼 나침반의 N 극이 오른쪽을 가리키므로 자기력선은 왼쪽에서 오른쪽으로 향하고 있다. 때문에 철심의 왼쪽은 N 극, 오른쪽은 S 극임을 알 수 있다. 올바른 그림은 ① 이다.

11. 답 A : 동 B : 북 C : 서 D : 남
해설 오른손의 엄지를 종이 면에 수직으로 들어가게 위치시키면 나머지 손가락이 시계 방향으로 돌아가는 자기장의 방향을 알려준다. 따라서 도선 주위에는 시계 방향의 자기장이 형성되는 것을 알 수 있다.

12. 답 ④
해설

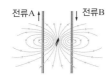

도선 A와 B에 흐르는 전류의 방향은 반대이나 두 도선 사이에는 같은 방향의 자기장이 북쪽 방향으로 발생한다.

13. 답 ②
해설 (가) 는 코일이다. ㄴ은 코일 속에 있는 지점이다. 코일에 흐르는 전류의 방향을 오른손의 네 손가락으로 감아쥐면 엄지손가락이 가리키는 방향은 오른쪽이 되어 코일의 왼쪽은 S 극, 오른쪽은 N 이다. 나침반의 N 극이 오른쪽을 가리키는 경우는 ㄴ, ㄹ 이다. (나) 는 원형 도선으로 ㅁ 은 원형 도선의 내부 ㅂ 은 원형 도선의 바깥지점이다. 전류가 흐를 때 ㅁ 에서는 자기장이 오른쪽으로, ㅂ 에서는 왼쪽으로 생긴다. 따라서 나침반의 N 극이 가리키는 방향이 오른쪽인 경우는 ㄴ, ㄹ, ㅁ 이다.

14. 답 ②
해설 전류를 통해주면 도선에서의 전류의 방향은 (+)극에서 (-)극 방향이므로 북→남이다. 이경우 도선 아래의 자침에는 동쪽 방향으로 자기장이 형성된다. 그러나 북쪽으로 지구의 자기장이 형성되어 있으므로, 자침은 북동쪽을 가리키게 된다.
① 가변저항이 감소하면 흐르는 전류의 세기가 증가하고 자기장의 세기도 증가하여 동쪽으로 회전각이 커진다.
② 도선의 전류를 흐르게 하면 도선 아래의 자기장의 방향은 서에서 동이지만 지자기의 영향으로 나침반의 N 극이 완전한 동쪽을 가리키지는 않는다.
③ 도선에 전류를 통해주면 자침이 북쪽을 가리킨 상태에서 북동쪽으로 회전하는데 이것은 시계 방향이다.
④ 전류는 북에서 남으로 흐르므로 도선 아래의 자기장 방향은 서에서 동이다.
⑤ 지자기 이외에 다른 자기장이 없다면 나침반의 N 극은 북쪽을 가리킨다.

15. 답 ①
해설 직선 도선에 의한 자기장의 세기는 가까울수록 세다. ㉠ 은 아래로 흐르는 왼쪽 도선에 의한 자기장(북쪽 방향)과 위로 흐르는 오른쪽 도선에 의한 자기장(남쪽 방향)이 모두 존재하지만 왼쪽

도선에 의한 자기장이 세기가 훨씬 세므로 자기장의 방향은 북쪽이다. 같은 방법으로 ㉢ 지점에는 오른쪽 도선에 의한 자기장(북쪽 방향)이 나타난다. 도선 사이의 ㉡ 지점에는 남쪽 방향의 자기장이 나타난다.

16. 답 ⑤
해설 두 도선이 같은 방향으로 흐르는 경우 도선의 사이 b 지점에는 두 도선에 의한 자기장의 방향이 반대이므로 자기장이 상쇄되어 약한 자기장이 형성된다. 반면 a, c 지점에는 두 도선에 의한 자기장이 같은 방향이므로 합쳐져 강한 자기장이 형성된다.

a점에서의 자기장의 세기 : $\dfrac{2I}{r} + \dfrac{3I}{3r} = \dfrac{3I}{r}$

b점에서의 자기장의 세기 : $\dfrac{2I}{r} - \dfrac{3I}{r} = -\dfrac{I}{r}$

c점에서의 자기장의 세기 : $\dfrac{3I}{r} + \dfrac{2I}{3r} = \dfrac{11I}{3r}$

자기장이 가장 강한 곳은 c 점이고 가장 약한 곳은 b 점이다.

17. 답 ⑤
해설 코일 주위에 생기는 자기장의 세기는 감은 수가 많을수록, 전류가 셀수록 강하다. (라) − (다) − (나) − (가) 순이다.

18. 답 ④
해설 (가)에서 전자석의 왼쪽은 S 극 오른쪽은 N 극이다. 따라서 자석과 전자석 사이에는 척력이 발생한다. (나) 전자석의 왼쪽 N 극, 오른쪽 S 극 → 인력, (다) 전자석의 왼쪽 N 극, 오른쪽 S 극 → 척력, (라) 전자석의 왼쪽 N 극, 오른쪽은 S 극→ 인력

19. 답 ①
해설 두 철 막대가 같은 극으로 자화되면 척력이 작용하여 철 막대는 서로 벌어진다.

20. 답 ㉡
해설

지면 위로 올라오는 자기장의 방향을 (+) 로 정한다. 그림과 같이 바깥쪽 원형 도선에 의해 중심에 발생하는 자기장의 방향은 (+), 세기는 $\dfrac{I}{2r}$ 가 된다.

안쪽의 원형 도선의 전류는 반대로 흐르므로 자기장의 방향은 (-), 세기는 $\dfrac{I}{r}$ 가 된다.

이때 안쪽 원형 도선에 의한 자기장의 세기가 더 세므로, 두 도선에 의해 형성되는 자기장의 방향은 (-)인 들어가는 방향이다.

21. 답 ③
해설

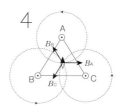

그림처럼 각 꼭지점의 도선에 의해 삼각형의 중심에 B_A, B_B, B_C 의 자기장이 발생하지만 서로 상쇄되어 0이 된다. 하지만 자자기의 영향을 받고 있으므로 중심의 나침반은 북쪽을 가리킨다.

22. 답 1.5 m

 해설

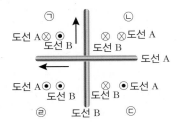

도선 a, b 에 그림처럼 전류가 흐르면 P점에 자기장이 형성되며 그 방향은 오른나사의 법칙에 의한다. 도선 a, b 에 의한 자기장의 세기를 각각 B_a, B_b 라고 하고 지면으로부터 수직으로 나오는 방향($\odot$)을 (+) 라고 할 때,

$B_a = -k\dfrac{5}{1+r}$ ($\otimes$;지면으로 수직하게 들어가는 방향),

$B_b = k\dfrac{3}{r}$ ($\odot$), $B_a + B_b = 0$

$-\dfrac{5}{1+r} + \dfrac{3}{r} = 0$, $r = 1.5$ m

23. 답 ㉠, ㉢

해설

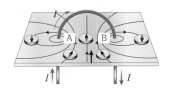

각 도선에 의한 자기장은 다음 그림과 같다. $\otimes$ 는 들어가는 방향의 자기장을 의미하고, $\odot$는 나오는 방향의 자기장을 의미한다. ㉠ 과 ㉢ 영역에서는 두 직선 도선에 흐르는 전류에 의한 자기장이 서로 반대 방향이므로 상쇄되어 자기장의 세기가 0 이 되는 지점이 생긴다. ㉡ 영역에서는 지면에 수직으로 들어가는 방향, ㉣ 영역에서는 지면에서 수직으로 나오는 방향의 자기장이 생긴다.

24. 답 ③

해설 솔레노이드에 전류가 흐르면 전자석이 되며 전자석의 왼쪽은 N 극 오른쪽은 S 극이 된다. 지자기는 북쪽을 가리키는데 솔레노이드에 의한 자기장으로 인해 나침반 N 극의 방향은 서쪽으로 움직인다. 접점을 A 에서 B 로 이동시키면 저항값이 감소하므로 솔레노이드에 흐르는 전류의 세기가 강해지고 솔레노이드 주위에 흐르는 자기장의 세기도 강해지므로 서쪽을 향해 회전한다.

25. 답 ③

해설 금속 막대의 저항값 $r = \rho\dfrac{l}{S}$ 길이(l)에 비례하고 단면적(S)에 반비례한다(ρ : 비저항). 따라서 저항값은 a 가 b 보다 크므로 b를 연결했을 때 더 큰 전류가 흐른다. 원형 도선의 전류의 방향은 시계 방향이므로, P점에서 자기장의 방향은 수직으로 들어가는 방향이다. b를 연결했을 때 더 큰 전류가 흐르므로 P점에서의 자기장의 세기는 b 에 연결했을 때가 a 를 연결했을 때보다 크다.

26. 답 〈해설 참조〉

해설 막대 자석 주위에 철가루를 뿌리면 자기장의 모양을 확인할 수 있다. 막대 자석 주위에 나침반을 놓고 자침의 N 극이 가리키는 방향이 자기장의 방향이며, N극이 향하는 방향으로 나침반을 이동시키며 선을 그으면 자기장의 모습이 선으로 나타나는 자기력선을 그릴 수 있다.

27. 답 〈해설 참조〉

해설 전지의 전압이 클수록 코일에 센 전류가 흐른다. 전류가 셀

수록, 코일이 감은 횟수가 많을수록 코일에 의한 자기장이 세다. 감은 횟수가 가장 많은 것은 (가) = (다) >(나) 순이고, 전류가 센 것은 (다) > (가) = (나) 순이므로 철심에 발생하는 자기장에 센 순서는 (다) - (가) - (나) 이다.

28. 답 〈해설 참조〉

해설 도선에 전류가 흐르지 않아도 지구 자기의 영향을 받아 나침반의 N 극은 항상 북쪽을 향한다. 그러나 전류가 흐르게 되면 지자기 외에 직선 도선에 의한 자기장의 영향을 받는다. 직선 도선에 의한 자기장의 방향을 구해 보면, 전류는 위로 흐르므로 도선 위에서 도선에 의한 자기장의 방향은 오른쪽이며, 지구 자기의 영향을 같이 받으므로 나침반 자침의 N 극은 오른쪽으로 비스듬히 향하게 된다. 전류의 세기가 더 세지면 지구 자기장보다 직선 도선에 의한 자기장의 크기가 훨씬 커서 나침반 자침의 N 극이 거의 오른쪽을 향하게 된다.

29. 답 〈해설 참조〉

해설 전자석의 세기를 강하게 하려면 흐르는 전류의 세기를 세게 하거나 코일을 많이 감으면 된다. 전류를 세게 하는 방법으로는 전지 2개를 직렬 연결하여 전압을 크게 하거나, 전구 2개를 병렬 연결하여 저항을 작게 하는 등의 방법이 있다.

30. 답 〈해설 참조〉

해설

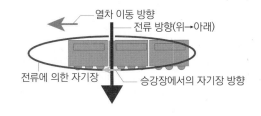

원형 도선의 A 점에서는 윗 방향으로 전류가 흐르고 B 점에서는 아래 방향으로 전류가 흐르기 때문에 A, B 점 모두 자기장의 방향이 북쪽이 된다. (전류를 감싸쥐면 A, B 점에서 자기장의 방향이 같다.)

31. 답 〈해설 참조〉

해설 전류에 의한 자기장은 지구 자기장에 비해 매우 약하고, 도선에서 멀어질수록 자기장의 세기도 급격히 약해진다. 따라서 도선에 흐르는 전류에 의해 발생하는 자기장에 의해 나침반이 움직인 것이 아니라 지구 자기장의 영향을 받아 움직였다고 생각하였다. 만약 나침반의 자침 방향과 도선에 흐르는 전류에 의한 자기장의 방향이 일치되는 경우에도 바늘은 움직이지 않게 되어 정확한 실험 설계를 하는 것이 어려웠다.

32. 답 〈해설 참조〉

해설 전동차는 공중 도선으로부터 전동차의 꼭대기에 설치된 팬더그래프를 통하여 전기를 공급받고, 이 전기는 접지된 바퀴 쪽으로 흐르게 되어 결국 열차를 통하여 위에서 아래로 강한 전류가 흐르는 모양이 형성된다. 따라서 아래 그림과 같이 전류에 의한 자기장이 만들어지고, 승강장의 나침반은 열차의 이동 방향의 자기장의 영향을 받게 된다. 따라서 자침의 N극은 열차를 보면서 나침반을 들고 있는 사람의 왼쪽을 가리키게 된다.(자침은 움직인다.)

15강. 전자기 유도

1. (1) X (2) O (3) X

2. (1) 위쪽 (2) 아래쪽 (3) 시계 방향

3. (1) O (2) O (3) X (4) O   **4.** ㉠ 역학적 ㉡ 전기

1. **답** (1) X (2) O (3) X
해설 (1) 플레밍의 왼손 법칙에 의해서 자기장의 방향이 달라지면 도선이 받는 힘의 방향은 달라진다.
(2) 전자기력은 전류가 셀수록, 자기장이 셀수록 커진다.
(3) 전류의 방향과 자기장의 방향이 0° 또는 180° 일 때 전자기력의 세기는 0 이다.

2. **답** (1) 위쪽 (2) 아래쪽 (3) 시계 방향
해설 (1) 사각형 도선 AB 부분에서 자기장은 오른쪽으로 흐르고 전류는 아래쪽으로 흐른다. 플레밍의 왼손법칙을 쓰면 사각형 도선 AB 는 위쪽으로 힘을 받는다. (2) 사각형 도선 CD 부분에서 자기장은 오른쪽으로 흐르고 전류는 위쪽으로 흐른다. 플레밍의 왼손법칙을 쓰면 사각형 도선 CD 는 아래쪽으로 힘을 받는다.
(3) 사각형 도선 AB 는 아래쪽으로 힘을 받고, 사각형 도선 CD 는 위쪽으로 힘을 받으므로 사각형 전선 앞(정류자 방향)에서 볼 때 코일의 회전 방향은 시계 방향이다.

3. **답** (1) O (2) O (3) X (4) O
해설 (1), (2), (4) 코일 주위에서 자석을 움직이거나 자석 주위에서 코일을 움직이면 자기방의 변화가 생겨서 코일에 유도 전류가 흐른다.
(3) 코일 속에 자석을 넣고 가만히 있으면 자기장의 변화가 생기지 않으므로 전자기 유도 현상이 일어나지 않는다.

1. ㉠ 전류 ㉡ 힘 ㉢ 자기장   **2.** ④

3. (1) ㉠ 밀어내는 ㉡ N (2) ㉠ 가 ㉡ 유도 전류 ㉢ B

4. ㄴ, ㅁ, ㅂ

2. **답** ④
해설 ④ 전자석은 솔레노이드에 전류를 흘려줘서 생기는 자기장을 이용하는 것이다. 전자기력과는 관련이 없다.

3. **답** (1) ㉠ 밀어내는 ㉡ N (2) ㉠ 가 ㉡ 유도 전류 ㉢ B
해설 (1) 자석의 N 극을 코일 위쪽에 가까이 가져가면 코일에는 자석을 밀어내는 자기장이 유도되므로, 코일의 (가) 부분은 N 극이 된다.
(2) 앙페르의 오른손 법칙에 의해 코일에서 오른손 엄지손가락을 (가) 쪽으로 향할 때, 네 손가락이 감아쥔 방향은 유도 전류의 방향이다. 이때 전류의 방향은 B 이다.

4. **답** ㄴ, ㅁ, ㅂ
해설 ㄱ, ㄷ, ㄹ 은 전류가 흐르는 도선이 자기장 속에서 받는 전자기력의 원리를 이용한 제품이다.

★ 전지라고 볼 수 있다. 실제로 발전기에서 전기를 생산한다. 유도 코일의 전압은 유도기전력이라고 하는 것이며 연결된 회로의 저항 × 유도 전류의 값이 유도기전력이며, 단위는 볼트(V)이다.

01. ③   **02.** ③   **03.** ②

04. ④   **05.** ③   **06.** ①

01. **답** ③
해설 플레밍의 왼손법칙을 이용하면 가운데 손가락이 전류 방향이고, 검지 손가락이 자기장 방향, 엄지 손가락이 전자기력(힘)의 방향이다. 그러므로 전자기력의 방향은 C 쪽이다.

02. **답** ③
해설 플레밍의 왼손법칙을 쓰면 (가)의 전자기력의 방향은 오른쪽, (나)의 전자기력의 방향은 왼쪽이다. (다)는 왼쪽이고, (라)는 오른쪽이므로 전자기력이 같은 방향은 (가)와 (라), (나)와 (다)이다.

03. **답** ②
해설 전류와 자기장이 서로 나란하지 않게만 흐르면 코일은 전자기력에 의해 움직인다. 플레밍의 왼손법칙에 의해 코일은 시계 방향으로 회전하는 것을 알 수 있다. 그리고 정류자에 의해 코일에 흐르는 전류의 방향이 바뀌어도 코일은 한 방향으로 회전하게 된다.

04. **답** ④
해설 전자기 유도를 실험한 것이다. 자기장의 변화에 의해 유도 전류가 생긴다.
④ 자석을 코일 안에 넣고 움직이지 않으면 코일에 흐르는 전류의 세기는 0 이 된다.
⑤ S 극을 넣을 때는 코일 위쪽이 S 극으로 유도 되고, N 극을 넣을 때는 코일 위쪽이 N 극으로 유도되므로 전류의 방향은 반대이다.

05. **답** ③
해설 전자기 유도 실험이다. (가)는 코일 위쪽이 N 극, 코일 아래쪽이 S 극으로 유도가 된다. (나)는 코일 위쪽이 S 극, 코일 아래쪽이 N 극으로 유도가 된다. 오른손의 엄지 손가락을 자기장 방향으로 향하게 한 뒤에 네 손가락으로 코일을 감싸쥐는 쪽이 유도 전류가 흐르는 방향이므로 (가)와 (나)에서 유도 전류의 방향은 반대 방향이다. 같은 방법으로 (다)는 S 극이 가까이 가므로 코일 위쪽은 S 극이 된다. (라)는 S 극이 멀리 가므로 코일 위쪽은 N 극이 된다. 따라서 유도 전류의 방향이 같은 것은 (가)와 (라), (나)와 (다)이다.

06. **답** ①
해설 (가)는 전동기이다. 전동기는 전자기력을 이용한 대표적인 예이고 전기 에너지가 역학적 에너지로 전환이 된다. (나)는 발전기이다. 전자기 유도를 이용한 대표적인 예이고 역학적 에너지가 전기 에너지로 전환이 된다. (가)와 (나)는 구조가 비슷하지만 에너지 전환 과정은 반대이다.

[유형 15-1] ⑤	01. ②	02. ⑤
[유형 15-2] ③	03. ③,⑤	04. ③
[유형 15-3] ③	05. ①	06. ④
[유형 15-4] ②	07. ①	08. ①

[유형 15-1] 답 ⑤
해설 전류의 방향과 자기장의 방향이 수직일 때 도선에 작용하는 전자기력이 가장 크며, 전류의 방향과 자기장의 방향이 0˚ 이거나 180˚ 일 때 전자기력의 크기는 0 이다.

01. 답 ②
해설 자석 안에서 알루미늄 막대에 형성되는 자기장의 방향은 N극→S극 이므로, 플레밍의 왼손법칙을 이용하여 가운데 손가락을 전류의 방향으로 향하게 하고 검지 손가락을 자기장 방향으로 향할 때 엄지 손가락이 가리키는 방향인 B 방향이 전자기력의 방향이 된다. 알루미늄 막대는 전자기력을 받아 B 방향으로 움직인다.

02. 답 ⑤
해설 ③, ④, ⑤ 전류의 방향과 자기장의 방향이 수직일 때 전자기력이 가장 세며, 전류의 방향과 자기장의 방향이 0˚ 이거나 180˚ 일 때 전자기력의 세기는 0 으로 가장 작다.

[유형 15-2] 답 ③
해설 ①, ③ 사각형 도선 AB 에서 전류는 B 에서 A 방향으로 자기장은 오른쪽으로 흐르므로 전자기력은 윗방향이다. 그리고 사각형 도선 CD 에서 전류는 D 에서 C 방향으로 흐르고 자기장은 오른쪽으로 향하므로 전자기력은 아래 방향이다. 따라서 사각형 도선을 정류자 방향에서 볼 때 시계 방향으로 회전한다.
⑤ 정류자에 의해 반 바퀴 돌 때마다 사각형 도선의 전류 방향은 바뀌므로 회전 방향은 한 방향이다.

03. 답 ③,⑤
해설 전자기력의 방향을 바꾸는 방법은 전류의 방향이나 자기장의 방향 둘 중 하나만 바꾸면 된다.

04. 답 ③
해설 반 바퀴 돌 때마다 사각형 도선이 연결되고 끊어짐으로써 코일에 흐르는 전류의 방향을 바꿔 준다. 이로 인해 도선이 한 방향으로 회전하도록 해준다.

[유형 15-3] 답 ③
해설

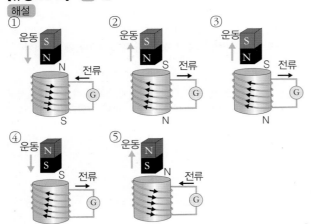

자석의 움직임에 따라서 코일에 유도되는 극을 나타낸 것이다. 오른손의 엄지 손가락을 자기장의 방향으로 정하고 나머지 네 손가락으로 감아쥔 방향이 유도 전류의 방향이다. 그러므로 유도 전류의 방향이 옳은 것은 ③ 이다.

05. 답 ①
해설 단위 시간 당 자기장의 변화량이 클수록 코일에 센 유도 전류가 흐른다. 또한, 코일의 감은 수가 많을수록 센 전류가 흐른다. 코일 주위에 자기장 변화가 있어야 유도 전류가 생긴다. 자석이 움직이지 않으면 자기장 변화도 생기지 않으므로 유도 전류의 세기는 0 이다. ④ 두 자석을 같은 극끼리 묶어 실험하면 유도 전류가 커지고, 서로 다른 극끼리 묶어 실험하면 유도 전류가 약해진다.

06. 답 ④
해설 ㄴ. 자석의 N극을 원형 도선에 가까이하거나 S극을 멀리 하였을 경우에 원형 도선 위쪽에는 N 극이 유도 되고 아래쪽에는 S 극이 유도되므로 위에서 볼 때 반시계 방향으로 유도 전류가 흐른다. 자석을 원형 중심에 위치시켜서 움직이지 않으면 유도 전류는 0 이다.

[유형 15-4] 답 ②
해설 발전기는 전자기 유도 현상을 이용하여 역학적 에너지를 전기 에너지로 전환시켜준다. 자석이 셀수록, 코일의 감은 수가 많을수록 더 많은 전기 에너지를 생산할 수 있으며 마이크, 교통카드는 전자기 유도를 이용한다. ② 코일에 전류를 흘려보내면 전자기력이 발생하는 것은 맞지만 이 문제에서는 전자기력을 묻는 것은 아니다.

07. 답 ①
해설 ① 전동기는 전자기력을 이용한 예이다.

08. 답 ①
해설 ① 전동기와 발전기의 구조는 비슷하지만, 전동기는 전자기력의 원리를 이용한 예이고 발전기는 전자기 유도의 원리를 이용한 예이다.

01 B, 직선 도선으로부터 멀어짐에 따라 원형 도선을 통과하는 종이 면에 수직으로 들어가는 자기장의 세기가 약해지기 때문이다.

해설 직선 도선에 흐르는 전류에 의한 자기장이 원형 도선 A 와 B 를 통과할 때 원형 도선 A 내부는 단위 시간당 자기장의 세기가 변하지 않기 때문에 유도 전류가 흐르지 않는다. 그러나 원형 도선 B는 직선 도선으로부터 멀어짐에 따라 내부의 자기장이 점점 약해지므로 이것을 보강하기 위해 지면으로 들어가는 유도 자기장에 의한 유도 전류가 시계 방향으로 흐르게 된다.

02 (1) 해설 참조 (2) 해설 참조

해설 (1) (가)지점 : I_A 에 의해 (+) 이고 I_B 에 의해 (−) 인데 I_A 가 크기 때문에 (가)에서 자기장의 방향은 (+) 이다.
(나) I_A 에 의해 (−), I_B 에 의해 (−) 이므로 (나)에서 자기장의 방향은 (−) 이다.
(다) I_A 에 의해 (−), I_B 에 의해 (+) 인데 I_A 가 전류의 세기가 크기 때문에 (다)에서 자기장의 방향은 (−) 이다.
(라) I_A 에 의해 (+), I_B에 의해 (+) 이므로 (라)에서 자기장의 방향은 (+)이다.
(2)

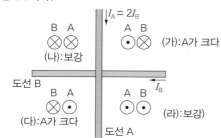

⊗ 지면으로 수직하게 들어감

⊙ 지면에서 수직하게 나옴

1, 3 사분면은 자기장이 상쇄되며 2, 4 사분면은 자기장이 보강된다. 자기장이 센 곳에서 약한 곳으로 도선은 힘을 받아 움직이기 때문에 도선 A 는 도선 B 와 맞닿은 부분을 중심으로 시계 방향으로 회전하며 움직인다.

03 교류를 써야 한다. 충전 패드 안에 있는 도선(1차 코일)에 흐르는 전류의 방향이 초당 50 ~ 60번 바뀌게 되므로 전력수신기 내에 있는 2차 코일 내에 유도 전류가 발생하여 충전이 가능하다.

해설 직류는 전류의 세기와 방향이 일정하다. 그래서 충전 패드 안에 있는 도선(1 차 코일)에 전류를 흐르게 하면 자기장이 생기지만 자기장의 세기는 변화되지 않는다. 단위 시간 당 자기장의 세기가 변화하지 않으면 2 차 코일에서 전자기 유도가 일어나지 않아서 유도 전류가 흐르지 않고 그렇게 되면 2 차 코일이 들어 있는 전력수신기에는 충전이 되지 않는다. 교류는 전류의 방향이 초당 50 ~60 번 바뀐다. 방향이 바뀌는 동안 전류의 세기가 늘어났다 줄어들었다를 반복한다. 그래서 1차 코일에 의한 자기장의 세기와 방향이 변하므로 2 차 코일에서 전자기 유도가 발생해서 유도 전류가 흐르게 된다. 그래서 전력수신기에서는 전류가 흐르기 때문에 에너지가 발생하고 이로 인해 스마트폰을 충전할 수 있는 것이다. 단, 작동 거리가 짧다는 단점이 있다.

04 (1) 해설 참조 (2) 전류가 잘 흐르는(저항이 작은) 금속으로 만들어야 한다.

해설 (1) 전열기를 사용한 가열 방식은 직접 가열 방식이므로 유도 전류를 이용한 방식보다 효율이 크다. 유도 전류를 이용한 가열 방식은 전자기 유도의 과정에서 효율이 많이 떨어진다. 유도 전류를 이용한 방식은 평상 시에는 불이 들어오지 않기 때문에 안전성 면에서는 직접 가열 방식보다 유리하다.
(2) 인덕션 레인지의 상판 아래에는 교류 전류가 흐르는 코일이 설치되어 있으므로 코일에 의해 초당 세기와 방향이 변하

는 자기장이 생성된다. 이로 인해 조리 기구에는 유도 전류가 생겨서 열이 발생한다. 따라서 유도 전류가 잘 흐르는 금속으로 조리 기구를 만들수록 더 많은 열이 발생하여 음식을 빠르게 가열할 수 있다.

스스로 실력 높이기   46~53쪽

01. ③	**02.** ②	**03.** ㄴ, ㄷ	**04.** ①
05. ④	**06.** ⑤	**07.** ⑤	**08.** ③
09. ④	**10.** A	**11.** ④	**12.** ①
13. ⑤	**14.** ⑤	**15.** ③	**16.** ①
17. ③	**18.** ④	**19.** ⑤	**20.** ④
21. B	**22.** ①	**23.** ③, ⑤	
24. A : N, B : S		**25.** ①	
26.~ 32. 〈해설 참조〉			

01. 답 ③
해설 플래밍의 왼손 법칙을 사용하여 가운데 손가락을 전류 방향으로 향하게 한 뒤에 자기장 방향을 검지 손가락으로 향하게 하면 도선에 작용하는 전자기력의 방향을 알 수 있다. 사각형 코일이 바깥으로 밀려나는 전자기력을 받는 것은 A, C이다.

02. 답 ②
해설 사각형 코일 AB 는 B 에서 A 방향으로 전류가 흐르므로 위쪽으로 전자기력을 받고 사각형 코일 CD 는 D 에서 C방향으로 전류가 흐르므로 아래쪽으로 전자기력을 받는다.

03. 답 ㄴ, ㄷ
해설 전동기의 코일을 더 빠르게 회전시키려면 전류를 세게 해주거나 자기장의 세기를 세게 해주면 된다.

04. 답 ①
해설 자기장의 세기가 가장 센 곳은 직선 도선에 의한 자기장과 자석에 의한 자기장이 같은 방향으로 합쳐질 때이다. 그 지점은 A 이다.

05. 답 ④
해설 전류계는 전자기력을 이용한 예이다. 전류계는 전류의 세기에 따라서 바늘이 더 많이 회전한다.

06. 답 ⑤
해설 전동기는 역학적 에너지를 전기 에너지로 전환된다. 이 전기 에너지로 전구에 불이 켜지므로 이때 전기 에너지는 빛에너지로 전환이 되는 것이다.

07. 답 ⑤
해설 자기장 속에 있는 전류가 흐르는 도선이 받는 힘을 전자기력이라고 한다.
① ~ ④은 전자기력을 이용한 예이며, ⑤은 전자기 유도를 이용한 예이다.
④ 스피커는 자석 주위의 코일을 위치시켜 마이크 등으로부터 전기 신호를 받아 코일을 운동시켜 공기를 진동시켜 소리를 낸다.

08. 답 ③

해설 (가)는 전자기력을 이용한 예이다. 전자기력에 의해 진동판이 진동해서 소리가 들리는 것이다.

(나)는 전자기 유도를 이용한 예이다. 소리가 진동판을 진동시켜 코일에 유도 전류가 흐르게 된다. (가)와 (나)의 기본 구조는 같지만 원리가 다르다.

09. 답 ④

해설 태양광 발전은 태양 전지내에서 광전 효과를 이용하여 전기를 얻는 발전 방법이다.

10. 답 A

해설 플레밍의 왼손 법칙을 이용해서 가운데 손가락이 전류를 향하는 방향으로 가리키고, 자기장의 방향을 검지 손가락으로 가리키면 엄지 손가락이 가리키는 방향이 전자기력의 방향이다. 그러므로 도선에 작용하는 전자기력의 방향은 A이다.

11. 답 ④

해설 ④ 막대자석의 N 극과 전자석의 N 극이 서로 마주보고 있으므로 척력이 작용한다.

① 말굽자석이 서로 다른 극끼리 마주보고 있으므로 인력이 작용한다.

② 2개의 전자석은 N 극과 S 극이 마주보고 있으므로 인력이 작용한다.

③ 두 직선 도선에 전류가 같은 방향으로 흐르면 인력이 작용한다.

⑤ 전류가 같은 방향으로 흐르는 원형 도선은 같은 방향으로 놓여 있는 작은 자석이라고 할 수 있으므로 서로 인력이 작용한다.

12. 답 ①

해설 코일이 감은 횟수가 많을수록, 자석이 더 빨리 코일에 접근할수록 코일에 흐르는 유도 전류의 세기가 세진다.

13. 답 ⑤

해설 ⑤ 자석 A가 코일 내부를 통과하는 동안에도 코일 내부의 자기장이 계속 변하므로 유도 전류가 흐른다.

자석이 구리선에 가까워지면 구리 선에는 자석의 운동을 방해하는 방향으로 자기장이 유도되며 이로 인해 유도 전류가 흐르게 된다. 그러나 플라스틱 선은 전류가 흐르지 못하므로 자석이 가까워져도 운동을 방해하는 자기장이 유도되지 않는다. 따라서 A보다 B가 지면에 먼저 도달하게 된다.

14. 답 ⑤

해설 ㄱ. S 극이 다가오므로 코일의 위쪽은 S 극이, 아래쪽에는 N 극이 유도된다. 엄지 손가락을 N 극이 유도된 쪽으로 하여 코일을 오른손으로 감싸면 유도 전류의 방향이 B → ⓒ → A 임을 알 수 있다.

ㄴ. 자석의 운동을 방해하는 쪽으로 자기장이 형성되므로 자석이 가까이 오지 못하는 척력이 발생한다.

ㄷ. 자석이 정지하면 시간에 따른 자기장의 변화량이 없기 때문에 유도 전류가 흐르지 않는다.

15. 답 ③

해설 전자기력을 알아보는 실험이다. 그림과 같이 장치하였을 때 전자기력은 오른쪽 방향으로 작용하므로 알루미늄 막대는 오른쪽으로 움직인다.

③, ⑤ 말굽자석의 극을 바꾸거나 전류의 방향 둘 중 하나를 바꾸면 막대는 기존 방향과 반대 방향으로 전자기력을 받는다.

16. 답 ①

해설 N 극을 가까이 가져가면 원형 도선의 오른쪽에는 N 극이 왼쪽에는 S 극이 유도가 되어 원형 도선에 전류가 흐르게 되고 자석과는 멀어진다. 유도 전류의 방향은 오른손 엄지 손가락을 자기장 방향으로 향하게 했을 때 네 손가락이 감아쥐는 방향이 된다. 그러므로 자석 쪽에서 보면 시계 반대 방향이다.

17. 답 ③

해설 말굽자석 A, B, C는 모두 자기장의 세기가 같으므로 흐르는 전류가 클수록 전자기력도 커진다. 전류는 A가 제일 크고 그 다음으로 B, C 순이다. 따라서 도선이 받는 전자기력의 크기도 A>B>C 이다.

18. 답 ④

해설 (가)에서 자석의 N극이 가까워지므로 원형 코일 위쪽은 N 극이 유도되고, 아래쪽은 S극이 유도된다.

(나)에서는 자석의 S극이 멀어 지므로 원형 코일 위쪽은 N극이 유도되고, 아래쪽은 S극이 유도된다. 그러므로 (가)와 (나) 모두 위에서 봤을 때 반시계 방향으로 유도 전류가 생긴다.

19. 답 ⑤

해설 바퀴가 회전하면 영구 자석이 회전한다. 이로 인해서 코일에는 유도 전류가 흐르게 되며 바퀴의 회전이 빠를수록 유도 전류의 세기가 세져서 발광 바퀴의 불이 더 밝게 빛난다.

20. 답 ④

해설

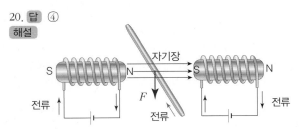

코일에 전류가 흐르면 되면 전자석은 위 그림과 같이 N 극과 S 극이 각각 형성된다. 자기장은 N 극에서 S 극으로 향하므로 왼손 검지손가락을 자기장의 방향으로 두고 가운데 손가락을 전류 방향으로 두면 전자기력의 방향은 D 이다.

21. 답 B

해설 전류의 방향은 전자가 움직이는 반대 방향이므로 전자가 지면으로 들어가는 방향으로 운동하면 전류는 지면으로부터 나오는 방향으로 흐르는 것이다. 플레밍의 왼손법칙을 이용하여 자기장의 방향은 위쪽, 전류의 방향은 지면에서 나오는 방향으로 잡으면 전자는 B방향으로 힘을 받는다는 것을 알 수 있다.

22. 답 ①

해설

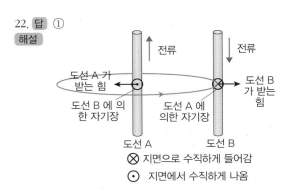

(도선 B 기준) 도선 B는 도선 A의 자기장 속에 놓여서 도선 A의 자기장(⊗)의 영향을 받는다. 도선 B에는 아래 방향으로 전류가 흐르므로, 왼손법칙에 의해 바깥 방향으로 힘을 받는다.

(도선 A 기준) 도선 A는 도선 B의 자기장 속에서 지면에서 나오는 방향의 자기장(⊙)의 영향을 받는다. 도선 B에서 왼손 법칙을 적용하면 도선 B는 왼쪽 방향의 힘을 받는다.

전류가 서로 반대 방향으로 흐르는 경우, 두 도선 사이에는 자기장이 서로 보강되고, 바깥쪽에는 자기장이 서로 상쇄되므로 자기장이 빽빽한 곳에서 듬성듬성한 곳으로 힘을 작용하여 서로 미는 힘이 발생한다.

23. 답 ③, ⑤
해설 코일에 전류가 흐르면 전자석의 왼쪽은 N극 오른쪽은 S극이 형성된다. 전류의 세기를 증가시키면 전자석이 세지므로 코일 입장에서는 전자석의 S극이 다가오는 것과 같게 된다. 따라서 검류계가 있는 코일의 왼쪽은 S극 오른쪽은 N극이 유도된다. 따라서 왼쪽 전자석과 오른쪽 코일은 척력을 받고 오른쪽 코일의 유도 전류의 방향은 B 방향이다.

24. 답 A : N 극 B : S 극
해설 회전자가 180° 회전하면 정류자와 브러시의 접촉점이 바뀌므로 전류의 방향은 여전히 화살표 방향으로 흐른다. 따라서 이 전동기의 회전자는 A 위치에 항상 N 극이, B 위치에 항상 S 극이 만들어진다.

25. 답 ①
해설 (A)에서는 원형도선에 유도전류가 발생하나 (B)에서는 구리선이 잘려있어 전류가 흐를 수 없기 때문에 유도전류가 발생할 수 없다. 때문에 (B)는 자석을 가까이하거나 멀리해도 유도전류가 발생하지 않아 상호 작용하는 힘도 발생되지 않는다.
ㄷ. 자석의 움직임을 방해하는 방향으로 자극이 유도되기 때문에 어떤 극을 가까이 해도 항상 밀어내는 힘이 발생한다.

26. 답 BC 구간이다. BC 구간은 전류가 흐를 때 자기장 속에서 회전에 필요한 위아래의 힘이 작용하지 않고 좌우 방향의 힘이 작용하므로 도선의 회전하는데 영향을 주지 않는다.

27. 답 (1) 집게를 A 쪽으로 옮긴다.
    (2) 전원 장치의 전압을 올린다.
    (3) 자성이 더 센 자석으로 교체한다.
해설 (1) 집게를 A로 옮기면 저항이 줄어든다. 따라서 전류가 많이 흐르게 되어서 전자기력의 세기가 증가한다.
(2) 전원 장치의 전압을 증가시키면 전류가 증가하므로 전자기력의 세기가 증가한다.
(3) 자석의 자성이 세면 전자기력도 증가하므로 막대가 받는 힘을 크게 할 수 있다.

28. 답 전류의 방향과 자기장의 방향을 다르게 두어야 한다. 전류의 방향과 자기장의 방향이 나란하면 전자기력의 세기는 0 이다. 따라서 도선이나 자석을 회전시키면 도선이 힘을 받게 된다.

29. 답 구리관 위의 원형 자석이 더 천천히 떨어진다. 자석이 낙하할 때 구리관에 유도 전류가 발생한다. 유도 전류는 자석의 낙하 운동을 방해하는 자기장을 만들기 때문에 자석은 척력을 받아 천천히 떨어지게 된다. 플라스틱은 유도 전류가 발생하지 않기 때문에 구리관의 자석보다 빨리 떨어진다.

30. 답 자석이 더 빨리 멈춘다. 자석이 구리판 위를 지날 때 구리판에 유도 전류(맴돌이 전류)가 발생하여 자석의 움직임을 방해하여 멈추게 되지만 플라스틱 물체는 그런 현상이 발생하지 않는다.

31. 답 〈해설 참조〉

해설 자석 위에 올려 있는 줄은 아래 자석의 자기장의 영향을 받는다. 줄을 튕기게 되면 코일 주위에 자기장이 변하게 된다. 따라서 코일에는 전자기 유도 현상이 발생하고, 코일에 유도 전류가 흐르게 된다. 이 유도 전류를 증폭기와 스피커를 이용하여 소리로 바꾸어 주면 전기 기타에서 소리가 나는 것이다.

32. 답 〈해설 참조〉
해설

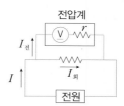

전압계는 전압을 재는 장치이므로 전압계를 회로에 연결했을 때 회로가 변형되지 않아야 한다. 그러므로 전압계를 통과하는 전류를 최소로 해야할 필요가 있다. 위 그림에서 $I_{전}$ 을 최소로 해야 회로 전류 $I_{회}$ 가 영향을 덜 받을 것이다. 따라서 큰 저항 r 을 직렬 연결하여 $I_{전}$ 을 최소로 한다.

16강. Project 4

01 자기 폭풍이 일어나면 극지방의 상공에서는 오로라의 발생뿐만 아니라 강력한 전류도 발생한다. 전류가 전리층을 따라 흐르는 동안 지상에 위치한 송전선이나 원유, 송유관 같은 거대한 도체에 유도 전류가 발생하는데 만약 여기에 대한 대비가 부실하면 결국 폭주하는 전력 시스템을 제어하지 못해 시설들이 하나씩 심각하게 고장나고 결국 대정전이 일어나게 된다.

02 전자, 양성자, 헬륨원자핵 등으로 이루어진 대전 입자의 흐름인 태양풍이 지구 근처의 공기 입자와 충돌하여 공기 분자가 빛을 내게 만드는 현상이다. 태양풍은 지구 자기에 의해서 극지방에서만 지표면 가까이 접근할 수 있으므로 공기 분자가 빛을 내는 현상을 관찰할 수 있는 곳은 주로 극지방이다. 다른 행성의 극지방에서도 관찰이 가능하다.

1. (1) 전류의 변화가 없이 전류를 지속적으로 통하게 하고 있으므로 코일은 영구자석 S 극 쪽에 S 극이 만들어지도록 전자석이 되어 오른쪽으로 힘을 받아 움직인다.
(2) 진동판에 코일이 달려있으므로 진동판이 초당 20 ~ 20,000 번 진동하도록 해야 할 것이다. 코일을 통하는 전류의 세기가 초당 20 ~ 20,000 번 변화하도록 하면 진동판의 진동이 소리가 되어 들릴 것이다.

1. (1) N 극 (2) S 극

1. 코일의 감은 수를 늘리거나, 자석의 운동을 빠르게 하거나 자석의 세기가 센 것을 사용하는 방법 등이 있다.

1. ①   **2.** ②

1. 답 ①
해설 ㄱ. 자석의 움직임에 방해가 되도록 코일 위쪽에 N 극이 유도된다. 오른손으로 엄지가 위로 올라오게 코일을 감아 쥐면 전류의 방향이 a → ⓖ →b 임을 알 수 있다.
ㄴ. 코일에 자석을 가까이하거나 멀리할 때 코일에 유도되는 유도전류는 자석의 운동을 방해하는 방향으로 생긴다.
ㄷ. 역학적에너지의 보존으로 h 만큼 떨어지면 mgh 만큼 운동에너지가 증가하여야 한다. 하지만 코일의 유도전류가 생성되어 자석의 운동을 방해하므로 운동에너지는 mgh 보다 작은 값을 가진다.

2. 답 ②
해설 ㄱ. 수레의 운동을 방해하도록 솔레노이드의 왼쪽은 N극이, 오른쪽은 S극이 유도된다. 솔레노이드를 오른손으로 엄지가 왼쪽(N극)을 향하도록 감아 쥐면 전류의 방향이 솔에노이드를 넘어가는 방향인 b → ⓖ →a 가 된다.
ㄴ. 수레의 운동을 크게 하면 솔레노이드 내부의 자기장 변화가 커지므로 솔레노이드에는 더 큰 전류가 흐른다.
ㄷ. 한쪽 수레를 제거하면 솔레노이드 내부의 자기장 변화가 더 작게 나타나므로 더 작은 전류가 흐른다.

Ⅱ. 파동과 빛

17강. 반사와 거울

개념 확인
62~65쪽

1. 실상, 허상
2. 30 cm
3. ㉠, ㉠, ㉡
4. ㉠, ㉡, ㉠

3. 답 ㉠, ㉠, ㉡
해설 오목거울에 물체를 비추었을 때 물체가 구심 밖에 위치하면 상은 축소된 도립 실상이 생긴다.

4. 답 ㉠, ㉡, ㉠
해설 볼록거울에 물체를 비추면 거리에 상관없이 항상 축소된 정립 허상이 생긴다.

확인+
62~65쪽

1. ④
2. ⑤
3. (1) X (2) O (3) O
4. (1) O (2) X (3) X

1. 답 ④
해설 ① 빛이 반사될 때 파장, 진동수, 속력은 변하지 않는다.
② 입사광과 법선이 이루는 각을 입사각, 반사광과 법선이 이루는 각을 반사각이라고 한다.
③ 입사광과 반사광은 같은 평면 상에 있으며, 입사광이 반사되는 면을 반사면이라고 한다
⑤ 반사면에 수직으로 그은 선을 법선이라고 한다.

2. 답 ⑤
해설 ① 평면거울에 의해 생기는 상은 허상이다.
② 좌우만 바뀐 모양의 상이 생긴다.
③ 실제 물체와 같은 크기의 상이 생긴다.
④ 거울에서 상까지의 거리와 거울에서 물체까지의 거리가 같다.

3. 답 (1) X (2) O (3) O
해설 (1) 광축과 평행하게 입사한 광선은 거울면에 반사한 후 초점을 지난다.

4. 답 (1) O (2) X (3) X
해설 (2) 구심을 지난 광선은 입사한 경로 그대로 반사한다.
(3) 거울 중심(경심)으로 입사한 광선은 반사 후 광축에 대해 입사각과 같은 각을 이루며 반사한다.

생각해보기
62~65쪽

★ 허상의 위치에 실제로 빛이 모인 것이 아니라 거울이나 렌즈에 의해 반사되거나 굴절된 빛의 연장선이 모인 것이기 때문에 상이 나타나지는 않는다.

★★ 자신의 키의 약 절반 정도가 되는 길이의 거울이 필요하다.

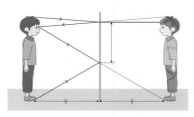

개념 다지기
66~67쪽

01. ⑤   02. ⑤   03. ②
04. ②   05. ④   06. ③

01. 답 ⑤
해설 ①, ②, ③ 빛이 한 점에 실제로 모여서 생긴 상을 실상, 빛의 연장선에 모인 점에 생긴 상을 허상이라고 한다. 실상과 허상의 크기는 실물보다 클 수도, 작을 수도, 같을 수도 있다.
④ 오목거울은 거리에 따라 상이 실상일 수도 있고 허상일 수도 있다.
⑤ 볼록거울에 의해 생기는 상은 항상 축소된 정립 허상이다.

02. 답 ⑤
해설 ① 오목거울의 초점은 거울 앞쪽에 있다.
② 거울이나 렌즈의 중심을 지나는 선을 광축이라고 한다.
③ 거울이나 렌즈를 통해 보여지는 물체의 모습을 상이라고 한다.
④ 거울이 구면의 일부인 구면경일 때의 구의 중심점을 구심이라고 한다.

03. 답 ②
해설 평면거울은 거울에서 상까지의 거리와 거울에서 물체까지의 거리가 같다.

04. 답 ②
해설 오목거울의 구심에 물체가 위치한 경우 물체와 크기가 같은 도립 실상이 생긴다.

05. 답 ④
해설 자동차 측면거울은 넓은 범위를 비춰 볼 수 있어야 하기 때문에 볼록거울을 사용한다.

06. 답 ③
해설 볼록거울의 광축에 평행하게 입사한 광선은 초점에서 나오는 방향으로 반사한다.

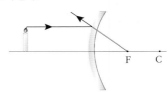

[유형 17-1] ④	01. ③	02. ④
[유형 17-2] ④	03. ③	04. ④
[유형 17-3] ③	05. ⑤	06. ②
[유형 17-4] ⑤	07. ③	08. ②

[유형 17-1] 답 ④

해설

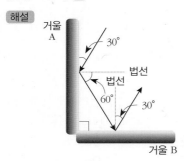

거울 A면과 입사광이 이루는 각이 30° 이므로, 입사광과 법선 사이의 각도인 입사각은 60° 이고, 반사법칙에 의해 반사각도 60° 이다. 거울 B 면에 입사한 입사광과 거울면이 이루는 각은 60° 이므로, 입사광선과 법선 사이의 각도인 입사각은 30° 이고, 반사각도 30° 이다.

01. 답 ③

해설 흰종이의 표면은 울퉁불퉁하기 때문에 표면에서 난반사가 일어난다. 난반사된 빛은 여러 방향으로 반사되기 때문에 여러 방향에서 빛을 볼 수 있다.
③ 흰종이에서 반사된 빛은 여러 방향으로 반사되므로 빛이 강해지지 않는다.

02. 답 ④

해설 ① 거울에 따라 상이 생기는 위치가 달라진다.
② 렌즈를 통과한 빛도 상을 만든다.
③ 볼록거울에 의한 상은 거울 뒤쪽에 생긴다.
⑤ 빛이 한 점에 실제로 모여서 생긴 상은 실상, 빛의 연장선에 모인 점에 생긴 상은 허상이다.

[유형 17-2] 답 ④

해설

평면거울에 의해 사물을 비추면 좌우가 바뀐 모양의 상이 생긴다. 그러므로 원래 시계의 모습은 위의 그림과 같다.

03. 답 ③

해설 평면 거울로 물체를 보면 실제 물체의 크기와 같은 크기의 상이 생기며, 거울과 물체 사이의 거리와 거울과 상까지의 거리가 같다.

04. 답 ④

해설 빛이 거울 A에 입사할 때 입사각은 입사광과 법선이 이루는 각이 되므로 90° − 43°=47° 이다. 거울 B 에서의 입사각은 거울 A 의 반사각의 엇각이므로 47° 로 같다. 그러므로 거울 B 에서의 입사각은 47° 이다.

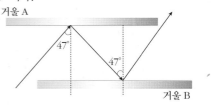

[유형 17-3] 답 ③

해설 아르키메데스는 거울을 이용하여 한 곳으로 빛을 모아 불을 붙여 전함을 불태웠다고 한다. 빛을 한 점으로 모으는 원리는 오목거울에서 볼 수 있다.
③ 성화 채화경은 오목거울의 빛을 한 점으로 모으는 성질을 이용한 것이다.
② 잠망경은 평면거울을 사용한 것이다.
①, ④, ⑤는 볼록거울을 사용한 것이다.

05. 답 ⑤

해설 오목렌즈에서 물체가 구심과 초점 사이에 위치할 때는 확대된 도립 실상이 생기며, 물체가 구심에 위치할 때는 물체와 크기가 같은 도립 실상이 생긴다.

06. 답 ②

해설 광축과 평행하게 입사한 광선은 거울면에 반사한 후 초점을 지난다.

[유형 17-4] 답 ⑤

해설 원기둥 거울은 볼록거울이다. 볼록거울에 의한 상은 물체의 위치에 상관없이 물체보다 작고 바로 선 상으로 보인다.
① 원기둥 거울에 의한 상은 허상이다.
② 원기둥 거울의 초점은 광축에 평행하게 입사된 빛이 거울 뒤의 어느 한 점에서 나오는 것처럼 반사하여 흩어지는데, 이 점을 초점이라고 한다.
③ 원기둥 거울의 구심을 향한 광선은 입사한 경로 그대로 반사한다.
④ 볼록거울에서 초점을 향해 입사한 빛은 광축과 평행한 방향으로 반사된다.

07. 답 ③

해설 ㄴ 손전등 반사경과 ㄷ 자동차 전조등은 초점에 입사한 빛이 광축과 평행하게 반사하는 성질이 있는 오목거울을 사용한다.

08. 답 ②

해설 구심을 향한 광선은 입사한 경로 그대로 반사한다.

01

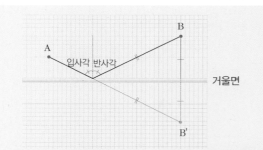

B'은 B의 상이 맺히는 곳이다. A~B'가 최소가 되는 경우는 A와 B'를 직선으로 잇는 경로이다. 이때 거울 면에서 반사하여 A~B가 최소가 된다. A에서 출발한 빛은 입사각과 반사각이 같게 거울면에서 반사하여 B 점으로 가는 것이 가장 짧은 경로인 것이다. 따라서 위 그림의 실선 경로를 그릴 수 있다.

02 레이저를 이용하여 별을 만들기 위해서는 거울 4 개가 필요하며, 각 거울에 입사한 레이저 광선의 입사각과 반사각은 모두 18° 이다.

해설 레이저를 이용하여 별을 만들기 위해서는 그림과 같이 거울을 장치하면 된다. 즉, 각 거울과 레이저 광선이 이루는 각도를 72° 로 만들면 되는 것이다. 이때 입사각과 반사각은 각각 18° 가 된다.

03 유리를 사이에 두고 안은 밝고 바깥은 어둡게 되거나, 안이 어둡고 바깥이 밝게 되면 유리가 거울의 효과를 내게 된다. 즉, 밝은 곳에서 어두운 곳으로 유리를 통하여 들어가는 빛은 보이지 않고, 유리 면에서 반사한 옅은 빛만 우리 눈에 들어오게 된다. 그 결과 밝은 곳에서 유리를 통하여 어두운 곳을 볼 때 내 모습이 유리에 비치게 되는 것이다.

해설 취조실의 유리처럼 한 쪽에서만 반대쪽이 보이는 거울을 반투명 거울(one way mirrow)이라고 한다. 이는 특수한 유리에 일반 거울 보다 얇은 알루미늄 금속 막을 입혀 한쪽에서 반대쪽을 볼 때는 빛이 모두 투과하게 하고, 그 반대로 볼 때에는 빛이 모두 반사하도록 만든다. 그래서 한쪽에서는 투명 유리로, 반대쪽에서는 거울로 보이게 하는 것이다. 빛은 밝은 쪽에 많이 존재하고, 어두운 쪽에는 빛이 많이 존재하지 않으므로, 어두운 곳에서 밝은 쪽으로 가는 빛보다 밝은 쪽에

서 어두운 쪽으로 가는 빛의 양이 많다. 어두운 곳에 있는 사람은 유리를 통하여 들어오는 밝은 곳을 잘 볼 수 있으나 밝은 곳에 있는 사람은 유리를 통하여 나오는 빛의 양이 적으므로 어두운 곳은 잘 볼 수 없다.

04

(1) 반사 법칙이란 빛이 반사될 때 입사광과 반사광은 같은 평면에 있으며, 입사각과 반사각은 항상 같다라는 것이다. 재귀 반사도 빛이 반사될 때 일어나는 현상이므로 반사 법칙이 성립한다.
(2) 해설 참조

해설 재귀 반사가 일어나도록 하는 방법은 크게 2 가지가 있다. 첫번째는 유리 구슬을 이용한 반사 방법이다. 재귀 반사가 일어나도록 하기 위한 원단이나 필름에 미세한 유리 구슬을 입히게 되면 그림과 같이 입사광은 광원의 방향과 같은 방향으로 반사시킬 수 있다.

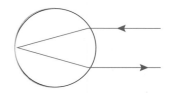

두번째는 프리즘을 이용한 반사 방법이다. 이는 유리 구슬 대신에 아주 작은 프리즘을 입히게 된다. 이때 입사광은 그림과 같이 광원의 방향과 같은 방향으로 반사하게 된다.

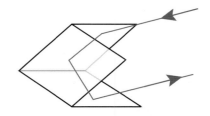

01. (1) O (2) X (3) O		**02.** (1) 오 (2) 평 (3) 볼	
03. 60°, 60°	**04.** 40°	**05.** ②	**06.** 2 m
07. ㅂ, ㄷ, ㅁ		**08.** ⓒ, ㄱ, ⓒ	
09. ㄱ	**10.** ㄷ	**11.** ⑤	**12.** ②
13. ④	**14.** ④	**15.** ③	**16.** ⑤
17. ③	**18.** ④	**19.** ⑤	**20.** ②
21. ②	**22.** ⑤	**23.** ⑤	**24.** ③
25. ②	**26.~32.** 〈해설 참조〉		

01. 답 (1) O (2) X (3) O
해설 (2) 빛의 연장선에 모인 점에 생긴 상을 허상이라고 하며, 빛이 한 점에 실제로 모여서 생긴 상을 실상이라고 한다.

03. 답 60°, 60°

해설 입사각은 법선과 입사광이 이루는 각으로 90° - 30° = 60° 가 된다. 반사법칙에 의해 입사각과 반사각은 같다. 그러므로 입사각은 60°, 반사각도 60° 이다.

04. 답 40°

해설 거울 A 에서 반사각은 법선과 반사광이 이루는 각이므로 90° - 50° = 40° 이다. 반사법칙에 의해 입사각도 40° 가 된다. 거울 A 에서의 입사각과 거울 B 에서의 반사각은 엇각이므로 거울 B 에서의 반사각도 40° 이다.

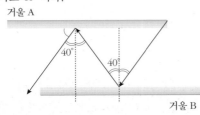

05. 답 ②

해설 난반사란 거친 표면에서 빛이 여러 방향으로 반사되는 것을 말하며, 어느 방향에서나 물체를 볼 수 있게 해준다.
ㄷ. 매끄러운 면에서 빛이 일정한 방향으로 반사되는 것은 정반사이다.

06. 답 2 m

해설

평면거울에서 상까지의 거리는 거울에서 물체까지의 거리와 같다. 그러므로 무한이의 상과 무한이까지의 거리는
1 m + 1 m = 2 m

08. 답 ⓛ, ㉠, ⓛ

해설 오목거울에 물체를 비추었을 때 물체가 구심과 초점 사이에 위치하면 상은 확대된 도립 실상이 거울 앞에 생긴다.

09. 답 ㄱ

해설 ㄱ. 성화 채화경은 빛을 모아 성화에 불이 일어나도록 한다.
ㄴ, ㄹ 자동차 전조등과 손전등 반사경은 초점에 입사한 빛이 광축과 평행하게 반사하는 성질이 있는 오목거울을 이용한 것이다.
ㅁ 과 ㅂ 은 평면거울을 사용한 것이다.

10. 답 ㄷ

해설 ㄷ. 도로 반사경은 넓은 범위를 비추어 자동차가 위험 물체의 접근을 감지하여 사고를 예방하는 역할을 한다.

11. 답 ⑤

해설 반사법칙은 빛이 반사되는 모든 경우에 성립한다.

12. 답 ②

해설 평면거울에 의한 상은 좌우가 바뀌어 보이고, 정영경에 의한 상은 두 개의 평면거울에 의해 두번 반사되므로 원래의 모양대로 보이게 된다.

13. 답 ④

해설 두 개의 평면거울이 수직으로 놓여져 있는 경우 하나의 거울에 입사한 빛과 다른 하나의 거울에서 반사된 빛은 서로 평행하게 된다.

14. 답 ④

해설 평면거울에서 반사되어 눈으로 들어오는 빛의 경로를 거울의 뒤쪽으로 연장하면 한 점에 만나게 되는데 이곳에 상이 생기며, 이 상은 좌우만 바뀐 모양이 된다.

15. 답 ③

해설 오목렌즈의 초점을 지나온 광선은 광축과 평행하게 반사한다.

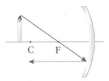

16. 답 ⑤

해설 오목렌즈에 물체를 비출 때 물체가 초점 안에 위치하는 경우 확대된 정립 허상이 생긴다.

17. 답 ③

해설 ③ 오목거울의 초점과 구심 사이의 물체에 의한 상은 확대된 도립 실상이다.
① (가) 는 가운데가 오목하고, 입사한 빛이 초점에 모이는 오목거울이다.
② (나) 는 빛을 퍼뜨리는 볼록거울이다.
④ (나) 그림의 B 는 구심이 아닌 초점이다.
⑤ (가) 와 (나) 에서는 반사법칙을 확인할 수 있다.

18. 답 ④

해설 방범용 거울은 볼록거울의 넓은 범위를 비춰볼 수 있는 성질을 이용한 것이다.
① 가운데가 오목한 거울은 오목거울이다.
② 좌우가 바뀐 모양의 허상이 생기는 것은 평면거울이다. ③ 물체를 확대하는 성질을 가진 거울은 오목거울로 화장용 거울에 사용된다.
⑤ 광축에 평행하게 입사된 빛이 거울면에 반사된 후 한 점으로 모이는데 이 점은 오목거울의 초점이라고 한다.

19. 답 ⑤

해설 물체에서 나온 빛이 거울에서 반사될 때, 반사광은 상에서 나온 것처럼 진행한다.

20. 답 ②

해설 치과용 거울로는 치아와 가까이 붙여서 자세히 관찰하는 용도이므로 평면거울이나 오목거울을 사용한다.

21. 답 ②

해설 ㄷ. 거울에서 반사되어 눈으로 들어오는 빛의 경로를 거울의 뒤쪽으로 연장하면 한 점에서 만나게 되는데 이곳에 상이 생긴다.

22. 답 ⑤

해설 그림 속 거울은 넓은 시야를 나타내기 위한 볼록거울이다. 거울속 상은 실물보다 작고 시야가 넓은 것을 보아 축소된 정립허상이다. 얀 반 아이크는 정교한 사실화를 그리는 화가로 유명하다.
① 평면 거울의 특징이다.
② 항상 물체보다 커다란 허상이 생기는 경우는 없다.
③, ④ 오목거울은 광축에 평행하게 입사한 빛이 초점에 모이며, 물체가 멀리 구심 밖에 있으면 축소된 도립 실상이 생긴다.
⑤ 볼록거울 앞에 물체를 두면, 물체가 어디에 있던지 거울 속에 축소된 정립 허상이 생긴다.

23. 답 ⑤

해설 오목거울에서 물체가 구심 밖에 위치할 때는 실물보다 크기가 작고 거꾸로 서있는 상이 생기고(축소된 도립 실상), 물체가 구심에 위치할 때는 물체와 크기가 같고 거꾸로 선 상(도립 실상)이 생긴다.

24. 답 ③

해설 ① 손이 바로 선 확대된 모양으로 보이는 것으로 보아 손은 오목거울의 초점 안에 위치한 것을 알 수 있다.
②, ③ 손을 점점 멀리하면 상이 거꾸로 서게 되고 크기는 현재 상의 크기보다 작아진다.
④ 같은 위치에 볼록거울을 놓고 손을 관찰하면 실제 손보다 작은 크기의 손이 관찰된다.
⑤ 오목거울에 의한 초점은 광축에 평행하게 입사된 빛이 거울면에 반사된 후 모인 점으로 거울 앞에 생긴다.

25. 답 ②

해설 ②, ④ 숟가락의 뒷면은 볼록거울이며 생기는 상은 실물보다 작은 정립허상이다. 얼굴이 작게 보인다.
① 숟가락의 앞면은 오목거울과 같은 역할을 하기 때문에 빛이 초점에 모이게 하는 성질이 있다.
③ 숟가락의 앞면은 오목거울이므로 얼굴을 가까이 가져가는 경우 구심과 초점 사이에서는 거꾸로 선 모양의 확대된 얼굴이 보이고, 조금 더 숟가락과 가까이 가져가서 초점 안에서 비춰보면 바로 선 모양의 확대된 얼굴이 보인다.
⑤ 성화 채화용 거울은 오목하고, 상점 방범용 거울은 볼록하다.

26. 답 잔잔한 호수는 물결이 치는 호수에 비해 수면이 매끄럽기 때문에 정반사가 일어나서 선명한 상이 비치게 되지만, 물결이 치는 호수의 표면에서는 울퉁불퉁한 표면으로 인하여 난반사가 일어나기 때문에 빛이 여러 방향으로 반사되어 선명한 상이 생기지 않고, 반사면인 수면의 모습이 보인다.

27. 답 치과 진료용으로 쓰이는 거울은 평면거울이나 오목거울이 모두 사용된다. 하지만 작은 치아를 크게 확대하여 볼 필요가 있기 때문에 주로 오목거울이 많이 사용된다.

28. 답 오목거울에서 물체가 초점 안에 있다가 구심과 초점 사이로 이동하여 위치하게 되면 확대된 정립 허상이 확대된 도립 실상으로 바뀌게 된다.

29. 답 볼록거울에 의한 상은 항상 물체보다 작은 크기의 허상이 생긴다. 양초가 A위치에서 B위치로 옮겨갈 경우 볼록거울과 물체와의 사이가 멀어진만큼 상의 크기만 작아지게 된다.

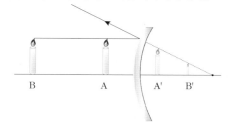

30. 답 자동차의 측면거울은 자동차의 옆과 뒤쪽을 확인하기 위해 사용되는 거울이다. 그러므로 넓은 시야를 볼 수 있는 거울이 필요하다. 볼록거울을 사용하면 상의 크기는 작아지지만 볼 수 있는 시야가 훨씬 넓어지게 된다. 그렇기 때문에 측면거울에는 사물이 보이는 것보다 가까이 있다는 경고문이 붙어 있는 것이다.

31. 답 〈해설 참조〉

해설 자동차 전조등은 오목거울을 이용한 대표적인 장치이다. 오목거울의 초점으로 입사한 빛은 광축과 평행하게 반사하는 성질이 있다. 따라서 오목거울의 초점에 전구를 놓게 되면 전구에서 나온 빛은 거울면에 반사한 후 광축과 나란하게 진행하게 되므로 빛이 멀리까지 곧게 나아갈 수 있다.

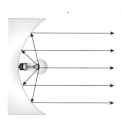

초점에서 전구가 약간 아래쪽에 있는 경우 평행 광선은 위쪽으로 뻗어나가고, 전구가 위쪽에 있는 경우 평행 광선은 아래쪽으로 뻗어 나간다. 이러한 원리를 이용하여 상향등 또는 하향등 스위치를 키면 전조등 전구에서 빛이 나가는 것이 아니라 별도의 전구가 켜져서 빛이 위쪽이나 아래쪽으로 향하도록 한다.

32. 답 〈해설 참조〉

해설 취조실과 지켜보는 방 사이에는 코팅 거울이 설치되어 있다. 이는 한쪽에서는 거울로 반대쪽에서는 유리로 보여 어두운 곳에 있는 사람은 반대쪽을 볼 수 있지만, 밝은 곳에서는 어두운 곳에 있는 사람을 볼 수 없게 한 것이다. 취조실은 지켜보는 방에 비하여 매우 밝기 때문에 밝은 곳에서 들어온 빛이 어두운 곳을 통과하지 못하고 반사되어 거울처럼 보이게 된다. 반면에 지켜보는 방에 있는 사람에게는 투과하는 빛이 강하기 때문에 유리처럼 볼 수 있는 것이다.

18강. 굴절과 렌즈

1. 〈   **2.** 굴절(스넬)

3. ㉡, ㉡, ㉠   **4.** ㉠, ㉡, ㉠

1. 답 〈

해설 빛이 속도가 느린 매질에서 빠른 매질로 진행하면 경계면에서 입사각은 굴절각보다 작아진다.

3. 답 ㉡, ㉡, ㉠

해설 볼록렌즈에 물체를 비추었을 때 물체가 초점 거리 안에 위치할 경우 확대된 정립 허상이 생긴다.

4. 답 ㉠, ㉡, ㉠

해설 오목렌즈에 물체를 비추면 물체의 위치에 상관없이 항상 축소된 정립 허상이 생긴다.

1. ⑤   **2.** ②   **3.** ④   **4.** (1) O (2) X (3) X

1. 답 ⑤

해설 ① 물의 굴절률(1.33)이 공기의 굴절률(1.00029)보다 크다.
② 굴절률이 작은 물질보다 굴절률이 큰 물질 속에서 빛의 속도가 더 느리다.
③ 두 매질의 굴절률 차이가 클수록 빛이 진행할 때 경계면에서 더 크게 꺾인다.
④ 진공에서 빛의 속도를 매질에서 빛의 속도로 나눈 값이 그 물질의 굴절률이다.

2. 답 ②

해설 공기의 굴절률 n_1 = 1, 물의 굴절률 n_2 = 1.3 일 때,

$h'($겉보기 깊이$) = \dfrac{h(\text{실제 깊이})}{n_2} = \dfrac{13 \text{ cm}}{1.3}$

그러므로 금붕어는 수면 아래 10 cm 위치에 있는 것처럼 보인다.

3. 답 ④

해설 ① 볼록렌즈는 원시안 교정용 안경에 사용된다.
②,⑤ 렌즈의 중심을 향해서 입사한 광선은 입사한 경로 그대로 직진한다.
③ 볼록렌즈를 통과한 빛은 한 점에 모이는데 이 점을 초점이라고 한다.

4. 답 (1) O (2) X (3) X

해설 (2) 렌즈의 중심을 지나서 입사한 광선은 입사한 경로 그대로 직진한다.
(3) 렌즈의 반대편 초점을 향해서 입사하는 광선은 렌즈에서 굴절 후 렌즈의 광축과 평행하게 진행한다.

★ 온도가 높을수록 공기의 밀도가 작아지기 때문에 빛의 속도가 점점 더 빨라진다. 이처럼 연속적으로 빛의 속도가 변하는 매질을 통과할 때 빛의 진행 경로도 연속적으로 굴절하게 되어 신기루 현상이 나타나 실제 물체와 다른 곳에 있는 상을 보게 되는 것이다.

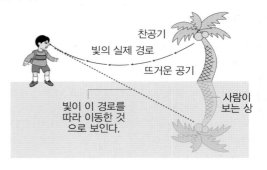

01. ②   **02.** ③   **03.** ②

04. ②   **05.** ③   **06.** ③

01. 답 ②

해설 ② 하늘이 파랗게 보이는 것은 빛의 산란 현상으로 빛이 공기 입자에 의해 흩어지는 현상이다.
①, ③ 빛의 진행속도가 다른 두 매질의 경계면에서 굴절이 일어난다.
⑤ 속도가 작은 매질일수록 굴절률이 작고, 속도가 큰 매질일수록 굴절률이 크다. 그러므로 굴절률이 작은 매질에서 굴절률이 큰 매질로 빛이 진행할 때는 입사각이 굴절각보다 작다.

02. 답 ③

해설 굴절률이 클수록 굴절각이 작고, 빛의 속도가 느리다. 굴절률은 공기 〈 물 〈 유리 〈 다이아몬드 이므로, 빛의 진행 속도는 다이아몬드 〈 유리 〈 물 〈 공기 순이 된다.

03. 답 ②

해설 ② 매질 1 에 대한 매질 2 의 상대 굴절률은 n_{12} 로 쓴다.
⑤ 스넬 법칙은 $n_{12} = \dfrac{\sin i}{\sin r}$ (입사각 i, 굴절각 r) 이다.

04. 답 ②

해설 물체가 볼록렌즈의 초점에 위치하면 상이 생기지 않는다.

05. 답 ③

해설 광축과 평행하게 입사한 광선은 초점에서 나온 것처럼 굴절한다.

06. 답 ③

해설 ㄴ, ㄷ은 볼록거울과 오목렌즈의 공통점이다.

[유형 18-1] ③	01. ⑤	02. ⑤
[유형 18-2] ⑤	03. ④	04. ③
[유형 18-3] ②	05. ④	06. ④
[유형 18-4] ①	07. ②	08. ③

[유형 18-1] 답 ③

해설 두 매질 사이에 상대적으로 굴절률이 클수록 굴절된 빛이 크게 꺾여서 굴절각이 작아진다. 입사각보다 굴절각이 크므로 매질 A의 굴절률은 B, C, D 의 굴절률보다 작다. 그림에서 매질 B 에서 빛의 굴절각이 가장 작기 때문에 매질 B 의 굴절률이 가장 크고, 굴절각이 가장 작은 매질 C 의 굴절률이 B, C, D 중 가장 작다. 그러므로 굴절률은 B 〉 D 〉 C 〉 A 순이다.

01. 답 ⑤

해설 빛이 물에서 공기로 진행할 때는 빛의 속력이 빨라지므로 입사각이 굴절각보다 작고, 공기에서 물로 진행할 때는 빛의 속력이 느려지기 때문에 입사각이 굴절각보다 크다.

02. 답 ⑤

해설 빛의 굴절률이 클수록 빛의 속도가 느려진다. 빛이 공기 중에서 각각 진행할 때, 빛의 속도가 느린 물질일수록 경계면에서 법선쪽으로 더 많이 굴절하여 굴절각이 작아진다. 굴절률이 클수록 굴절각이 작아지기 때문에 표에서 굴절률이 가장 큰 다이아몬드의 굴절각이 가장 작다.

[유형 18-2] 답 ⑤

해설 사람 눈으로 들어오는 빛은 P점의 물체에서 나온 굴절된 빛이고, 사람이 느끼는 빛은 P' 점의 물체에서 직진한 빛이다.
공기의 굴절률 $n_1 = 1$, 물의 굴절률 n_2 일 때

$$h'(겉보기 깊이) = \frac{h(실제 깊이)}{n_2} \quad \therefore 겉보기 깊이 = \frac{26}{1.3} = 20 \text{ (cm)}$$

03. 답 ④

해설 ④ 입사각을 더 작게 하면 빛이 공기 중으로 굴절하여 나아갈 수 있다.
전반사는 굴절률이 큰 매질에서 작은 매질로 진행할 때 나타날 수 있는 현상으로 입사각을 조절하여 빛이 경계면에서 모두 반사하는 현상으로 광섬유에서 정보를 전달하는 방법이다.

04. 답 ③

해설 매질 A 에 대한 매질 B의 상대 굴절률은 n_{AB} 이고, 매질 B 에 대한 매질 A 의 상대 굴절률은 n_{BA} 이다.

$$n_{AB} = \frac{n_B}{n_A} = \frac{3}{1.5} = 2 \qquad n_{BA} = \frac{n_A}{n_B} = \frac{1.5}{3} = 0.5$$

[유형 18-3] 답 ②

해설

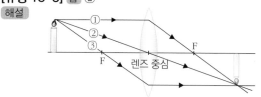

㉠ 광축에 평행하게 입사한 광선은 굴절후 초점을 지난다.

㉡ 렌즈 중심을 향해 입사한 광선은 직진한다.
㉢ 초점을 지나 입사한 광선은 굴절 후 광축과 평행하게 진행한다.
물체의 한점에서 나온 광선은 위 방식으로 볼록렌즈에서 굴절 후 한점에 모이고 그 지점에 상이 생긴다.

05. 답 ④

해설 ④ 볼록렌즈에 의한 상은 물체가 초점에 위치할 때 상이 생기지 않는다.
①의 위치인 초점 거리의 2 배 밖에 물체가 위치할 경우 축소된 도립 실상이 생긴다.
②의 위치인 초점 거리 2 배 위치에 물체가 있을 경우 같은 크기의 도립 실상이 생긴다.
③ 의 위치인 물체가 초점 2 배 위치와 초점 사이에 위치할 경우에는 확대된 도립 실상이 생긴다.
⑤ 의 위치인 물체가 초점 안에 위치할 경우 확대된 정립 허상이 생긴다.

06. 답 ④

해설 ㄱ. 광축과 평행하게 입사한 광선은 렌즈에서 굴절한 뒤 초점을 지난다.

[유형 18-4] 답 ①

해설 오목렌즈에 의한 상은 모두 정립 허상이다. 물체가 오목렌즈에 가까워질수록 상도 렌즈에 가까워지면서 커진다.

07. 답 ②

해설 ㄱ. 물체와 크기가 같고 좌우가 바뀌는 상이 생기는 경우는 평면거울에 의한 경우이다.
ㄹ. 물체보다 큰 크기의 상이 생기게 하기 위해서는 볼록렌즈를 사용해야 한다.

08. 답 ③

해설 오목렌즈를 통해 실물보다 작은 허상만을 볼 수 있다. 물체를 볼 때 우리 눈에 느껴지는 것은 상인데, 실상은 실제로 상이 맺히는 경우이며, 허상은 상이 맺히지는 않으나 우리 눈이 느끼는 상이다. 오목렌즈를 통해 물체(책의 글씨)를 보면 물체와 같은 방향에 물체보다 작은 허상(작은 글씨)이 생기므로 안경의 렌즈는 오목렌즈임을 알 수 있다. 오목렌즈는 상이 망막 앞에 맺혀 멀리 있는 물체가 잘 보이지 않는 눈의 상태인 근시안을 교정하는데 사용된다.

01

(1) 장치를 통과한 광선 간의 간격이 좁혀져서 나왔기 때문에 빛을 모아준 후 그 빛이 다시 평행하게 나갈 수 있도록 다시 퍼뜨려 주어야 한다. 그러므로 볼록렌즈 + 오목렌즈(①) 또는 볼록렌즈 + 볼록렌즈(②)를 사용해야 한다.

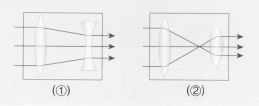

| ① | ② |

(2) 렌즈가 아닌 거울을 이용하여 빛을 모아주고 그 빛이 평행하게 나갈 수 있도록 다시 퍼뜨려 주어야 하기 때문에 오목 거울과 볼록 거울 모두를 사용해야 한다.

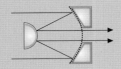

02 (1) 물체에서 반사된 빛은 공기를 지나 눈으로 들어오게 된다. 공기의 굴절률보다 눈의 각막과 수정체의 굴절률이 더 크기 때문에 빛은 속도가 느려져서 꺾이게 된다. 이때 각막과 수정체는 볼록렌즈와 같은 작용을 하여 망막에 상이 맺혀 보이는 것이다. 만약 수정체의 굴절률이 공기와 같아진다면 빛은 꺾이지 않고 직진하기 때문에 상이 맺히지 않아서 사물을 볼 수 없게 될 것이다.

(2) 사람이 물속에 있을 때에는 빛이 물을 통과한 후 각막과 수정체을 지나게 된다. 물과 각막과 수정체는 굴절률의 차이가 거의 없다. 그러므로 빛이 공기에서 각막 또는 수정체로 진행할 때보다 덜 꺾이게 되어 상이 원시안처럼 뒤쪽에 맺히게 되어 상이 흐리게 보이는 것이다. 반면에 물고기의 눈은 사람의 눈보다 각막이 더 평평하고 둥글게 툭 튀어나와서 사람의 눈이나 물보다 굴절률이 더 크다. 그러므로 물속에서 물고기의 망막에 먹이의 상이 잘 맺히게 되어 물속에서도 먹이를 잘 찾을 수 있는 것이다.

03 물 밖에서 물고기에 들어오는 빛은 아래 그림처럼 입사각보다 굴절각이 작으므로 원 모양에 모두 포함된다. 그렇기 때문에 물고기가 물속에서 하늘을 보면 물밖의 세상이 둥근 원 안에 모두 포함되어 하늘이 둥글게 보이게 된다.

해설

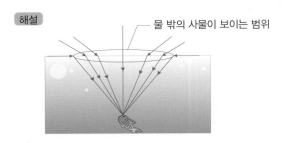

물 밖의 사물이 보이는 범위

04 물질 B 와 C 모두 코어로 사용할 수 없다.
광섬유 내에서 빛은 코어와 클래딩의 경계에서 전반사가 일어나면서 진행하므로, 안쪽 코어의 굴절률이 바깥쪽 클래딩보다 커야 한다.
아래 해설 그림에서 물질 A 에서 물질 B 로 빛이 진행할 때 입사각 1 이 굴절각 1(=입사각 2) 보다 작다. 그러므로 물질 A 의 굴절률이 물질 B 의 굴절률 보다 더 크다. 그리고 물질 B 에서 물질 C 로 빛이 진행할 때 입사각 2 가 굴절각 2 보다 작다. 그러므로 물질 B 의 굴절률이 물질 C 의 굴절률 보다 더 크다. 그러므로 굴절률은 A 〉 B 〉 C 가 된다. 광섬유의 코어에 쓰이는 물질은 클래딩에 쓰이는 물질보다 굴절률이 커야 하므로, 물질 A를 클래딩으로 사용했을 때, 물질 B 와 C 모두 코어로 사용할 수 없다.

해설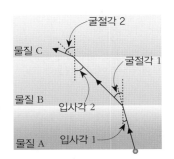

굴절각 2
물질 C
굴절각 1
물질 B
입사각 2
물질 A   입사각 1

스스로 실력 높이기		96~101쪽

01. (1) X (2) X (3) O **02.** 페르마의 원리

03. 매질 B 〈 매질 C 〈 매질A **04.** 전반사

05. $\dfrac{c}{n}$ **06.** 초점 **07.** ⑤ **08.** ㉡, ㉠

09. A. 도립, B. 작다, C. 작다 **10.** ④

11. ④ **12.** ④ **13.** ② **14.** ③

15. C **16.** ⑤ **17.** ① **18.** ①

19. ③ **20.** ② **21.** ③ **22.** ②

23. ③ **24.** ④ **25.** ②

26. ~ 32. 〈해설 참조〉

01. 답 (1) X (2) X (3) O
해설 (1) 빛이 속도가 느린 매질에서 속도가 빠른 매질로 진행할 때는 입사각이 굴절각보다 작다.
(2) 진공 중에서 빛의 속도가 가장 빠르다. 진공 중에서 빛의 전파 속도와 비교하였을 때 해당 매질에서 빛의 속도가 느려지는 정도를 굴절률이라고 한다.
(3) 굴절률 n_1인 매질에서 n_2인 매질로 빛이 진행할 때, 매질 1에 대한 매질 2의 상대굴절률을 n_{12}, 입사각을 i, 굴절각을 r 이라고 할 때 스넬 법칙은 다음과 같다.

$$n_{12} = \frac{\sin i}{\sin r}$$

03. 답 매질 B < 매질 C < 매질 A

해설 빛은 속도가 느린 물질일수록 경계면에서 법선쪽으로 더 많이 굴절하여 굴절각이 작아진다.
매질 A에 대해서 매질 B와 C는 입사각에 비해 굴절각이 작아졌으므로 매질 A에서의 빛의 속도가 가장 크다. 또한 매질 B가 매질 C에 비해 굴절각이 더 작아졌으므로 매질 B 보다 매질 C에서 빛의 속도가 더 크다. 그러므로 빛의 속도는 매질 B < 매질 C < 매질 A 순이다.

04. 답 전반사(현상)

해설 전반사 현상은 두 매질의 경계면에서 빛이 통과하지 못하고 모두 반사하여 입사한 매질로 되돌아오는 현상이다. 이러한 현상은 입사각이 굴절각보다 더 클 때 임계각보다 입사각을 더 크게 하는 경우 일어난다.예) 유리에서 공기 중으로 빛이 진행할 때

05. 답 $\dfrac{c}{n}$

해설 $\dfrac{n_2}{n_1} = \dfrac{v_1}{v_2} \rightarrow \dfrac{n(\text{매질})}{1(\text{공기})} = \dfrac{c(\text{공기 중 속도})}{v(\text{물질 중 속도})}$ ∴ $v = \dfrac{c}{n}$

06. 답 초점

해설 광축과 평행한 빛이 볼록렌즈를 통과한 후 한 점에 모일 때 이 점을 초점(실초점)이라고 한다.

07. 답 ⑤

해설 물체가 초점 안에 위치하면 확대된 정립 허상이 생긴다.

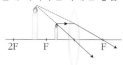

08. 답 ㉡, ㉠

해설 오목렌즈에 의한 상을 작도할 때 렌즈의 반대편 초점을 향해 입사하는 광선은 렌즈에서 굴절 후 렌즈의 광축과 평행하게 진행한다.

09. 답 A. 도립(거꾸로 선다), B. 작다, C. 작다.

해설

물체 위치	렌즈와 가까이		렌즈와 멀리	
상	모양	크기	모양	크기
볼록렌즈	정립	크다	도립	작다
오목렌즈	정립	작다	정립	작다

10. 답 ④

해설 ㄴ, ㄷ 오목거울과 볼록렌즈의 공통점은 빛을 퍼뜨리고 물체보다 작은 정립 허상이 생긴다는 것이다.

11. 답 ④

해설 매질 A, B, C 중에서 공기에 대해서 가장 많이 굴절한 매질 B의 굴절률이 가장 크고, 매질 속에서의 빛의 속도는 가장 느리다.

그 중 굴절률이 가장 작은 것은 매질 C이고, 빛의 속도는 가장 크다.

12. 답 ④

해설 ④ 입사각 ㉡이 굴절각 ㉣ 보다 크므로 매질 1의 굴절률이 매질 2보다 작고 매질 속에서의 빛의 속도는 더 크다.
① 입사각인 ㉡ 이 커지면 굴절각인 ㉣ 이 커진다.
② 빛의 속도 차이에 의해 두 매질의 경계면에서 빛이 꺾이는 빛의 굴절을 확인할 수 있다.
③ 입사각보다 굴절각이 작기 때문에 매질 1 의 굴절률이 매질 2 의 굴절률보다 작다.
⑤ 두 매질의 굴절률 차이가 클수록 빛이 진행할 때 경계면에서 더 크게 꺾인다.

13. 답 ②

해설 두 매질의 굴절률 차이가 클수록 빛이 진행할 때 속도 차가 커지므로 경계면에서 더 크게 꺾인다. 그러므로 표에서 굴절률 차이가 가장 큰 공기와 사파이어 사이를 통과할 때 경계면에서 가장 크게 꺾일 것이다.

14. 답 ③

해설
공기의 굴절률 n_1 = 1, 물의 굴절률 n_2 일 때,

$$h'(\text{겉보기 깊이}) = \dfrac{h(\text{실제 깊이})}{n_2}$$

$$20\text{cm} = \dfrac{30 \text{ cm}}{n} \quad \therefore \text{ 액체의 굴절률 } n = 1.5$$

15. 답 C

해설 물체에서 나온 빛을 우리가 보는 것이므로 물체의 실제 위치는 직선의 연장선인 B 가 아니라 유리에 의해 2 번 굴절되어 그림처럼 C 에 물체가 위치해 있다.

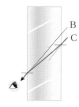

16. 답 ⑤

해설 ⑤ 물체가 볼록렌즈의 초점 안쪽에 있을 때에는 물체보다 큰 정립 허상이 생긴다.

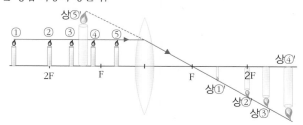

17. 답 ①

해설 물체가 초점 거리의 2 배 밖에 위치할 경우 축소된 도립 실상이 생긴다.

18. 답 ①

해설 ㄴ. 광축과 평행하게 입사한 광선은 초점에서 나온 것처럼 굴절하는 것은 오목렌즈이다. 볼록렌즈에서 광축과 평행하게 입사한 광선은 렌즈에서 굴절한 뒤 초점을 지난다.

ㄷ. 렌즈의 초점을 지나온 광선은 렌즈에서 굴절한 뒤 광축과 평행하게 직진하는 것은 볼록렌즈이다. 오목렌즈에서는 렌즈의 반대편 초점을 향해 입사하는 광선은 렌즈에서 굴절한 후 렌즈의 광축과 평행하게 직진한다.

19. 답 ③
해설 오목렌즈에 의한 상은 항상 물체보다 작은 크기의 허상이 생긴다. 물체가 렌즈와 멀어질수록 상도 렌즈에서 멀어지면서 작아진다.

20. 답 ②
해설 오목렌즈에 의한 상은 굴절광의 연장선이 만나는 곳에 생기는 허상이다.

21. 답 ③
해설 A 는 입사각, B 는 굴절각, C 는 반사각이다.
ㄴ. 입사각이 커지면 굴절각도 커진다.
ㄷ. 굴절각 B 와 거울의 입사각은 엇각으로 서로 같다. 반사법칙에 의해 입사각과 반사각이 같으므로 B 가 35° 라면 C 도 35° 이다.
ㄹ. 물보다 굴절률이 큰 물질로 매질을 바꾸면 굴절각이 더 작아진다.

22. 답 ②
해설 매질 2 에서 매질 1 으로 진행할 때 전반사가 되었다. 전반사는 굴절률이 큰 매질에서 작은 매질로 진행할 때 일어나는 현상이므로 $n_2 > n_1$ 이다. 매질 2 에서 매질 3 으로 진행할 때는 입사각보다 굴절각이 작기 때문에 $n_3 > n_2$ 가 된다. 그러므로 $n_3 > n_2 > n_1$ 이 된다.

23. 답 ③
해설 진공과 유리에서의 빛의 속력을 각각 v_1, v_2 라고 하면
굴절법칙에 의해 $\dfrac{v_1}{v_2} = \dfrac{n_2}{n_1} = \dfrac{1.5}{1} = 1.5$

$v_1 : v_2 = 3 : 2 = 3.0 \times 10^8$ m/s $: v_2$ ∴ $v_2 = 2.0 \times 10^8$ m/s

24. 답 ④
해설 물(n_1)에 대한 유리(n_2)의 굴절률은 물에서 유리로 진행할 때의 굴절률을 뜻한다. n_1에 대한 n_2 의 굴절률은 다음과 같다.

$$n_{12} = \frac{n_2}{n_1} = \frac{\text{유리의 굴절률}}{\text{물의 굴절률}} = \frac{3/2}{4/3} = \frac{9}{8}$$

25. 답 ②
해설 초점 2 배 위치와 초점 사이에 물체가 위치해있을 경우 (A) 확대된 도립 실상이 생기고, 물체가 초점 안에 위치해있을 경우 (B) 확대된 정립 허상이 생긴다.

26. 답 매질에 따라 빛의 진행 속도가 다르기 때문에 최단 시간의 원리에 따라 빛이 굴절하는 것이다.

27. 답 작살로 물고기를 잡기 위해서는 작살을 ㉢ 을 향해 겨냥해야 한다. 그 이유는 빛의 굴절로 인하여 물속 물체가 실제의 위치보다 위쪽으로 떠 보이기 때문에 보이는 곳보다 아래쪽에 실제로 물고기가 위치해 있으므로 보이는 것보다 아래쪽을 겨냥해야 한다.

28. 답 상이 망막 뒤에 멀리 맺혀 가까운 물체가 잘 보이지 않는 눈인 원시안 상태이다. 원시안의 경우 볼록렌즈를 사용하여 빛을 모아 상을 망막에 맺히도록 한다.

29. 답 진행 방향을 화살표로 표시하고 광축에 나란하게 입사하는 평행 광선을 오목렌즈를 통과시키면 퍼지는데 이때 퍼진 빛의 진행 방향을 렌즈의 반대편(평행광선이 입사되는 곳)으로 연장하면 한 점으로 모인다. 이 점을 초점(허초점)이라고 한다.

30. 답 오목거울은 반사를 통해 빛을 모아주고, 물체와 거울과의 거리에 따라 상이 맺히는 종류가 달라진다. 반면에 오목렌즈는 굴절을 통해 빛을 퍼뜨리고, 항상 물체보다 작은 크기의 정립 허상이 생긴다.

31. 답 〈해설 참조〉
해설 빛의 속도는 일반적으로 매질 속에서의 속도보다 진공 속에서의 속도가 더 빠르고, 같은 매질이라도 밀도가 증가하면 속도가 느려진다. 따라서 지표면과 가까워질수록 대기 중의 밀도는 점점 커지게 되므로, 빛의 속도 차이에 의해 굴절 현상이 일어나게 된다. 높은 곳에서 오는 별빛은 지표쪽으로 휘어지므로 지표상의 관찰자는 별이 실제 위치보다 위쪽에 있는 것으로 보는 것이다.

32. 답 〈해설 참조〉
해설 다음 그림과 같이 렌즈를 통과한 빛은 렌즈 위를 통과한 빛만으로도 반대편에 온전한 상을 만들 수 있다.

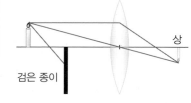

하지만 검은 종이에 의해 빛의 일부가 막히기 때문에 빛의 양이 줄어들므로 검은 종이로 막기 전보다 흐린 상이 생긴다.

19강. 빛과 파동

개념 확인 102~105쪽

1. (1) O (2) O (3) X (4) X

2. (1) O (2) O (3) O (4) O

3. (1) O (2) X (3) O   **4.** (1) 반 (2) 반 (3) 굴

1. 답 (1) O (2) O (3) X (4) X
해설 (1), (2)는 빛의 분산 현상이 나타난다.
(3) 태양을 등지고 물을 뿌려야 무지개가 나온다.
(4) 레이저 빛은 단색광이므로 빛의 분산 현상이 일어나지 않는다.

2. 답 (1) O (2) O (3) O (4) O
해설 빛의 3원색을 모두 합성하면 흰색이 된다.
(3) 빛의 3원색을 적절히 합성하면 모든 색의 빛을 만들 수 있다.
대표적인 예로 색의 인식이 있다.
(4) 텔레비전 화면과 전광판은 빛의 3원색을 이용하여 표현한다.

3. 답 (1) O (2) X (3) O
해설 (1) 반사면의 모양에 따라 반사파의 모양은 달라진다. 따라서 반사 법칙이 성립한다.
(2) 오목한 장애물을 만나면 한 점에 모인다.
3) 파동의 반사는 모든 종류의 파동에서 나타난다.

4. 답 (1) 반 (2) 반 (3) 굴
해설 (1), (2)는 반사에 의한 현상으로 설명할 수 있다.
(3)은 굴절에 의해서 나타난다.

확인+ 102~105쪽

1. A : 빨간색 B : 보라색 **2.** (1) 분 (2) 합 (3) 합 (4) 합

3. (1) A : 입사각, B : 반사각 (2) A = B

4. (1) 길어 (2) B (3) 작 (4) 변함없다.

1. 답 A : 빨간색 B : 보라색
해설 햇빛은 백색광으로 프리즘을 통과하면 빛의 파장에 따라 굴절되는 정도가 다르다. 파장이 길수록 적게 굴절된다. 따라서 A 는 가장 적게 꺾이는 빨간색, B 는 가장 많이 꺾이는 보라색이다.

3. 답 (1) A : 입사각, B : 반사각 (2) A = B
해설 입사각과 반사각의 크기는 항상 같다.

4. 답 (1) 길어 (2) B (3) 작 (4) 변함없다.
해설 A 에서 B 로 진행할 때 물결파는 얕은 곳(속도 느림)에서 깊은 곳(속도 빠름)으로 진행하므로 파장은 길어지고, 굴절각이 입사각보다 크다. 물결파의 진동수는 변함없다.

생각해보기 102~105쪽

★ 빨간 고기는 빨간색 빛을 반사하기 때문에 조명이 빨간색인 경우에 흰색 조명이나 노란색 조명보다 더 빨간색으로 보이게 되므로 고기가 더 신선해 보이도록 하는 역할을 한다.

★★ 파동인 소리는 장애물을 만나 가장자리에서 경로가 휘는 회절 현상에 의해 담 너머에서도 소리가 잘 들린다.

개념 다지기 106~107쪽

01. ②   **02.** ①   **03.** ④
04. ②   **05.** ①   **06.** ②

01. 답 ②
해설 백색광이 프리즘을 통과하면 빛의 파장에 따라 굴절되는 정도가 달라서 빛이 분산이 된다. 그래서 색이 분산되는 무지개가 생긴다.
③, ⑤는 빛의 합성의 예이고, ④는 연기 입자에 의해 빛이 흩어지는 산란 현상의 예이다.

02. 답 ①
해설 햇빛 아래에서 빨간색으로 보인다는 의미는 빨간색 빛만 반사한다는 것이다. 그래서 빨간색 빛을 비추면 빨간색을 반사하고, 노란색 빛은 빨간색 빛과 초록색 빛이 합해진 것이므로 사과에 노란색 빛을 비추면 녹색빛은 흡수하고 빨간색 빛을 반사하여 빨간색으로 보인다.

03. 답 ④
해설 빨간색 빛과 파란색 빛이 섞이면 자홍색 빛이 된다.

04. 답 ②
해설 파동의 반사를 나타낸 것이다. 따라서 입사각과 반사각의 크기는 같다. 그리고 매질의 변화도 없으므로 입사파의 파장과 반사파의 파장도 같다.

05. 답 ①
해설 입사파와 법선이 이루는 각이 입사각이므로 입사각은 90° − 50° = 40° 이다. 반사법칙에 의해 입사각과 반사각은 같으므로 반사각도 40° 이다.

06. 답 ②
해설

그림처럼 입사파, 반사파와 법선이 이루는 각이 각각 입사각, 굴절각이다. 입사각은 45°, 굴절각은 30°이다.

[유형 19-1] ②	01. ⑤	02. ②
[유형 19-2] ②	03. ③	04. ①, ⑤
[유형 19-3] ④	05. ㄱ, ㄷ	06. ②
[유형 19-4] ②	07. ⑤	08. ④

[유형 19-1] 답 ②
해설 햇빛은 백색광이므로 프리즘을 통과하면 빛의 파장에 따라 굴절되는 정도가 다르다. 빛의 분산이 일어나 스펙트럼이 형성될 때 파장이 긴 빨간색이 가장 적게 굴절되고 파장이 작은 보라색이 가장 많이 굴절된다.

01. 답 ⑤
해설 ④ 형광등 빛을 간이 분광기로 통과시키면 빛의 분산이 일어나서 빛의 파장 순서에 따라 빛이 배열되어서 나타난다. 이것을 가지고 형광등 빛에 포함되어 있는 빛의 색을 알 수 있다.
⑤ 햇빛은 형광등 빛과 포함되어 있는 빛의 색이 다르기 때문에 형광등과 같은 색의 빛을 관찰할 수 없다.

02. 답 ②
해설 무지개는 태양을 등지고 있을 때 관찰할 수 있다. 따라서 해가 뜰 무렵에 무지개를 봤다면 태양의 반대 방향인 서쪽 하늘에서 무지개를 관찰할 수 있다.

[유형 19-2] 답 ②
해설 색종이는 해당하는 색의 빛을 반사하는 것이므로 두 가지 색의 색종이를 붙인 색원판을 빠르게 돌리면 두 빛의 합성색의 빛으로 보인다. 따라서 자홍빛(빨간 빛 + 파란 빛)+ 초록빛 = 흰색, 파란빛 + 초록빛 = 청록색 빛, 파란빛 + 빨간빛 = 자홍색 빛이다.

03. 답 ③
해설 3원색이 들어왔을 때 빨간색이 흡수되었다면 초록, 파랑은 반사되었고 그 둘이 합성된 색 청록색으로 관찰이 된다.

04. 답 ①, ⑤
해설 ② 프리즘에 의해 스펙트럼이 생기는 것은 빛의 분산을 이용한 예이다.
③ 정육점에서 빨간색 조명을 사용하는 것은 물체는 빨간색 빛만 반사하는 반사 성질을 이용한 예이다.
④ 레이저는 한가지 색만 가지고 있고, 직진성이 강한 빛이므로 분산과는 관련이 없다.

[유형 19-3] 답 ④
해설 진행 방향과 법선이 이루는 각이 입사각, 반사각이다. 반사법칙에 의해 파동의 입사각과 반사각은 크기가 같다. 반사 시 매질이 같으므로 속력 변화가 없으며 진동수도 변하지 않는다.

05. 답 ㄱ, ㄷ
해설 파동이 장애물을 만나 되돌아 나가는 현상인 파동의 반사 현상이다. ㄴ. 소리의 굴절에 따른 현상이다.

06. 답 ②
해설 음악당의 천장을 볼록한 모양으로 만든 이유는 소리의 반사 성질을 이용하여 음악당 안에서 소리를 더욱 잘 들리게 하기 위해서이다. ②은 파동의 굴절 현상으로 인해 나타나는 현상이다.

④은 오목한 접시 모양으로 안테나를 만들면 반사에 의해 전파가 잘 모아진다.

[유형 19-4] 답 ②
해설

유리판을 물결통에 잠기게 하면 잠긴 곳의 수면이 얕아지면서 파동의 굴절이 일어난다. 깊은 물에서 얕은 물로 진행하는 것과 같으므로 물결파가 유리판 있는 곳에서는 속도가 증가한다. 경계면에서 법선을 그리고, 파면과 수직인 입사파와 굴절파를 그렸을 때 유리판에서의 굴절각이 입사각보다 작다.

07. 답 ⑤
해설

파면과 파면 사이 길이가 파장이다. (가)에서의 파장이 (나)에서보다 길고, 진동수는 같으므로 (가)에서의 속력이 더 빠르다.

08. 답 ④
해설 파도(물결파)가 해안선과 나란해지는 것은 파동의 굴절현상 때문에 나타나는 현상이다.

창의력 & 토론마당 112~115쪽

01 모든 사물이 혈액의 색깔인 빨간색으로 보이는 잔상 효과를 없애기 위해서 청록색 수술복을 입는다.

해설 우리 눈은 빨강, 초록, 파랑을 감지할 수 있는 세 가지의 원추 세포로 모든 색을 인식할 수 있다. 수술실에서는 빨간 피를 계속 볼 수 밖에 없는 환경이다. 이로 인해 의사들은 빨간색을 감지하는 적 원추 세포의 피로도가 많이 올라가게 된다. 따라서 모든 사물이 빨간색으로 보이는 잔상 효과가 많이 남는다. 이 효과를 없애기 위해 청록색 수술복을 입으면 초록색과 파란색을 감지하는 원추 세포도 모두 작동하므로 눈의 피로도를 줄여줄 수 있다.

02 골목길 모퉁이에서 소리는 들리지만 모퉁이 뒤는 볼 수 없는 이유는 파동의 회절현상이다. 파장이 길수록 회절이 잘 일어나기 때문에 소리는 모서리를 만나면 뒤쪽으로 잘 퍼지지만, 빛은 파장이 짧아 모서리를 만나도 뒤쪽으로 퍼지지 않는다.

해설 담을 사이에 두고 사람들이 이야기를 주고 받을 때 소리가 회절 현상을 일으켜 담뒤에 있는 사람에게 들리는 것이다. 그 대신 빛은 파장이 매우 짧기 때문에 회절 현상이 잘 일어나지 않아서 모퉁이 뒤에 있는 사람이 잘 보이지 않는다.

03 Y 자 구조물 없이 방파제를 사각형 단면으로 만들어 놓으면 방파제가 파도의 압력을 사각형의 전체 면적으로 받아 방파제가 파괴될 수도 있다. 이를 방지하기 위해 방파제 옆에 Y 자 구조물을 복잡하게 얽어 놓아 파도가 부딪쳤을 때 일부는 통과하고, 일부는 중첩되고, 상쇄되어 흩어져 파도의 에너지가 없어지도록 유도한다.

해설 Y 자 구조물을 테트라포트라 하며, 테트라포트는 파도의 힘을 소멸시키거나 감소시키기 위해 사용한다. 주로 방파제에서 지속적으로 파도의 영향을 받는 부분에 설치하여 방파제 구성 요소인 물밑에 던져 놓은 기초 돌과 방파제 블록을 보호한다. 테트라포트가 Y 자 모양의 정사면체를 하고 있는 이유는 공간을 빈틈없이 쌓을 수 있기 때문이다.

04 (1) $\frac{\sqrt{3}}{\sqrt{2}}$ (2) 해설 참조

해설 (1) 물결파는 깊은 물에서 얕은 물로 진행하고 있으며, 입사각(i)은 $60°$, 굴절각(r)은 $45°$ 이다.
깊은 물(n_1)에 대한 얕은 물(n_2)의 굴절률은
$$n_{12} = \frac{n_2}{n_1} = \frac{v_1}{v_2} = \frac{\sin i}{\sin r} \quad \therefore \ n_{12} = \frac{\sin 60°}{\sin 45°} = \frac{\sqrt{3}}{\sqrt{2}} \ \text{이다.}$$
(2) 물결파는 구형을 이루며 진행하며, 얕은 물에서는 바닥과의 마찰이 커지므로 속력이 느려진다.

05 (1) 빛의 파장이 짧은 파란색 -보라색 빛이 산란이 잘 이루어져 공기중에 퍼지고, 우리 눈은 파란색에 더 민감하므로
(2) 파장이 짧은 파란색 빛은 긴 대기층을 지나는 동안 모두 산란되어 없어지고, 파장이 긴 빨간색 빛만 남아서 우리 눈에 들어오기 때문이다.

해설 (1) 태양광은 모든 파장의 빛을 포함시킨 아무런 색도 띠지 않는 백색광인데 그 중에 포함된 보라색~파란색의 파장이 짧은 빛만 공기 입자에 의해서 산란되어 퍼진다. 우린 눈은 보라색보다 파란색에 더 민감하므로 하늘이 파랗게 보인다.
(2)저녁 때 햇빛이 대기를 통과하는 거리는 훨씬 길어진다. 대기를 통과하면서 빛에 포함된 파란빛~보라빛은 산란되어 없어지고 산란되지 않는 붉은 계열의 빛만 남아 우리 눈에 들어온다.

01. ①	**02.** ①	**03.** (1) O (2) O (3) X (4) X	
04. ④	**05.** 흰(하얀)색	**06.** ⑤	
07. 3000	**08.** ㄱ, ㄹ	**09.** ①	**10.** 회절
11. ④	**12.** ③	**13.** ⑤	**14.** ③
15. ㄱ, ㄷ	**16.** ②	**17.** ⑤	**18.** ②
19. ④	**20.** ②	**21.** ⑤	**22.** ④
23. ④	**24.** ②	**25.** ②	
26.~33. 〈해설 참조〉			

01. 답 ①
해설 무지개는 해를 등지고 있어야 보인다. 해가 서쪽으로 기울어져 있으므로 물을 동쪽으로 뿌려야 무지개가 보인다.

02. 답 ①
해설 빨간색 셀로판지는 빨간색 빛만 통과시킨다. 따라서 딸기와 바나나 모두 빨간색으로 보인다.

03. 답 (1) O (2) O (3) X (4) X
해설 햇빛은 여러 가지 색의 빛이 혼합된 백색광이고 프리즘 안에서 각 파장의 빛의 속력이 각각 다르다. 그리고 공기 중에서 프리즘으로 빛이 들어갈 때 1 번, 공기 중으로 나올 때 1 번 총 두 번 굴절되어서 빛의 분산 현상이 나타난다.
(3) A 는 빨간색 B 는 보라색으로 나타난다.

04. 답 ④
해설 청록색은 파란색과 초록색이 섞인 색, 자홍색은 파란색과 빨간색이 섞인 색,노란색은 빨간색과 초록색이 섞인 색이다. 따라서 백색광이 되는 경우는 세가지 빛이 모두 합성되는 경우인 ㄱ, ㄹ, ㅁ, ㅂ이다.

05. 답 흰(하얀)색
해설 같은 밝기의 빨간색, 녹색, 파란색이면 흰 색이 된다.

06. 답 ⑤
해설 반사했을 때에도 매질이 같으므로 속력, 파장, 주기, 진동수 모두 변하지 않는다.

07. 답 3000 m
해설 되돌아오는 데 4 초 걸리면 구조선에서 침몰된 배까지 초음파가 가는 데 걸린 시간은 2 초이다. 초음파의 속력은 물속에서 1500 m/s 이므로 침몰된 배는 수면으로부터 1500 m/s × 2 초 = 3000 m 깊이에 있다.

08. 답 ㄱ, ㄹ
해설 물결파가 유리판이 있는 곳에 도달했으므로 깊은 물에서 얕은 물로 진행했다는 것이다. 따라서 속력이 느려지고 파장이 짧아진다. 주기와 진동수는 변함이 없다. 주기는 진동수는 서로 역수 관계이다.

09. 답 ①
해설 청록빛 : 파랑빛+초록빛, 자홍빛 : 파랑빛+빨간빛,
노랑빛 : 빨간빛+초록빛

11. 답 ④
해설

파면과 수직인 선이 진행 방향(입사파)이다. 그림에서 법선과 입사파가 이루는 각(입사각)은 $60°$이다. 입사각 = 반사각

12. 답 ③
해설 A는 스크린 앞 물체에 의해 파란색 빛이 차단되어 빨간색 빛+ 초록색 빛 = 노란빛. B는 빨간색 빛+파란색 빛 = 자홍빛. C는 초록색 빛+파란색 빛 = 청록색 빛.

13. 답 ⑤
해설 청록색은 초록색과 파란색이 섞인 색이다. 그러므로 초록색 반응 세포와 파란색 반응 세포 2 종류의 세포가 반응한다.

14. 답 ③
해설 깊은 곳(속도가 큰 곳)에서 얕은 곳(속도가 작은 곳)으로 물결파가 진행할 때에는 입사각보다 굴절각이 작으므로 C 방향으로 진행한다.

15. 답 ㄱ, ㄷ
해설 ㄱ,ㄴ 물의 깊이가 얕은 곳에서 물결파의 속력이 느려진다. 이로 인해 경계면에서 굴절이 일어난다.
ㄷ. 물의 깊이가 달라지면 속력이 변하는 등의 파동의 전파에 영향을 미친다

16. 답 ②
해설 노란색은 빨간색과 초록색이 합성된 색이다. 그러므로 노란색 꽃을 확대해 보면 화소에 주로 빨강과 초록 부분이 보인다.

17. 답 ⑤
해설 ㄱ. 같은 밝기의 빨간색과 초록색을 섞으면 노란색이 나온다. 그래서 초록색의 강도를 높이면 노란색이 나오게 된다.
ㄷ. 사람의 눈에는 3 가지 색을 인식하는 세포가 있으며 물체에서 나오는 삼원색 각각의 강도에 따라 이 세포들이 다르게 반응해 여러 가지 색을 인식할 수 있다.

18. 답 ②
해설

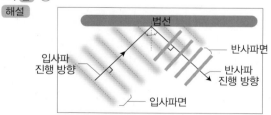

㉠ 입사파면에 수직으로 진행 방향을 화살표로 표시한다.
㉡ 반사판에 수직으로 법선을 그린다.
㉢ 입사각 = 반사각으로 반사파의 진행 방향을 화살표로 표시한다.
㉣ 반사파 진행 방향에 수직으로 반사 파면을 그린다.
입사파가 평면파이고, 반사면도 평면이므로 반사파도 평면파이다.

19. 답 ④
해설 먼 바다에서 수평으로 밀려오던 파도는 육지와 가까운 B 지점에서는 바다의 깊이가 얕아지기 때문에 속력이 느려지고, A

지점에서는 바다의 깊이가 깊어 속력이 상대적으로 빠르다. 이런 이유로 먼 바다에서 밀려오던 파도는 해안에 가까울수록 파면이 해안선과 나란하게 굴절되는 것이다. 파도의 진동수는 일정하므로 속력이 빠른 곳에서의 파장이 길다.

20. 답 ②
해설 AM 파는 FM 파에 비해 회절이 잘 되기 때문에 언덕 너머 마을에서도 AM 방송을 잘 수신할 수 있다. 이것은 FM 파에 비해 AM 파의 파장이 길기 때문이다.

21. 답 ⑤
해설 물의 깊이가 얕은 곳(유리가 깔린 곳)에서 파동의 진행 속도는 느려진다. 렌즈에서 빛의 굴절과 같은 모양으로 굴절하며, 파면과 진행 방향은 수직을 이룬다.

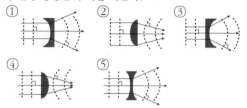

22. 답 ④
해설 렌즈에 빨간색 빛과 초록색 빛이 동시에 들어온다면 두 빛을 통과시키는 필터는 빨간색 필터와 초록색 필터이다. 따라서 두 필터를 통해 나타나는 색은 노란색이다.

23. 답 ④
해설 반사면은 파면과 평행하게 생긴다. 반사된 파면이 원호 모양이므로 A 의 면도 원호 모양이다.

24. 답 ②
해설 ㄱ. 매질 1에서 진동수가 8 Hz 라면 매질 2 에서의 진동수도 8 Hz 이다.
ㄴ. 매질 2 에서의 물결파의 속력은 파장과 주파수의 곱이므로 6 cm × 8 Hz = 48 cm/s 이다.
ㄷ. 매질 $1(n_1)$ 에 대한 매질 $2(n_2)$ 의 굴절률을 n_{12}라고 할 때 $n_{12} = \dfrac{n_2}{n_1} = \dfrac{v_1}{v_2} = \dfrac{\text{매질 1의 파장}}{\text{매질 2의 파장}} = \dfrac{10}{6}$이다.

25. 답 ②
해설 회절이 잘 일어나게 하려면 수면파의 파장을 길게 하거나 장애물의 틈을 좁게 해야 한다.
ㄴ. 물의 깊이를 더 깊게 하면 수면파의 속도가 커지고, 진동수는 일정하므로 파장이 증가하여 회절이 더 잘 일어난다.
ㄷ. 수면파의 속도는 물의 깊이 등에 의해 결정되는 값이므로 일정하다. 이때 진동수를 증가시키면 파장이 짧아져서 회절이 잘 일어나지 않는다.

26. 답 조명의 빛의 색이 달라 옷에서 반사하는 빛의 색이 다르기 때문이다.

27. 답 빛 A 는 백색광이다. 거꾸로 된 프리즘을 통과할 때 첫 번째 프리즘에서 굴절된 방향과 대칭으로 굴절되어 한 점에 다시 모이기 때문이다.

28. 답 (1)

반사파의 파면의 모양과 반사면의 모양은 같게 나타난다. 따라서 반사면의 모양은 볼록한 모양이다.
(2) 볼록거울이다. 볼록거울은 빛을 퍼지게 하기 때문이다.

29. **답** 육지와 가까운 A 점은 퇴적물 등으로 인해 깊이가 얕고, 해안에서 멀어질수록 퇴적물이 적게 쌓이므로 깊이가 깊어져 수면파의 속력이 빨라진다. 아래 그림처럼 속력이 변하는 경계면에서 수면파의 굴절이 일어나고, 진행 방향과 수직으로 파면을 그려보면 파도의 모습이 되는데, 해안선에 점차 평행하게 형성된다.

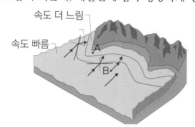

속도 더 느림
속도 빠름

30. **답** (다)−(나)−(가)
해설 틈에서의 파동의 회절 모습은 다음과 같다.

파장이 길 때   파장이 짧을 때   틈 간격이 좁을 때   틈 간격이 넓을 때

회절은 파장이 길수록 틈이 좁을수록 잘 된다. 파장은 (다) = (나) > (가) 순이고 틈이 좁은 순은 (다)>(나)>(가) 이므로 (다)가 회절이 가장 잘 된다.

31. **답** 〈해설 참조〉
해설 빛은 합성할수록 빛의 세기가 세지므로 더 밝아진다. 물감의 색은 물감에서 반사하는 빛의 색으로 보이게 된다. 특정한 색으로 보인다는 것은 그 색의 빛만을 반사시키고 나머지 색의 빛은 흡수하는 것이다. 따라서 물감의 색을 섞을수록 흡수하는 빛은 더 많아지고, 반사하는 빛은 적어지기 때문에 점점 어둡게 보이는 것이다.

32. **답** 〈해설 참조〉
해설 적원뿔세포는 빨간빛에 가장 민감하게 반응하고, 다른 색의 빛에는 약하게 반응한다. 노란색을 본다는 것은 노란색에 해당하는 단색광이 눈에 들어오면 적원뿔세포와 녹원뿔세포가 비슷하게 반응하여 뇌가 노란색으로 인식하는 것이다. 이때 적원뿔세포에 이상이 있는 경우 빨간색을 인식하지 못하므로, 노란색 빛은 초록색에 가까운 색으로 보일 것이다.
빛의 밝기에 반응하는 막대 세포에 이상이 있을 경우 빛의 밝기에 반응이 어렵기 때문에 희미한 불빛이나 밤에 사물이 잘 보이지 않게 될 것이다. 이러한 증상을 야맹증이라고 한다.

33. **답** 〈해설 참조〉
해설 파동은 진행하다가 장애물을 만나면 진행 방향이 바뀌어 되돌아 나온다. 로봇 청소기는 파동의 한 종류인 초음파를 발생시키고, 초음파가 장애물에 반사되어 돌아오면 센서로 감지하여 멀리 있는 장애물과 가까이 있는 장애물을 구별하여 감지할 수 있기 때문에 구석구석 청소를 원활하게 할 수 있는 것이다.

20강. 소리

개념 확인   124~127쪽

1. ㉠ 소리, ㉡ 종파 **2.** (1) X (2) O (3) X
3. (1) 파형 (2) ㉠ 진폭, ㉡ dB (3) ㉠ 진동수, ㉡ Hz
4. 초음파

확인+   124~127쪽

1. (1) A (2) A (3) A (4) B   **2.** ③
3. (1) 동 (2) 폭 (3) 형   **4.** ⑤

1. 답 (1) A (2) A (3) A (4) B
해설 (4) 는 공기의 진동이고 나머지는 물체의 진동으로 인해 소리가 발생한다.

2. 답 ③
해설 ③ 낮과 밤에서의 소리의 굴절을 보면, 온도가 낮은 쪽으로 굴절한다.
④ 밤에는 지표면의 온도가 낮으므로 소리가 지표면 쪽으로 굴절하여 지표면 멀리에서도 들을 수 있다.

4. 답 ⑤
해설 ⑤ 초음파는 사람이 들을 수 없는 소리이다. 따라서 메아리는 소리가 들리기 때문에 초음파의 반사라고 볼 수 없다.

생각해보기   124~127쪽

★ 사람 목에는 성대가 있다. 성대의 진동으로 인해서 소리가 발생한다.

★★ 소리는 온도가 낮은 쪽으로 굴절한다. 낮에는 지표면에서 위로 올라갈수록 온도가 낮아지기 때문에 위쪽까지 소리가 굴절되고 밤에는 지표면으로 내려갈수록 온도가 낮아지기 때문에 아래쪽으로 굴절한다.

★★★ 초음파도 음파이기 때문에 고체, 액체, 기체 중 고체에서 속력이 제일 빠르다.

개념 다지기   128~129쪽

01. ③	02. ④	03. ⑤
04. ②	05. ⑤	06. ③

01. 답 ③
해설 소리는 종파와 같은 탄성파이다. 소리는 온도가 높을수록 속력이 빠르고 고체, 액체, 기체 중에서 고체에서 속력이 가장 빠르다. 진공 중에서는 매질이 없으므로 소리가 전달되지 않는다.

02. 답 ④

해설 소리는 고체에서 속력이 가장 빠르고 그 다음에 액체 기체 순이다. 그리고 기체 내에서도 온도가 높을수록 속력이 빠르다.

03. 답 ⑤

해설 밤에는 지표면의 온도가 상공보다 낮으므로 소리가 상공으로 진행할 때는 속력이 빨라지며, 지표면 쪽으로 굴절한다.

04. 답 ②

해설 (다)가 가장 높은 소리이고, (가)가 가장 큰 소리이다. (가)와 (나)는 주파수가 같으므로 같은 높이의 소리이고, (나)와 (다)는 소리의 세기는 같지만 (다)가 더 높은 소리이다.

05. 답 ⑤

해설 피아노 건반은 오른쪽으로 갈수록 높은 소리이다. 높은 소리일수록 진동수가 크다.

06. 답 ③

해설 가청음은 20 ~ 20,000 Hz 이다. 20 Hz 이하의 소리를 초저주파 음파라 하며 20,000 Hz 이상의 소리를 초음파라고 한다.

유형 익히기 & 하브루타　　130~133쪽

[유형 20-1] ③	**01.** ⑤	**02.** ④
[유형 20-2] ⑤	**03.** ①	**04.** ①
[유형 20-3] ④	**05.** ③	**06.** ①
[유형 20-4] ⑤	**07.** ②	**08.** ④

[유형 20-1] 답 ③

해설 소리굽쇠의 진동으로 인해 주변 공기가 진동한다. 소리굽쇠에서는 소리가 물체의 진동으로 인해 발생한다.

01. 답 ⑤

해설 소리는 파동의 진행 방향과 매질의 진동 방향이 나란한 종파이고 공기가 좌우로 진동함에 따라 전달이 된다.

02. 답 ④

해설 (가)는 유리잔이 진동을 해서 그 진동이 주변 공기를 진동하는 방식이고, (나)는 병 속의 공기가 진동을 해서 소리를 내는 방식이다.

[유형 20-2] 답 ⑤

해설 소리는 공기가 좌우로 진동해서 전달이 된다. 소리의 매질은 공기이고 이것을 확인하는 것은 북소리의 향이 좌우로 진동하는 것으로 알 수 있다.

03. 답 ①

해설 고체에 대고 소리를 들었을 때 들린다는 것은 소리는 기체뿐만 아니라 고체에서도 전달될 수 있다는 의미이다. 이와 같은 원리로 철길에 귀를 대면 기차가 오는 것을 느낄 수 있다.

04. 답 ①

해설 ① 진폭과 소리 속력은 상관이 없다.
② 줄이 팽팽하면 빨리 진동하므로 속력이 빠르다.
③ 소리는 고체에서 가장 빠르다.
④, ⑤ 매질이 공기일 때 온도가 높을수록 빠르고, 공기의 밀도가

높으면 진동이 빨리 전달되므로 소리 전파 속력이 빠르다.

[유형 20-3] 답 ④

해설 진폭이 클수록 큰 소리가 나고, 진동수가 높을수록 높은 소리가 난다.

05. 답 ③

해설 ③, ④, ⑤ 자의 길이가 짧으면 같은 힘을 줘서 퉁기더라도 빨리 진동한다. 그래서 소리의 진동수가 크며 높은 소리가 난다. ①, ② 자를 강하게 퉁기면 진폭이 커져서 큰 소리가 난다.

06. 답 ①

해설 진동수의 높낮이에 따라 소리의 높낮이를 조절할 수 있다. ① 번은 소리의 세기를 조절하는 예이다.

[유형 20-4] 답 ⑤

해설 (가)와 (나)는 초음파의 반사를 이용한 예이다. 해저 지형 탐사 장치도 반사를 이용한다. 초음파는 20,000 Hz 의 음파이기 때문에 사람이 들을 수 없다.

07. 답 ②

해설 진동수가 큰 초음파는 회절이 잘 일어나지 않아 정확한 위치를 감지할 수 있다.

08. 답 ④

해설 초음파를 쏴서 되돌아올 때 걸린 시간이 6 초라면 배에서 해저 바닥까지 초음파가 간 시간은 3 초라는 의미이다. 바닷물 속에서 초음파의 속력이 1500 m/s 이므로 해저의 깊이는 4500 m 이다.

창의력 & 토론마당　　134~137쪽

01 큰 북이다. 큰 북의 소리가 작은 북의 소리보다 파장이 길어 회절이 더 잘 되기 때문이다.

해설 파면과 다음 파면 사이의 거리가 파장이므로, 큰 북 소리의 파장이 작은 북 소리의 파장보다 길다. 파장이 길수록 회절이 잘 일어나서 장애물 가장자리에서 잘 꺾이므로, 큰 북의 소리가 작은 북의 소리보다 회절이 잘 되어 골목 모서리 뒤에 있는 무한이에게 더 잘 전달된다.

02 (1) 창문을 이중창으로 하면 100 배 정도 소음을 줄일 수 있다.
(2) 방음벽을 설치한다. 실내에 방음 커튼을 친다. 등

해설 (1) 이중창은 유리와 유리 사이에 진공으로 둔다. 소리는 매질이 있어야 전달이 되는데 진공으로 되면 소리는 전달이 안 된다. 그래프에서 단일창으로 닫은 상태와 이중창으로 닫은 상태의 소음 차이는 약 20 dB 차이가 나는데, 이것은 소음 정도가 100배 차이나는 것이다.
(2) 방음벽이나 실내에 방음 커튼을 치면 소음을 어느 정도 줄일 수 있다. 그리고 방음 카펫을 설치함으로써 층간 소음도 어느 정도 해소할 수 있다.

03 평소에 듣는 자신의 목소리는 공기를 매질로 하여 전파된 소리와 자신의 성대의 떨림이 몸을 매질로 하여 전파된 소리가 합쳐진 것이고, 녹음된 소리는 공기만 매질로 하여 전파된 소리가 녹음된 것이기 때문에 차이가 있다.

해설 목소리를 낼 때 성대 진동의 또 다른 일부는 귀의 중이와 내이를 거쳐 소리가 고막으로 직접 전달된다. 즉 말하는 사람이 스스로 듣는 목소리는 입 밖 공기를 통해 전달되는 음성과 인체 내부를 통해 전달되는 음성이 혼합된 소리이다. 뇌에는 이 목소리가 익숙하기 때문에 녹음기를 통해 나오는 목소리를 들을 때에는 어색한 느낌을 많이 받는다.

04 실내 체육관에서는 소리를 잘 들을 수 없는 곳이 있다. 비행기에서는 소음 제거용 헤드폰을 착용한다.

해설 음파는 파동이다. 그래서 위상이 반대인 다른 소음을 중첩시키면 소음이 없어진다. 실내 체육관에서 소리를 잘 들을 수 없는 곳은 이와 같은 현상이 발생한 예이다. 비행기 내에서도 소음 제거용 헤드폰을 착용하면 비행기에서 나오는 소음 때문에 고통 받는 일이 없어진다. 공항 주변의 건물에서도 이러한 방법을 이용해 소음을 제거한다.

05 외부 공기보다 무거운 공기나 차가운 공기가 들어 있다.

해설 사람의 입에서 출발한 소리는 구면파 모양으로 퍼지기 때문에 거리의 제곱에 반비례하여 세기가 작아진다. 소리가 잘 들렸다는 것은 풍선이 흩어진 소리를 모아주는 역할을 했다고 볼 수 있다. 따라서 풍선에는 바깥으로 퍼지는 소리를 볼록렌즈처럼 한 곳으로 굴절시킬 수 있는 공기가 들어 있다. 즉, 바깥쪽 공기보다 소리의 전달 속력이 느린 공기가 들어 있다. 예를 들면 이산화 탄소처럼 무겁거나 차가운 공기 등이다.

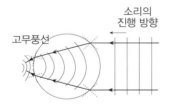

01. 답 ②
해설 바람이 심하게 부는 날 씽씽거리는 것은 공기의 진동에 의한 것이다. ㄱ, ㄹ은 공기의 진동, ㄴ은 줄의 진동, ㄷ은 땅의 진동에 의해 소리가 나는 것이다.

02. 답 ⑤
해설 초음파의 진동수는 20,000Hz 이상의 진동수를 가진 음파이다.

03. 답 ⑤
해설 ⑤ 클라리넷은 관악기로 공기의 진동에 의해서 소리가 나는 악기이다. 나머지는 줄의 진동에 의해서 소리가 난다.

04. 답 ②
해설 물체가 진동하면 공기가 진동한다. 공기의 진동을 고막이 감지하여 전기 신호를 발생시켜 대뇌로 전달한다.

05. 답 ③
해설 소리가 되돌아올 때 걸리는 시간이 10 초이면 소리가 목적지까지 가는데 걸리는 시간은 5 초이다. 공기 중에서 소리의 속력은 340 m/s 이므로 맞은편 산까지의 거리는 1700 m 이다.

06. 답 ④
해설 소리는 공기를 매질로 해서 전파가 된다. 소리는 왼쪽에서 오른쪽으로 진행이 되고 이때 공기는 좌우로 진동한다.

07. 답 ④
해설 진동수가 작은 음은 낮은 음이다. A~E 중 가장 낮은 음은 D 이다.

08. 답 (1) O (2) O (3) X (4) X
해설 (가)와 (나)는 소리의 세기는 서로 같고 진동수는 (나)가 더 크다. 따라서 (가)는 낮은 음, (나)는 높은 음이다.
(2) 파장은 골과 골, 마루와 마루 사이의 길이이므로 (가)가 더 길다.

09. 답 ②
해설 소리의 세기와 높이는 같고 파형이 서로 다른 예이다. 파형이 다르면 목소리로 사람을 구별할 수 있고 피아노 소리와 클라리넷의 소리를 구별할 수 있다.

10. 답 ③
해설 나비는 초당 날개짓 횟수가 적어서 소리의 진동수가 작다. 20 Hz 이하의 음파를 초저주파라고 하는데 이 음파도 사람은 들을 수 없다.

11. 답 ①
해설 ① 소리는 공기를 매질로 한다. 매질이 없는 진공에서는 소리가 전파되지 않는다.

12. 답 ㄱ
해설 (가)와 (나)는 진폭만 다르고 진동수, 파장, 파형은 각각 같다.

13. 답 ①
해설 A는 진동수가 가장 큰 높은 음이고, B는 진폭이 가장 작아서 가장 작게 들리는 음이다.

14. 답 340 m/s
해설 소리의 속력 = 진동수×파장 = 680×0.5 = 340 m/s

15. 답 ③

해설 막대로 유리컵을 두드리면 유리컵이 진동하면서 소리가 난다. 물이 담긴 높이가 낮을수록 유리잔이 더 빨리 진동하므로 높은 소리가 난다.

16. 답 ③
해설 ③ 경계면에 입사한 소리의 일부는 굴절하고, 일부는 반사된다.
①, ⑤ 속력이 빨라지면 파장이 길어지고, 굴절각이 입사각보다 커진다.
② 소리의 높이를 결정하는 진동수는 불변이다.
④ 공기층 2에서 속력이 빨라진 것은 공기의 온도가 높기 때문이다.

17. 답 ④
해설 소리의 속력 = $\dfrac{42}{0.1}$ = 420 m/s = 진동수×파장

∴ 소리의 파장 = $\dfrac{420}{500}$ = 0.84 (m) = 84 cm

18. 답 ③
해설 라디오 볼륨을 줄이면 소리가 작아진다. 이때 진폭은 작아지고, 진동수는 그대로이다.

19. 답 ③
해설 ③ 소리와 같은 파동은 에너지의 전달 과정이다. 큰 에너지를 가진 소리가 유리창을 깨뜨린 것이다.

20. 답 ④
해설 소리가 굴절되는 모습을 나타낸 것이다. 낮에는 지표면의 온도가 상공보다 높으므로 소리는 상공으로 굴절되고 밤에는 지표면의 온도가 상공보다 낮으므로 지표면쪽으로 굴절한다.
④ 음파가 장애물 뒤쪽까지 전달되는 것은 회절현상이다.

21. 답 ⑤
해설 소리가 장애물 끝을 지날 때 단순히 직진만 한다면 방음벽 높이는 B 로 충분하다. 그러나 소리는 장애물의 경계면에서 회절 현상을 일으켜 뒤쪽 아래까지 퍼져 나가므로 회절 현상을 고려하면 높이 B 보다 더 높은 방음벽이 필요하다.

22. 답 ①
해설 소리의 세기인 데시벨 (dB)이 10dB 커질 때마다 세기가 10배씩 증가한다. 20dB 커지면 세기는 100배, 30dB 커지면 세기는 1000배인 것이다.
소리와 같이 구면파 형태로 퍼지는 파동의 세기는 거리의 제곱에 반비례한다. 따라서 거리가 10 배 멀어지면 소리의 세기는 $\dfrac{1}{100}$ 배가 되는데, 이것은 20 dB 이 줄어드는 경우이다.

23. 답 ③
해설 초음파의 속력은 파장과 진동수의 곱으로 나타낼 수 있다. 그래서 0.03 × 50,000 = 1500 m/s이다. 1 차 반사파의 도착 시간이 0.4 초였다면 초음파가 물고기 떼에 도착할 때까지 걸리는 시간은 0.2 초이다. 따라서 물고기 떼는 수심 300 m 에 있는 것이다.

24. 답 그림 1 : D, 그림 2 : A
해설 입으로 불 때는 눈금실린더 내부의 공기의 진동으로 인해 소리가 발생한다. 이때 물의 높이가 높을수록 공기가 더 많이 진동하게 되어서 높은 소리가 난다. 막대로 눈금실린더를 칠 때는 눈금실린더 유리의 진동으로 인해 소리가 난다. 이때 물의 높이가 낮을수록 눈금실린더가 더 많이 진동하므로 더 높은 소리가 난다.

25. 답 ②, ④, ⑤

해설 오실로스코프는 소리와 같은 종파를 횡파의 형태로 화면에 보여주는 기기이다. 실제 소리의 A가 파장이고, 오실로스코프의 B는 최고 전압이 되는 시간 간격이므로 주기에 해당한다.
① 종파의 경우 매질에 밀한 곳과 소한 곳이 나타나는데 밀~밀, 소~소 사이의 거리가 파장에 해당한다. A 는 음파의 파장이다.
②,③ 음파의 속도 = 파장 × 진동수 = $\dfrac{파장(A)}{주기(B)}$ 인데, 현재 음파의 속도가 일정하므로 A(파장)이 짧을수록 B(주기) 가 작아진다.
④ 1mV는 오실로스코프에 나타나는 음파의 진폭에 해당한다.
⑤ 소리는 매질의 진동 방향과 파동의 진행 방향이 나란한 종파이다.

26. 답 진동하는 물체의 진동수가 커질수록 발생하는 소리가 높아진다. 유리컵의 물이 많을수록 물이 진동을 방해하므로 유리잔이 진동하는 횟수가 작아진다. 따라서 유리컵에 물을 채울수록 발생하는 소리의 높이가 점점 낮아진다.

27. 답 이동 거리 = 속력 × 시간 이므로
(가) 소리가 관찰자에게 도달하는 시간은 1초이다.
(나) 소리가 전파의 형태로 위성 방송 청취자에게 도달하는 시간은
$\dfrac{30,000\ km}{300,000\ km/s}$ = 0.1 초이다.

28. 답 여자는 남자보다 성대의 길이가 짧기 때문에 같은 시간 동안 더 빨리 진동할 수 있다. 진동수가 크면 높은 소리이므로 여자의 목소리가 남자의 목소리보다 고음인 것이다.

29. 답 헬멧을 맞대면 의사소통을 할 수 있다. 소리는 매질(공기) 없이 전달될 수가 없지만 헬멧을 맞대면 소리는 고체의 진동을 통해서 전달될 수 있다.

30. 답 (1) 소리의 크기가 같은 파동은 A 와 B, C 와 D 이다. 파동의 진폭이 같기 때문이다. 소리의 높이가 같은 파동은 A 와 C, B 와 D 이다. 파동의 진동수가 같기 때문이다.
(2) (나)의 두 소리는 파형과 진동수가 같지만 진폭이 서로 다르다. 따라서 공통점은 소리의 높이와 맵시이고 차이점은 소리의 크기이다.

31. 답 〈해설 참조〉
해설 고막은 손상되었지만 청신경이 정상인 사람의 경우 공기의 진동을 귀 근처의 두개골에 직접 전달하면 두개골의 진동이 두개골과 연결된 달팽이관을 진동시키고, 이 진동이 대뇌로 전달되어 소리를 들을 수 있다.
위와 같은 원리를 이용한 것이 골전도 이어폰이다. 골전도 이어폰에 의해 소리의 진동이 외부의 뼈에 전달되면, 진동이 고막과 청소골을 거치지 않고 바로 달팽이관에 전달되어 소리를 들을 수 있다.

32. 답 〈해설 참조〉
해설 공기가 허파에서 밀어 올려지면, 후두의 성대가 진동을 하게 되고, 그 진동으로 소리가 발생하는 것이다. 목소리가 사람마다 다른 이유는 목소리를 만들어 내는 목의 굵기, 길이와 형태 그리고 성대의 구조, 입의 모양이 모두 사람마다 제각기 다르기 때문이다. 성문 분석을 하면 나이, 성별 등을 쉽게 파악할 수 있고, 얼굴의 모양까지 유추할 수 있다고 한다.

21강. Project 5

논/구술   144~145쪽

Q1

사람들이 태보춤을 위아래로 추면서 생긴 진동이 대형 건물의 상하로 움직이는 고유진동수와 같아져 진동의 진폭이 커졌기 때문이다.

Q2

사람이 걸어가면서 생기는 진동이 컵의 고유진동수와 같아져 진동이 커지면서 컵 속의 물이 밖으로 흘러내린다.

탐구 1. 빛의 반사와 굴절   146~147쪽

〈탐구 문제〉

1. 연기 입자에 의한 빛의 산란 현상으로 레이저 빛의 진행 경로가 더 잘 보이게 하기 위해서이다.

2. 빛 줄기가 퍼지지 않고 곧게 진행하기 때문에 반사와 굴절 현상을 잘 관찰할 수 있기 때문이다.

3. 빛은 굴절률이 작은 물질에서 굴절률이 큰 물질로 진행할 때 굴절각이 입사각보다 작아지게 된다. 이때 굴절률이 작을수록 빛의 속력이 더 빠르다. 실험을 통해 공기에서 물속으로 들어갈 때 굴절각이 작아지는 것으로 보아 공기에서 빛의 속도가 빠른 것을 알 수 있다.

4. 반사할 때 반사각과 입사각은 항상 같다.

5. (임계각) 물속에서 공기 쪽으로 빛을 입사시킬 때 입사각을 점차 증가시키면 공기 쪽으로 굴절되는 빛을 관찰할 수 없을 때가 생긴다. 이 때의 물속에서의 입사각을 임계각이라고 하며, 임계각보다 더 큰 각으로 입사시키면 경계에서 빛이 모두 반사되는 전반사 현상을 관찰할 수 있다.

탐구 2. 거울과 렌즈에 비치는 상의 모습

148~149쪽

〈탐구 결과〉

1. 거울에 비친 상의 모습

	평면거울	볼록거울	오목거울
물체와 거울이 가까이 있을 때	좌우 바뀐다. 크기는 같다.	작게 보인다. 바로 보인다.	크게 보인다. 바로(허상)/거꾸로(실상) 보인다.
물체와 거울이 멀리 있을 때	좌우 바뀐다. 크기는 같다.	작게 보인다. 바로 보인다.	작게 보인다. 거꾸로 보인다.

2. 렌즈를 이용하여 관찰한 상의 모습

	볼록렌즈	오목렌즈
물체와 렌즈가 가까이 있을 때	크게 보인다. 바로(허상)/거꾸로 (실상) 보인다.	작게 보인다. 바로 보인다.
물체와 렌즈가 멀리 있을 때	작게 보인다. 거꾸로 보인다.	작게 보인다. 바로 보인다.

〈탐구 문제〉

(1) 거울 뒤 확대된 정립 허상 (2) 거울 앞 확대된 도립 실상 (3) 상이 생기지 않음

(1) 물체가 초점 안에 있을 때 : 확대된 정립 허상

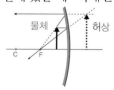

(2) 초점과 구의 중심 사이에 있을 때 : 확대된 도립 실상

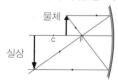

(3) 초점에 있을 때 : 상이 만들어지지 않는다. 물체의 한점에서 나온 빛이 모이지 않는다.

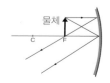

22강. 열과 비열

개념 확인
152~155쪽

1. (1) ○ (2) X (3) ○
2. (1) ○ (2) X (3) ○ (4) X
3. ③
4. (1) ○ (2) X (3) ○

1. **답** (1) ○ (2) X (3) ○
해설 (2) 절대 온도 = 섭씨 온도 + 273 이다. 따라서 섭씨 온도 0℃는 절대 온도 273K이다.

2. **답** (1) ○ (2) X (3) ○ (4) X
해설 (1), (4) 비열은 물질의 종류에 따라 고유한 값을 갖고, 물질의 종류에 따라 다르다. (2) 같은 열량을 가할 때 비열이 작은 물질일수록 온도 변화가 크다.

3. **답** ③
해설 ③ 열은 온도가 높은 물체에서 낮은 물체로 이동한다.

4. **답** (1) ○ (2) X (3) ○
해설 (2) 계란을 오래 끓여도 계란과 물의 온도가 같아지지 않는다.

확인+
152~155쪽

1. ③ **2.** 0.3 **3.** (1) A에서 B (2) ㉠ 낮아 ㉡ 높아 (3) ㉠ 둔해 ㉡ 활발해 (4) B가 얻은 열의 양
4. 2 : 1

1. **답** ③
해설 절대 온도 0 K 에서는 분자 운동이 멈춘다.

2. **답** 0.3 kcal/(kg · ℃)
해설 $18\,\text{kcal} = c \times 2\text{kg} \times$ 온도 변화량$(30\,℃)$ $\therefore c = 0.3\,\text{kcal/kg·℃}$

4. **답** 2 : 1
해설 $Q = cm\Delta t$ 이고, Q가 같으므로, $c_1 : c_1 = \dfrac{Q}{m_1 \Delta t} : \dfrac{Q}{m_2 \Delta t}$
$= \dfrac{1}{m_1} : \dfrac{1}{m_2} = m_2 : m_1 = 2 : 1$

생각해보기
152~155쪽

★ 용광로에서는 비접촉식 온도계를 쓴다. 용광로는 너무 뜨겁기 때문에 가까이 갈 수도 없을 뿐더러 접촉식 온도계를 쓴다 할지라도 바로 온도계가 녹기 때문이다.

★★ 수증기는 수증기가 제거된 공기에 비해 열용량이 크다. 따라서 습식 사우나에서는 온도가 높을 경우 사람이 들어가면 화상을 입는다. 하지만 건식 사우나는 열용량이 작으므로 공기의 온도가 높아도 사람의 피부로 느끼는 온도는 그다지 높지 않다.

★★★ 컵을 통해 물의 열이 빠져 나가므로 얼음이 얻은 열량은 물이 잃은 열량과 같지 않다.

★★★★ 은수저의 비열이 금수저의 비열보다 높기 때문에 온도 변화가 잘 일어나지 않는다. 따라서 뜨거운 국 속에서 금수저보다 은수저가 덜 뜨거워지므로 은수저를 사용하는 것이 더 좋다.

개념 다지기
156~157쪽

01. ③ **02.** ② **03.** ② **04.** ③ **05.** ⑤ **06.** ③

01. **답** ③
해설 ③, ⑤ 0K가 아니라면 뜨거운 물체나 차가운 물체의 입자들은 모두 분자 운동을 한다. 뜨거운 물체는 차가운 물체보다 분자 운동이 더 활발하다.
④ 물체의 내부 에너지는 물체를 구성하는 입자의 분자 운동과 입자끼리 서로 잡아당기는 인력때문에 나타나므로 내부 에너지가 0이면 분자 운동이 일어나지 않는다. 따라서 내부 에너지가 0이 아니면 분자 운동을 하므로 열을 가지고 있는 것이다.

02. **답** ②
해설 ② 따뜻한 물에서 잉크가 더 많이 퍼졌으므로 분자들이 더 빠르게 운동하는 것을 알 수 있다.
① 찬물에서도 잉크가 퍼졌기 때문에 분자 운동을 한다.
③,⑤ 같은 종류의 액체라도 잉크가 퍼지는 속도는 온도가 높을수록 빠르다.

03. **답** ②
해설 ㄴ, ㄷ. 육지는 바다보다 열용량이 작으므로 쉽게 가열되고 쉽게 식는다. 쉽게 가열되는 경우 육지 위의 공기가 팽창하여 상승하고, 바다로부터 육지쪽으로 공기가 이동한다.
ㄱ. 물은 얼음이 될 때 부피가 팽창하고 단위 부피당 질량이 감소하여 물위에 뜨는 것이다.
ㄹ. 대륙이 바다보다 열용량이 작으므로 대륙 지방이 해안 지방보다 온도 변화가 크다.

04. **답** ③
해설 ③ 4분일 때 A와 B는 온도가 같으므로 열평형 상태에 도달했다.
① 열은 A 에서 B 로 이동한다.
② A는 열을 잃으므로 분자 운동은 점점 둔해진다.
④ 시간이 지날수록 온도 차가 작아지므로 이동하는 열의 양은 점점 작아진다.
⑤ 외부와의 열출입이 없으므로 A가 잃은 열의 양은 B가 얻은 열의 양과 같다.

05. **답** ⑤
해설 물체 A 는 저온의 고체 물체 B 는 고온의 고체이다.
⑤ 두 물체를 접촉시키면 질량에 관계없이 같은 시간에 열평형 상태에 도달한다.

06. **답** ③
해설 $Q = cm\Delta t = 0.4\,\text{kcal/kg·℃} \times 0.5\,\text{kg} \times 75\,℃ = 15\,\text{kcal}$

[유형 22-1] ②	01. ③	02. ①
[유형 22-2] ⑤	03. ⑤	04. ⑤
[유형 22-3] ②	05. ①	06. ①
[유형 22-4] ②	07. ⑤	08. ③

[유형 22-1] 답 ②

해설 (다)가 분자 운동이 가장 활발하여 온도가 가장 높고 (가)가 분자 운동이 가장 둔하므로 온도가 가장 낮다.

01. 답 ③

해설 한국은 섭씨 온도를, 미국은 화씨 온도를 쓴다.
$C = \dfrac{5}{9}$ (F - 32) 이므로 35 °F ≒ 1.7 ℃ 이다.

02. 답 ①

해설 절대 온도 = 섭씨온도 + 273 이므로 ㄱ, ㄴ 은 같은 온도이다.

[유형 22-2] 답 ⑤

해설 0~6분 동안 질량이 같은 액체 A와 B에 가한 열량은 서로 같다. 그러나 그 동안 온도 변화(Δt)가 A는 20℃, B는 40℃이므로 액체 A의 비열은 액체 B 비열의 2배이다.

03. 답 ⑤

해설 같은 세기의 열을 가할 때 온도 변화가 큰 물질이 비열이 가장 작다. 온도 변화가 가장 작고 비열이 가장 큰 물질 C가 1 ℃ 올리는 데 가장 많은 열이 필요하다.

04. 답 ⑤

해설 땅의 비열은 작지만 땅의 질량이 크기 때문에 열용량(질량 × 비열)이 커서 온도 변화가 작다.

[유형 22-3] 답 ②

해설 ㄱ. 액체 B 의 비열을 c, 고체 A 의 비열을 $3c$ 라고 하면, 고체 $Q = cm\Delta t$ 이고, 시간 t 동안 A가 잃은 열량 = 액체 B 가 얻은 열량 $3c \times 1 \times (90 - T) = c \times 2 \times (T - 20)$, $T = 62$ ℃

ㄴ. 열용량 C = 질량 ×비열 이므로 A의 열용량 = $3c$, B의 열용량 = $2c$ 이다.

ㄷ. 열은 A와 B 사이에서만 이동하므로, 서로 잃고 얻은 열량은 같다.

05. 답 ①

해설 열평형이 일어나는 동안 A가 잃은 열량 = B가 얻은 열량이다. 열평형이 일어나는 동안 열은 A 에서 B 로 이동하고 온도 변화는 A 가 B 보다 크다. 온도 변화가 클수록 비열은 작으므로 A 의 비열이 B 보다 작다.

06. 답 ①

해설 각 물체의 온도를 부등호로 나타내면 B>E, D>E, C>B, E>A, C>D, D>B 이다. 이것을 온도가 높은 물체로부터 가장 낮은 물체로 나열하면 C D B E A 이다.

[유형 22-4] 답 ②

해설 식용유와 물의 질량은 같으므로 비열이 작은 식용유의 온도 변화가 크다.
④는 식용유의 온도 변화가 너무 과도하다.
⑤ 는 온도 차가 클 때 온도 변화가 천천히 일어나고 있으므로 정답이 아니다.

07. 답 ⑤

해설 열용량(= 질량×비열)이 클수록 온도 변화량이 작다. 각각의 열용량은 철 : 0.11×50 = 5.5cal/℃, 납 : 0.03×100 = 3cal/℃, 구리 : 0.09×200 = 18cal/℃이므로 같은 열량을 가했을 때 가장 온도 변화가 큰 순서대로 적으면 납-철-구리 이다.

08. 답 ③

해설 금속의 비열을 측정할 때 금속 도막은 당연히 필요하다. 그리고 열량은 질량 × 비열 × 온도 변화량이므로 저울과 온도계 그리고 열량계는 필요하다. 온도가 변화하지 않을 때가 열평형이 일어난 것이고, 그때까지의 시간을 잴 필요는 없다.

01 캔커피에 있는 열은 바깥 공기와 피부로 이동한다. 따라서 캔커피의 온도가 낮아지고 분자 운동은 둔해진다. 피부는 열을 얻으므로 온도가 높아지고, 피부의 분자 운동은 활발해진다.

02 (1) 16000 cal　(2) 0 ℃

해설 (1) 1 g 당 80 cal 의 융해열이 필요하고, 200 g이므로 200 × 80 = 16000 cal 가 필요하다.
(2) 물 600g은 15 ℃ 에서 0 ℃ 까지 내려간다. 이때 물이 잃어 방출한 열량은 1 × 600 × 15 = 9000 cal 이다.
-10℃의 얼음 200g 이 0℃의 얼음이 될 때 얻어야 될 열량은 0.5 × 200 × 10 = 1000cal이고 0℃의 얼음 200 g 이 0℃의 물로 될 때 필요한 융해열은 16000 cal이다.
따라서 15℃의 물 600 g 이 0℃의 물로 될 때 방출한 9000 cal 의 열량을 얼음이 얻어 이 중 1000cal 로 -10℃→0℃ (얼음)로 되고, 나머지 8000 cal의 열량으로 100g의 얼음을 녹인다. 그러나 나머지 얼음 100g은 녹지 않은 상태로 남는다.
최종적으로 0℃ 얼음 100g이 0℃의 물 700g에 떠 있는 상태가 되고, 열평형 온도는 0℃ 이다.

03 (1) ③　(2) 해설참고

해설 (1) 쇠고기의 양이 많으면 열용량이 커지므로 천천히 가열된다. 또 높은 온도에 두면 열이 고깃속까지 전달되기 전에 고기 표면이 타버릴 수 있기 때문에 저온에서 오랫동안 익히는 것이 좋다.
① 고기의 양이 많을수록 표면적이 커지므로 열흡수량은 많아지지만 고깃속까지 열전달이 되려면 시간이 필요하다.
② 양이 많으면 열용량이 커지긴 하나 열용량이 큰 이유로 낮은 온도에서 긴 시간 가열하지는 않는다.
④ 같은 쇠고기이므로 열전도율은 변하지 않는다.
⑤ 열전달이 전도, 대류, 복사의 세가지 형태로 나타나므로 내부의 공기의 대류는 고기가 익는데 큰 영향을 미치지 않는다.
(2) 고기량이 많으면 겉부분과 속부분이 서로 다르게 익을 수 있다. 이것을 방지하기 위해 시간을 길게 두어 속까지 열이 전도되게 하여 골고루 익히기 위함이다.

(1) 납 A : 2000 J, 납 B : 1000 J   (2) 3000 J
(3) 79.4 ℃

해설 (1) A의 운동 에너지 : $\frac{1}{2} \times 0.1 \times (200)^2 = 2000$ J

B의 운동 에너지 : $\frac{1}{2} \times 0.2 \times (100)^2 = 1000$ J
(2) 처음 운동 에너지는 모두 3000 J 인데 충돌 후 멈췄기 때문에 나중 운동 에너지는 0 J 이다. 그러므로 3000 J 의 에너지가 손실되어 발생한다.
(3) 3000 J = 714.3 cal 이고, 납의 질량은 300 g 이므로
$Q = cm\Delta t$ 에서 $714.3 = 0.03 \times 300 \times \Delta t = 9\Delta t$
∴ $\Delta t = 79.4$ ℃

스스로 실력 높이기   166~173쪽

01. ③   **02.** ⑤   **03.** C, B, A   **04.** ②
05. ③, ④   **06.** ⑤   **07.** 255   **08.** ⑤
09. ⑤   **10.** ④   **11.** ②   **12.** ③
13. ①   **14.** ③   **15.** ①   **16.** ②
17. ⑤   **18.** ④   **19.** ②   **20.** ⑤
21. ②   **22.** ③   **23.** ③
24. ①, ③, ④   **25.** ③
26. (1) 2.5 kcal (2) 0.05 kcal/℃
27.~ 33. ⟨해설 참조⟩

01. 답 ③
해설 물체의 온도를 부등호로 표시하면 D>A, D>C, C>A, C>B, B>A 이다. 열이 가장 많이 이동하는 경우는 두 물체의 온도차가 가장 클 때이다. 온도는 D>C>B>A 이므로 A 와 D 를 접촉할 때 열이 가장 많이 이동한다.

02. 답 ⑤
해설 뜨거운 물체와 차가운 물체를 접촉시키면 뜨거운 물체에서 차가운 물체로 열이 이동하여 뜨거운 물체의 온도는 점차 내려가고, 차가운 물체의 온도는 점차 올라가게 된다. 두 물체의 온도가 같아지면 열이 이동하지 않는다.

03. 답 C, B, A
해설 질량이 같은 물질 A, B, C 를 같은 세기의 불꽃으로 가열했을 때 동일한 시간동안 온도 변화량이 큰 물체일수록 비열이 작다. C 가 비열이 가장 크고 A 가 가장 작다.

04. 답 ②
해설 A 는 고온의 물체이고, B는 저온의 물체이다. 열평형 그래프에서 4 분일 때부터 두 물체의 온도가 같아지는데 이때부터 열평형이 된 것이다. 0 ~ 4 분 동안 온도차가 점점 작아지는데, 이동하는 열의 양이 점점 작아지는 것이다. 외부와의 열출입이 없기 때문에 A 가 잃은 열의 양과 B 가 얻은 열의 양은 같다. 열은 A 에서 B 로 이동하며 A 의 분자 운동은 점점 둔해진다.

05. 답 ③, ④
해설 열평형의 예는 ③, ④이다. ①은 전도, ②은 복사, ⑤은 고체의 열팽창의 예이다.

06. 답 ⑤
해설 ⑤ 사우나실 내의 건조 공기의 열용량이 작아서 사람 피부에 큰 열을 전달하지 않고, 데지 않는다. 물질 간 비열 차에 의한 예라고 하기 어렵다.

07. 답 255 kcal
해설 $Q = cm\Delta t$ 에서 $Q = 0.03$ kcal/kg·℃ $\times 100$ kg $\times (100\text{-}15)$ ℃ = 255 kcal 이다.

08. 답 ⑤
해설 왼손의 온도는 낮고 오른손의 온도는 높다. ①, ④ 두 손을 모두 미지근한 물로 옮겼을 때 오른손에서 물로 열이 이동하여 오른손은 차갑게 느껴진다.
②, ③ 왼손은 물에서 왼손으로 열이 이동하므로 왼손은 따뜻하게 느껴진다.
⑤ 사람의 감각으로는 온도를 측정하는 것이 정확하지 않은 예이다.

09. 답 ⑤
해설 열평형이 일어나는 과정이다. 시간이 지날수록 물에 있는 열이 구리로 이동하기 때문에 물의 분자 운동은 둔해지고 구리의 분자 운동은 빨라진다. ⑤ 시간이 많이 지나면 열평형이 일어나서 물과 구리의 온도는 같아진다.

10. 답 ④
해설 온도가 높은 물질에서 낮은 물질로 열이 이동한다. 온도는 손난로가 높고, 손, 얼음 순이다. (가)에서는 손난로에서 손으로 열이 이동하고 (나)에서는 손에서 얼음으로 열이 이동한다.

11. 답 ②
해설 A, B, C를 같은 열원으로 가열하였으므로 시간이 같으면 A, B, C에 공급된 열량도 같다. $Q = cm\Delta t = C\Delta t$ (C : 열용량)이므로
$C = \frac{Q}{\Delta t}$ 이다. 같은 시간을 기준으로
A의 온도 변화량(Δt)은 30 ℃, B 는 20 ℃, C 는 10 ℃ 이다.
∴ $C_A : C_B : C_C = \frac{Q}{30} : \frac{Q}{20} : \frac{Q}{10} = 2 : 3 : 6$

12. 답 ③
해설 열평형온도는 30℃. 금속이 잃은 열 = 물이 얻은 열
∴ 금속의 비열 $\times 100 \times 50 = 1 \times 200 \times 10$,
금속의 비열 = 0.4, 열용량(질량×비열) = 40cal/℃ = 0.04kcal/℃

13. 답 ①
해설 열평형 온도는 40 ℃. 금속이 잃은 열 = 물이 얻은 열이므로, 금속의 비열 $\times 0.1 \times 60 = 1 \times 0.12 \times 20$ 이다.
∴ 금속의 비열 = 0.4 kcal/kg·℃

14. 답 ③
해설 금속의 비열 = 0.4 kcal/kg·℃. 열평형 온도를 라고 하고, 금속 도막 1개의 온도는 100℃, 다른 1개의 온도와 물의 온도는 열평형 온도인 40℃이다. 새로운 열평형 온도를 T라고 하면
∴ 추가한 금속 도막이 잃은 열량 = (있던 금속 도막 + 물)이 얻은 열량
$0.4 \times 0.1 \times (100 - T) = 0.4 \times 0.1 \times (T - 40) + 1 \times 0.12 \times (T - 40)$
$(100 - T) = 4(T - 40), T = 52$ ℃

15. 답 ①
해설 온도가 낮은 액체 B에 온도가 높은 고체 A를 넣으면 시간이 지난 후 열평형 상태가 된다. A가 잃은 열량과 B가 얻은 열량은 같다. 이때 열평형 온도를 T_1 이라 하면,
$3c \times m \times (80 - T_1) = 4c \times 3m \times (T_1 - 20), T_1 = 32$ ℃
A 가 들어 있는 B 에 온도가 높은 C 를 넣으면, 시간이 지난 후 다시 열평형 상태가 된다. 이때 (A, B)가 얻은 열량과 C 가 잃은 열량은 서로 같다. 최종 열평형 온도를 T_2 라고 하면

A 가 얻은 열량 : $Q_A = 3c \times m \times (T_2 - 32)$
B 가 얻은 열량 : $Q_B = 4c \times 3m \times (T_2 - 32)$
C 가 잃은 열량 : $Q_C = 5c \times m \times (60 - T_2)$
$Q_A + Q_B = Q_C$ 이므로, $15(T_2 - 32) = 5(60 - T_2)$, $T_2 = 39$ ℃

16. 답 ②
해설 $Q = cm\Delta t$ 이다. 10 분 동안 온도 변화량은 10 ℃ 이므로
$Q = 1\ \text{kcal/kg·℃} \times 0.5\ \text{kg} \times 10 = 5\ \text{kcal}$

17. 답 ③
해설 이동한 열량 = 뜨거운 물이 잃은 열량 = 찬물이 얻은 열량
찬물의 온도 변화량은 20 ℃ 이다.
찬물이 얻은 열량 = $1\ \text{kcal/kg·℃} \times 0.6\ \text{kg} \times 20 = 12\ \text{kcal}$

18. 답 ④
해설 ④ 물체의 질량과 분자 운동의 운동 속력은 상관없다.
①, ② 온도가 높을수록 분자 운동은 활발하다.
⑤ 온도는 물체의 분자 운동의 정도를 수치로 나타낸 값이다.

19. 답 ②
해설 온도가 같으면 열평형이 일어나 열이 이동하지 않는다.

20. 답 ⑤
해설 두 액체에 같은 열을 가해서 가열했을 때 온도가 높은 액체는 식용유이므로 식용유의 열용량(질량×비열)이 물보다 작다. 질량이 서로 같으므로 식용유의 비열이 물보다 더 작다. 식을 때도 열용량이 작은 작은 식용유가 더 빨리 식는다.

21. 답 ②
해설 자동차의 운동 에너지 $\frac{1}{2}mv^2 = 420 \times 100 = 42000\ \text{J}$
$= 10\ \text{kcal}$. 이것이 모두 열로 전환된다.

22. 답 ③
해설 얼음에 가한 열량과 물에 가한 열량은 서로 같다.
∴얼음의 비열 $\times 10\ \text{kg} \times 10$ ℃ $= 1\ \text{kcal/kg·℃} \times 10\text{kg} \times 5$ ℃
∴얼음의 비열 $= 0.5\ \text{kcal/kg·℃}$, 얼음의 질량이 10 kg 이므로
얼음의 열용량(얼음의 질량 ×비열)= 5kcal/℃

23. 답 ③
해설 하루에 4000 kcal 를 소모하는 것은 1 초에 $\dfrac{4000 \times 1000}{24 \times 60 \times 60}$
$= 46.3\ \text{cal}$ ≒ 194 J 를 소모하는 것과 같다. 따라서 이 씨름 선수의 일률은 194 W 이다. 그러므로 60 W 전구 3개를 켤 수 있다.

24. 답 ①, ③, ④
해설 세 물체의 질량은 $m, 2m, m$ 이고, 열평형 온도는 20 ℃ 이다.
물체 A, B 가 잃은 열의 합 = 물체 C 가 얻은 열이다. A, B, C 의 비열을 각각 c_A, c_B, c_C라 할 때
①, ② 물체 A 가 잃은 열량 $Q_A = c_A \times m \times (40\text{-}20) = 20mc_A$
물체 B 가 잃은 열량 $Q_B = c_B \times 2m \times (30\text{-}20) = 20mc_B$
물체 C 가 얻은 열량 $Q_C = c_C \times m \times (20\text{-}10) = 10mc_C$
$Q_A = Q_B$ 라고 했으므로 $c_A = c_B$
③, ④, ⑤ $Q_A + Q_B = Q_C$ 이고, $Q_A = Q_B$ 이므로, $2Q_B = Q_C$
∴ $4mc_B = mc_C$
→ $2mc_B$(B의 열용량)×2 $= mc_C$ (C의 열용량)
→ $4c_B = c_C$ ∴ $c_A = c_B = \dfrac{1}{4}c_C$

25. 답 ③
해설 A, B의 질량을 각각 $2m, m$ 이라고 할 때, 같은 열(60kcal)을 가했을 때 A, B의 온도 변화량은 각각 30 ℃, 10 ℃ 이다.
이때 A, B가 받은 열량은 서로 같으므로($Q = cm\Delta t$)
$0.2\ \text{kcal/kg·℃} \times 2m \times 30 =$ B 의 비열 $\times m \times 10$

∴ B의 비열 $= 1.2\ \text{kcal/kg·℃}$
ㄱ. 60 kcal(B가 받은열량) $= 1.2 \times m \times 10$ → $m = 5\text{kg}$
ㄴ. 열용량은 질량×비열이다. A의 열용량 $= 0.2 \times 2m = 0.4m$
B의 열용량 $= 1.2m$ (= A의 열용량 × 3)
ㄷ. A 의 온도가 10 ℃ 떨어지는 경우이고, A의 질량은 10kg이다.
방출 열량 $Q = 0.2 \times 10 \times 10 = 20\ \text{kcal}$

26. 답 (1) 2.5 kcal (2) 0.05 kcal/℃
해설 (1) 4분 동안 물과 콩기름에 같은 열량을 가했다. 이때 질량은 같으나 콩기름의 온도 변화량이 물의 2배이므로 비열은 물이 콩기름보다 2배 크다. 따라서 콩기름의 비열은 0.5 kcal/kg·℃ 이다.
(1) 콩기름 500 g 을 10 ℃ 높이는 데 필요한 열량 :
$Q = 0.5\ \text{kcal/kg·℃} \times 0.5\ \text{kg} \times 10$ ℃ $= 2.5\ \text{kcal}$
(2) 콩기름 100 g 의 열용량(질량 × 비열) : 0.5 kcal/kg·℃ $\times 0.1$ kg $= 0.05\ \text{kcal/℃}$

27. 답 건식 사우나탕은 공기 중 수증기가 거의 없기 때문에 열용량이 매우 작다. 따라서 피부에 전달되는 열이 매우 작으므로 100 ℃ 가 넘어도 화상을 입지 않는다.

28. 답 물, 온찜질이나 냉찜질의 경우 온도 변화가 작아서 오랫동안 온도를 유지해야 하므로 찜질팩에 들어가는 물질로는 열용량이 큰 물이 좋다.

29. 답 섭씨온도는 물의 어는점(0 ℃)과 끓는점(100 ℃)을 기준으로 그 사이를 100 등분하여 수치로 나타내는 것이다.
절대 온도(K) = 섭씨온도(℃) + 273 이며, 절대 온도 0K는 분자 운동이 멈추는 온도로 -273℃ 에 해당한다.

30. 답 (1) A 이유 : 해설 참조 (2) 해설 참조
해설 (1) 열평형그래프에서 외부와의 열출입이 없으므로 A 가 잃은 열은 B 가 얻은 열이다. $Q = cm\Delta t$ 에서 질량(m)은 A 와 B 서로 같지만, A가 B 보다 온도 변화량(Δt)이 크므로 비열이 더 작다.
(2) 열평형이 진행될수록 A 와 B 의 온도 차가 줄어들기 때문에 A 에서 B 로 이동하는 열이 줄어 들기 때문이다.

31. 답 〈해설 참조〉
해설 체온계는 체온을 측정하기 전에는 실내 온도와 열평형 상태이다. 이때 체온을 측정하기 위해서는 체온계와 몸이 열평형을 이루어야 한다. 따라서 열평형이 될 때까지 기다려야 정확한 체온을 측정할 수 있다.

32. 답 〈해설 참조〉
해설 '물체'는 일반적으로 고체이다. 고체의 온도를 높이는 경우를 찾아본다.
① 실내 온도보다 높은 온도를 가진 물체와 접촉시켜 준다.
② 뜨거운 물속에 넣는다.
③ 물체를 마찰시켜서 온도를 높인다.(물체에 일을 하여 온도를 높이는 방법이다. 일반적으로 물체를 마찰시키는 일을 하면 물체의 온도가 높아진다.)
④ 실내 온도를 높인다. ⑤ 적외선 광선을 물체에 쪼인다 등

33. 답 〈해설 참조〉
해설 냉장고에 뜨거운 음식물을 넣을 경우 일시적으로 냉장고 내부의 온도는 음식물로 부터 열이 발생하여 올라가고, 음식물의 온도는 내려가기 시작한다. 그러나 어느 정도 시간이 지나면 냉장고 내부의 온도는 처음과 같이 차가운 상태를 유지하고, 음식물도 냉장고 내부와 열평형을 이루어 차갑게 되는데, 냉장고는 전기를 사용하여 냉장고 내부의 열을 강제로 밖으로 내보내는 장치를 이용하기 때문이다.

23강. 열전달과 열팽창

개념 확인

1. (1) X (2) O (3) O (4) X
2. (1) X (2) X (3) O (4) O
3. (1) O (2) X (3) X (4) O
4. (1) O (2) O (3) X (4) X

1. **답** (1) X (2) O (3) O (4) X
해설 (1), (3) 전도는 열을 받은 분자들이 이웃한 분자와 충돌하면서 열이 전달되는 방법이다. 분자가 직접 이동하지 않는다.
(2) 고체에서 주로 일어난다.
(4) 떨어져 있는 두 물체 사이에는 전도가 일어나지 않는다.

2. **답** (1) X (2) X (3) O (4) O
해설 (1) 솜과 스타이로폼은 공기를 많이 포함하고 있는 좋은 단열재이다.
(2) 열의 이동을 효과적으로 차단하기 위해서는 전도, 대류, 복사를 모두 막아야 한다.
(3) 이중창은 창문과 창문 사이에 진공으로 되어 있어서 전도와 대류에 의한 열의 이동을 막을 수 있다.
(4) 추운 겨울에 옷을 여러 벌 껴입으면 옷과 옷 사이에 공기가 많이 포함되어 있어 단열에 효율적이다.

3. **답** (1) O (2) X (3) X (4) O
해설 (1), (2) 물질을 가열하면 분자 사이의 간격이 멀어져서 부피가 증가한다. 분자의 수와 분자의 크기는 그대로이다.
(3) 같은 물질이여도 고체, 액체, 기체에 따라 열팽창 정도가 다르다.
(4) 물질의 종류에 따라 고체의 열팽창 정도는 다르다.

4. **답** (1) O (2) O (3) X (4) X
해설 (1), (2) 고체의 열팽창으로 인한 현상이다.
(3) 낮에는 밤보다 기온이 높으므로 주유를 낮에 하면 기름의 열팽창으로 인해 기름을 조금만 넣어도 기름통이 넘친다. 밤에 하면 기름의 부피가 낮보다는 작아지므로 기름통에 기름을 더 많이 넣을 수 있다.
(4) 음료수가 열을 받으면 부피가 늘어나기 때문에 병에 음료수를 끝까지 채우지 않는 것이 좋다.

확인+

1. (1) 따뜻한 물, 찬물 (2) 대류 (3) 기체, 액체
2. 폐열
3. ㉠ 운동 ㉡ 거리 ㉢ 부피 ㉣ 팽창
4. A

1. **답** (1) 따뜻한 물, 찬물 (2) 대류 (3) 기체, 액체
해설 대류는 액체나 기체와 같이 주로 흐르는 성질이 있는 물질에서 열이 전달되는 방법이다.

4. **답** A
해설 바이메탈은 열을 가하면 열팽창 정도가 작은 금속 쪽으로 휘어진다. 열팽창 정도를 부등호를 나타내면 A>B, A>C, C>B 이므로 A>C>B 이다.

생각해보기

★ 0℃ 물을 가열할 때 0 ~ 4 ℃ 에서는 열을 가할수록 부피가 줄어든다. 4 ℃ 의 물이 부피가 가장 작기 때문이다. 4 ℃부터 열을 가하면 부피가 늘어난다. (그래프)

★★ 위쪽에 있는 그릇은 찬물을 붓고 아래쪽에 있는 그릇에는 뜨거운 물을 담으면 열팽창 현상이 일어나서 위쪽에 있는 그릇은 수축하고 아래쪽에 있는 그릇은 팽창하므로 쉽게 뺄 수 있다.

해설 온도에 따른 물의 부피변화 그래프

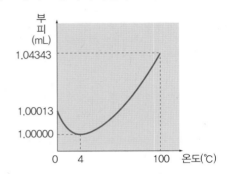

개념 다지기

01. ②, ③
02. (1) 복 (2) 대 (3) 복 (4) 전 (5) 전 **03.** ③
04. (1) O (2) X (3) O (4) O **05.** ③ **06.** ⑤

01. **답** ②, ③
해설 ②, ③ 은 대류에 의한 현상, ① 은 복사, ④, ⑤ 은 전도이다.

02. **답** (1) 복 (2) 대 (3) 복 (4) 전 (5) 전
해설 (1) 태양의 열이 파동(전자기파)의 형태로 전달되므로 매질이 없는 우주 공간을 통해 지구로 전달될 수 있다.
(5) 금속인 철이 열전도율이 나무보다 크므로 철봉을 만졌을 때 손에서 열이 빨리 빠져나가 나무보다 차갑게 느껴진다.

03. **답** ③
해설 시간이 지났을 때 온도 변화가 작은 물질일수록 단열이 잘된다. 톱밥의 온도 변화가 가장 작으므로 단열 효과가 가장 좋은 물질이다.

04. **답** (1) O (2) X (3) O (4) O
해설 같은 열을 가했을 때 열팽창 정도가 큰 물질일수록 더 많이 팽창한다. (4) 열팽창 정도가 큰 물질일수록 냉각할 때 부피가 더 많이 감소한다.

05. **답** ③
해설 ③ 온도계 구부 속 액체의 열팽창 때문에 체온이 기록된다.

06. **답** ⑤
해설 ⑤ 바이메탈은 온도에 따라 모양이 변화되는데 이 원리를 이용하여 자동으로 작동되거나 전원이 차단되는 제품에 사용된다.
① 비열은 알 수 없다.

② 열을 가하면 열팽창 정도가 작은 금속 쪽으로 휘어지므로 B가 열에 의해 더 많이 팽창한다.
③, ④ 냉각시킬 때 B가 더 많이 수축하므로 B 방향으로 휘어진다.

[유형 23-1] 답 ②
해설 문제에서 제시한 실험은 전도에 대한 것이다. ①은 복사, ③ ~ ⑤은 대류에 대한 설명이다.

01. 답 ③
해설 대류에 의한 현상을 묻는 것이다. ③ 대류에 의해 방 전체가 시원해진다. ①,④ 손(몸)에서 찬물(대기 중)로 열이 이동하는데, 이때 전도와 복사가 동시에 일어난다. ② 복사 ⑤전도이다.

02. 답 ③
해설 복사만에 의한 현상을 묻는 것이다. ③ 열의 복사를 모자로 막는 것이다. ① 비열 차에 의한 현상, ②,④ 입(유리컵)에서 체온계(손)으로 열이 이동하며, 이때 전도와 복사가 동시에 일어난다. ⑤ 대류에 의한 현상이다.

[유형 23-2] 답 ①
해설 ① A와 D가 같기 때문에 지구의 연평균 기온이 일정하게 유지된다.
② 지표면이 받는 총 에너지는 대기의 에너지 흡수 및 방출이 있는 (나)의 경우가 더 많아서 지표면의 온도가 높게 유지된다.
③ (가), (나)의 경우 모두 태양으로부터 받은 에너지양 만큼 지구로부터 내보내어 지구의 연평균 기온이 일정하게 유지된다.
④ 지구 대기의 복사에 의해 지표면이 받는 에너지는 (나)가 더 크다.
⑤ 지구 대기의 온실 기체는 주로 파장이 긴 적외선 영역의 지구 복사를 주로 흡수한다.

03. 답 ②
해설 ②,④ 진공으로 된 부분에 공기를 넣으면 공간 내에서 약간의 전도와 대류가 일어나기 때문에 단열효과가 떨어진다. 진공으로 만들면 공간 내에서 전도와 대류가 전혀 일어나지 않는다.
⑤ 유리는 금속보다 열전도율이 작으므로 전도가 잘 안일어난다.

04. 답 ①
해설 ㄱ, ㄴ 폐열을 사용하거나 신·재생 에너지를 이용하면 이산화탄소 배출이 줄어들어서 온실 효과를 줄일 수 있다. ㄷ, ㄹ 화석 연료를 많이 사용하면 이산화 탄소 배출이 늘어나고 산림을 개간하여 가축을 기르면 식물에 의한 광합성은 줄어들고 동물의 호흡으로 인한 이산화 탄소 배출이 늘어나기 때문에 지구 온난화 효과가 더욱 가속화된다.

[유형 23-3] 답 ⑤
해설 ① 열팽창에 대한 실험이다.
② 금속 고리를 가열하면 자른 틈의 간격이 처음보다 넓어져서 공이 고리를 통과하기 쉬워진다.
③, ④ 고체가 열을 받아 온도가 높아지면 분자 운동이 활발해지면

서 분자 사이의 거리가 멀어져 길이와 부피가 팽창한다.

05. 답 ①
해설 분자의 크기는 그대로이고, 분자의 수도 변하지 않지만, 분자의 운동이 활발해지고 분자들 사이의 거리가 멀어지므로 유리관 속 식용유의 높이가 처음보다 높아짐을 알 수 있다.

06. 답 ④
해설 ④ 액체의 종류에 따라 열팽창 정도는 다르다.

[유형 23-4] 답 ⑤
해설 바이메탈에 전류가 흐르면 전류의 열작용으로 인해 온도가 올라간다. 바이메탈은 온도가 높아지면 열팽창 정도가 작아지는 쪽으로 휘어져서 A 의 열팽창 정도가 B보다 작다. 반대로 냉각시키면 열팽창 정도가 큰 쪽으로 휘어진다.
③ 금속의 비열은 열팽창실험으로는 알 수 없다.

07. 답 ②
해설 온도가 높아지면 열팽창 정도가 작은 금속 쪽으로 휘어지고, 온도가 낮아지면 열팽창 정도가 큰 금속 쪽으로 휘어진다. 열팽창 정도는 납이 구리보다 크기 때문에 가열하면 A쪽으로 휘어지고, 냉각시키면 C 쪽으로 휘어진다.

08. 답 ⑤
해설 ⑤ 열을 받으면 기름과 기름통이 모두 팽창하나 기름통보다 기름이 더 많이 팽창하므로 기름통에 있는 기름이 흘러 넘칠 수 있기 때문에 여름철에는 기름을 가득 채우지 않는 것이 좋다.

창의력 & 토론마당
184~187쪽

01 해설 참조

해설 온도계는 가는 유리관에 액체 물질을 넣고 온도에 따른 열팽창의 정도를 눈금으로 표시하여 온도를 숫자로 읽을 수 있도록 한 것이다. 온도계의 액체 물질은 다음과 같은 이유로 물보다 에탄올, 수은 등을 쓴다.
① 상태 변화의 온도 폭이 물보다 에탄올, 수은이 적절하기 때문이다. 물은 0 ℃ 이하에서 얼기 때문에 만약 물을 사용한다면 0 ℃ 이하에서는 다른 형태의 온도계가 필요할 것이다.
② 온도에 따른 열팽창의 정도가 일정해야 눈금으로 표시가 가능한데, 물은 4 ℃에서 부피가 가장 작으므로 열팽창의 정도를 눈금으로 표시하기 어렵다.

02

벽면 녹화를 하면 벽의 단열 효과가 좋아지기 때문에 냉난방 효율이 높아져 에너지를 절약할 수 있다.

해설 지붕이나 벽에 식물을 키우는 벽면 녹화 작업을 하면, 건물 안팎의 열의 출입을 막아 단열 효과가 좋아진다. 이로 인해 냉난방 효율이 증가해서 에너지 절약이 가능하다. 특히 여름철에는 복사열까지 산란시키므로 태양빛을 차단하여 에어컨 사용빈도를 낮추어 주기 때문에 냉방 효과에 효과적이다.

03 (1) 진흙, 석회는 밖에서 들어오는 열을 차단하여 그 내부를 시원하게 유지시켜 준다. 지붕 위의 잔디는 복사열을 차단시켜서 석빙고 내부의 온도를 낮추는 역할을 한다.
(2) 기체(공기)는 입자 사이의 거리가 멀어서 열전도가 잘 안고, 갇혀 있는 기체는 대류 현상을 일으키지 못하므로 단열에 효과적이다.

해설 (1) 진흙, 석회는 다른 물질에 비해 열전도율이 낮다. 열전도율이 낮으면 여름에 차가운 공기가 지붕으로 잘 빠져나가지 않을 뿐더러 바깥에 있는 뜨거운 열이 지붕으로 잘 전도되지 않으므로 석빙고 내부의 온도를 일정하게 유지시킬 수 있다. 그리고 지붕 위에 잔디를 심는 이유는 잔디는 햇빛의 복사열을 효과적으로 차단시켜 주기 때문이다.
(2) 볏짚은 스타이로폼과 같은 단열 효과가 있다. 볏짚에는 많은 공기가 포함되어 있는데 공기는 고체나 액체에 비해 전도성이 많이 떨어지기 때문에 얼음의 온도를 일정하게 유지시켜줄 수 있다.

04 겨울에는 기온이 낮아서 시계추가 수축하여 짧아지므로 시계가 빨라진다. 이때 시계를 맞추려면 시계추의 길이를 길게 조절해야 한다.

해설 추시계는 금속으로 만들었으므로 겨울에는 고체의 열팽창에 의해 시계추의 길이가 짧아진다. 시계 추의 길이가 짧아지면 진자의 길이가 짧아지는 것과 같은 의미이므로 주기가 짧아져서 톱니가 빠르게 돈다. 이때 시계 추의 길이를 길게 하여 시계추의 주기를 늦추면 톱니가 천천히 돌게 된다.

05 (1) ② (2) A

해설 (1) 처음에 보일러에서 나오는 열 때문에 집안의 온도는 올라가나 보일러에서 나오는 열이 집 밖으로 빠져나가는 열과 같으면 온도는 일정하게 유지된다(열평형). A가 빠져 나가는 열량이 많으므로 더 낮은 온도로 유지된다.
(2) 시간이 지나면 보일러에서 나오는 열 = 집 밖으로 빠져나가는 열이 된다. A에서 밖으로 빠져나가는 열이 더 많아 더 빨리 보일러에서 나오는 열과 같아지므로 A가 더 빨리 열평형에 도달한다.

스스로 실력 높이기 (188~195쪽)

01. ③	**02.** ④	**03.** ㄴ, ㄹ, ㅁ	
04. ①	**05.** ⑤	**06.** ②	**07.** ①
08. ④	**09.** ②	**10.** ⑤	
11. ㄱ, ㄹ, ㄴ, ㄷ		**12.** ③	**13.** ⑤
14. ②	**15.** B	**16.** ①	**17.** ①
18. ②	**19.** ②	**20.** ④	**21.** ③, ⑤
22. ④	**23.** ①, ②	**24.** ②	
25. ④	**26.~33.** 〈해설 참조〉		

03. 답 ㄴ, ㄹ, ㅁ
해설 ㄱ, ㄷ 대류를 이용하여 실내의 온도를 바꾸는 것이다.
ㅂ 전도를 이용한 예이다.

04. 답 ①
해설 ①, ②, ④, ⑤ 열은 뜨거운 물에서 세 액체로 이동하고 시간이 지난 뒤에 뜨거운 물과 세 액체가 온도가 같아지는 열평형 상태에 도달하게 된다. 세 액체는 처음보다 분자 운동이 활발해지며 분자 사이의 거리는 멀어진다.
③ 처음 높이보다 높은 높이일수록 열팽창 정도가 크다. 따라서 열팽창 정도는 에탄올>식용유>물이다.

06. 답 ②
해설 ㄱ. 물의 온도를 높이는 것이 아니라 온도를 일정하게 유지시키기 위한 장치이다.
ㄴ. 솜은 내부에 공기가 많기 때문에 열전도가 액체나 고체보다 훨씬 약하다. 따라서 전도에 의한 열의 이동을 막을 수 있다.
ㄷ. 알루미늄 박 표면에서 파동이 반사하므로 복사에 의한 열 전달을 막는다.

07. 답 ①
해설 헤어드라이어로 바람을 불면 그물망 속의 스타이로폼 공이 활발하게 움직여서 그물망이 볼록해진다. 이는 분자 운동에 의한 물질의 열팽창을 설명할 수 있다.

08. 답 ④
해설 실험에서 스타이로폼 공은 물질을 구성하는 분자에, 헤어드라이어의 바람은 가해 준 열에 비유할 수 있다. 공의 움직임은 열을 가할 때 분자의 활발한 운동을 의미한다.

09. 답 ②
해설 고체의 열팽창으로 인한 피해를 막기 위해 가스관의 중간 부분을 구부려 ㄷ자관을 만든다.

10. 답 ⑤
해설 금속 공을 가열하면 분자의 수와 분자의 크기는 변함이 없다. 분자 사이와 거리가 멀어지고 분자들의 움직임이 활발해지기 때문에 금속 공은 부피가 증가하게 된다.

11. 답 ㄱ, ㄹ, ㄴ, ㄷ
해설 화석 연료를 많이 사용하게 되면 배출되는 이산화 탄소가 많아지므로 대기 중의 이산화 탄소가 증가한다. 이로 인한 온실 효과로 인해서 지구의 평균 기온이 상승하게 된다. 기온이 상승하므로 바닷물의 열팽창이 일어나고, 빙하가 융해된 물이 바다로 유입되기 때문에 바닷물의 수위가 높아진다.

12. 답 ③
해설 금속의 열팽창계수가 유리보다 크므로 온도가 올라가면 금속이 더 많이 팽창하여 헐거워지기 때문에 열기 쉬워진다.

13. 답 ⑤
해설 둥근바닥 플라스크에 열이 먼저 닿으므로 둥근바닥 플라스크가 물보다 먼저 가열되어서 팽창이 일어나 물의 높이가 낮아진다. 그 다음에는 물이 가열되는데 물이 플라스크보다 더 많이 팽창하므로 물의 높이가 높아진다.

14. 답 ②
해설 온도가 100 ℃ 증가할 때 수은 기둥은 16 cm 증가했다. 그러면 25 ℃ 증가할 때는 4 cm 가 증가하게 된다. 이때 수은 기둥의 높이는 6 cm 이다. 수은은 온도에 따른 부피 팽창이 일정한 물질이다.

15. 답 B

해설 잉크는 물의 이동 방향을 따라 움직인다. 알코올램프로 가열하면 물은 왼쪽 부분의 유리관을 타고 올라간 후, 오른쪽 부분의 유리관을 따라 아래로 내려온다. 즉, 대류 현상 때문에 잉크를 떨어뜨리면 잉크는 B 방향으로 이동한다.

16. 답 ①
해설 ① 바이메탈 위쪽에 열팽창 정도가 작은 금속, 아래쪽은 열팽창 정도가 큰 금속일 경우 열을 가하면 위로 휘어진다. 따라서 A쪽은 잘 팽창되지 않는 금속인 철을, B쪽은 팽창이 잘 되는 금속인 알루미늄을 붙인 경우 바이메탈이 위쪽으로 휘어진다.
②, ③, ④ A쪽에 B쪽보다 더 잘 팽창되는 금속을 붙인 경우에는 가열하면 바이메탈이 아래쪽으로 휘어진다.
⑤ 열팽창 정도가 같은 두 금속을 붙인 경우에는 가열해도 바이메탈이 어느 한 방향으로 휘어지지 않는다.

17. 답 ①
해설 고리 모양의 고체를 골고루 가열하면, 고리의 부피가 팽창하므로 안쪽 원의 넓이와 바깥쪽 원의 넓이가 모두 넓어진다.

18. 답 ②
해설 따뜻한 봄날에 얼음이 빨리 녹는 상자는 금속 상자이다. 스타이로폼은 내부의 공기가 열전도를 막기 때문에 스타이로폼 상자 안에 있는 얼음은 잘 녹지 않는다.

19. 답 ②
해설 가열한 곳이 뜨거워지고, 뜨거워진 물이 팽창하여 가벼워져서 위쪽으로 대류한다. 시험관 아래쪽에 있는 물은 상대적으로 온도가 낮으므로 대류가 일어나지 않아 열이 전달되지 않으므로 위 부분의 물만 끓게 된다.

20. 답 ④
해설 유리는 단열 효과가 낮아서 복사 에너지를 잘 통과시키므로 여름철에는 실내 온도가 쉽게 높아진다.반면 겨울철에는 실내의 열이 잘 빠져 나가므로 실내 온도가 쉽게 낮아진다.
⑤ 유리를 통해 내부로 들어온 에너지가 대부분 밖으로 빠져 나가므로 특히 겨울에 실내 온도를 적정하게 유지하기 어렵다.

21. 답 ③, ⑤
해설 (가)와 (나) 모두 대류 현상을 이용한 예이다. (가) 는 양초에 의해 덥혀진 공기는 가벼워져 유리관 위로 빠져나가고 아래 부분에서는 시원하고 산소가 많은 공기가 유입되므로 양초가 더 잘 타게 된다. (나)에서 검은 옷 속이 뜨겁게 되는 것은 복사열 때문이나 베두인족의 옷은 위가 헐렁하게 터져있기 때문에 뜨거운 공기가 위로 빨리 빠져나가고 아래 부분으로 시원한 공기가 유입되어서 옷속에서는 바람이 부는 것처럼 땀이 빨리 마르고 시원함을 느낀다.
③, ⑤ 대류에 의한 현상이다. 풍선에 물을 넣고 아래 부분을 불로 가열하면 물이 대류하면서 온도가 급격히 상승하지 않으므로 풍선에 불이 붙지 않는다.
① 이중창을 하면 창문과 창문 사이에 진공으로 되어 있는데 진공은 열의 전도를 막는다.
② 흰 눈은 복사열을 잘 반사하고 잘 흡수하지 않는다. 그러나 더럽혀진 눈은 복사열을 잘 흡수하여 잘 녹게 된다.
④ 사우나 실 안은 온도가 높은 공기는 있으나 수증기가 매우 적기 때문에 열용량이 작아서 실 안에 있는 사람들은 잘 데이지 않는다.

22. 답 ④
해설 열을 가했을 때 바늘이 모두 고온 쪽으로 휘게 되면 P 에는 열팽창 정도가 작은 금속을 Q 에는 열팽창 정도가 큰 금속으로 바이메탈을 제작하면 된다. 금속 A, B, C, D 의 열팽창 정도를 부등호로 나타내면 A<B, C<D, B<D, C<A 이므로 나열하면 D>B>A>C 이다.

23. 답 ①, ②
해설 난로의 복사열에 의해 A점의 온도가 가장 높다. 그래서 A 점의 공기는 가벼워져서 B로 이동하게 된다. B 점의 공기는 식으면서 C 점으로 떨어진다. 따라서 A → B → C → A 으로 대류가 일어난다.
⑤ 난로를 피우면 난로의 복사열이 실내로 전달된다.

24. 답 ②
해설 ㄱ. 유리구 속의 액체는 끊어진 도선을 이어주는 역할을 하므로 전기를 잘 통하는 물질이다.
ㄴ. 유리구 속 액체가 유리보다 부피 팽창이 잘 일어나는 경우 유리구 속 액체의 높이가 높아져서 도선을 연결할 수 있다.
ㄷ. 유리 케이스 내부가 진공이어도 복사에 의해 유리구 속의 액체는 가열되어서 열팽창이 일어난다.

25. 답 ④
해설 액체의 열팽창 = 겉보기 팽창 + 고체의 열팽창이다. 겉보기 팽창은 $L_2 - L_1$ 이고 플라스크의 부피가 V 만큼 팽창했기 때문에 액체는 $L_2 - L_1 + V$ 만큼 팽창하였다.

26. 답 여름에는 온도가 높기 때문에 시원할수록 좋다. 흰 옷은 복사열을 잘 반사하고 잘 흡수하지 않기 때문에 피부가 뜨거워지지 않으므로 여름에는 흰 옷을 입는 것이 좋다. 겨울에는 온도가 낮기 때문에 따뜻할수록 좋다. 검은 옷은 복사열을 잘 흡수하기 때문에 피부가 따뜻해지므로 겨울에는 검은 옷을 입는 것이 좋다.

27. 답 겨울철에는 금속과 플라스틱의 온도가 모두 같은 온도로 차갑다. 그러나 금속이 플라스틱보다 열전도도가 좋기 때문에 손에서 금속으로 열이 더 잘 빠져나가고, 더 차갑게 느껴진다.

28. 답 금속 테두리를 가열하여 팽창한 상태에서 나무바퀴살이나 포도주 저장 통에 끼우면 금속 테두리가 식으면서 수축하므로 나무바퀴살이나 포도주 저장 통에 꽉 끼울 수 있다.

29. 답 지구 온난화로 지구 연평균 기온이 높아지면서 바닷물이 팽창하고, 빙하가 녹으면서 생긴 물이 바닷물에 유입이 되므로 바닷물의 수위가 높아지므로 섬들이 바닷물에 잠기는 부분이 늘어난다.

30. 답 바이메탈은 사용된 두 금속의 열팽창 정도에 따라 차이가 많이 날수록 온도가 올라갈 때 잘 휘어진다. 따라서 철과 열팽창 정도의 차이가 많이 나는 알루미늄을 구리 대신 붙여주면 바이메탈이 더 낮은 온도에서 휘어진다.

31. 답 〈해설 참조〉
해설 송유관은 금속으로 만든다. 금속의 경우 열에 의해 길이나 부피가 증가하게 된다. 송유관을 구불구불하게 해 놓으면 길이가 팽창하더라도 파손의 위험이 적어진다. 송유관이 열에 의해 팽창하여 파손되는 일을 방지하기 위해 구불구불한 모양으로 만드는 것이다.

32. 답 〈해설 참조〉
해설 집 A 가 더 단열이 잘 되는 집이다. 그 이유는 단열이 잘 되는 집일수록 지붕으로 빠져나가는 열이 적기 때문이다. 즉, 단열이 잘 되지 않은 집일수록 지붕으로 빠져나가는 열이 많아 지붕 위의 눈이 쉽게 녹는 것이다.

33. 답 〈해설 참조〉
해설 아이스 박스의 내용물을 차갑게 더 오래 보관하기 위해서는 아이스팩을 위쪽에 넣어야 한다. 아이스팩을 아래쪽에 넣게 되면 아이스팩 주위의 차가워진 공기가 아래쪽에만 머물게 된다. 아이스팩을 위쪽에 넣게 되면 차가워진 공기가 대류 현상에 의해 아래쪽으로 이동하게 되어 아이스 박스 전체를 시원하게 유지할 수 있게 된다.

24강. Project 6

01 영구 기관이 존재한다면 에너지를 주로 소비하는 사람들에게는 이익이 되고, 에너지를 팔아서 돈을 버는 사람들에게는 큰 손해가 된다.

02 잼 바른 토스트와 고양이 발전기는 고속으로 회전할 때 회전력에 의해 잼이 튕겨져 나가거나 고양이가 튕겨져 나간다. 그리고 고양이가 살아 있어야 가능하다. 여러 가지 이유로 잼 바른 토스트와 고양이 발전기는 실현 가능성이 없다.

1. 밀도는 $\dfrac{질량}{부피}$ 이다. 〈1 회〉에서의 밀도는

$\dfrac{0.59 \times 10^{-3}}{426 \times 10^{-6}} \fallingdotseq 1.385$ 이다.

〈2회〉에서의 밀도는 $\dfrac{0.55 \times 10^{-3}}{629 \times 10^{-6}} \fallingdotseq 0.874$ 이다.

〈3회〉에서의 밀도는 $\dfrac{1.15 \times 10^{-3}}{932 \times 10^{-6}} \fallingdotseq 1.126$ 이다.

따라서 공기의 평균 밀도는
(1.385 + 0.874 + 1.126) ÷ 3 ≒ 1.128 이다. (온도 26 ℃, 습도 68 %)

1. 우리가 측정한 공기의 평균 밀도는 1.128 kg/m^3 이다. 25 ℃ 1 기압에서 공기의 밀도는 1.184 kg/m^3 이고, 오차 범위 내에 들어왔으므로 정확하게 측정했다고 볼 수 있다.

2. 공기의 무게는 1 m^3 당 약 1.1 ~ 1.2 kg이므로 보통 방안(부피 5 m × 5 m × 3 m = 75 m³)의 공기의 무게는 약 86.3 kg 이나 된다. 생각보다 훨씬 무거운 공기가 존재한다.

1. 〈예시 답안〉 유리관에 쓰여진 눈금값 : 24 mL
2. 〈예시 답안〉 유리관에 쓰여진 눈금값 : 48 mL
3. 물의 겉보기 팽창 : 48 − 24 = 24 mL

1. 액체의 팽창 : 액체의 겉보기 팽창 + 고체의 팽창
〈예시 답안〉 액체의 겉보기 팽창이 24 mL 이고 둥근 바닥 플라스크의 팽창이 V 이므로 액체의 팽창은 24 + V 이다.
2. 팽창 정도가 가장 큰 액체에서 열팽창이 잘 일어난다. 따라서 열평형이 일어난 후 가장 많이 늘어나는 액체는 아세톤이다.

세페이드 시리즈

창의력과학의 결정판, 단계별 과학 영재 대비서

1F	중등 기초	물리(상,하) 화학(상,하)	
		중학교 과학을 처음 접하는 사람 / 과학을 차근차근 배우고 싶은 사람 / 창의력을 키우고 싶은 사람	
2F	중등 완성	물리(상,하) 화학(상,하) 생명과학(상,하) 지구과학(상,하)	
		중학교 과학을 완성하고 싶은 사람 / 중등 수준 창의력을 숙달하고 싶은 사람	
3F	고등 I	물리(상,하) 물리 영재편(상, 하) 화학(상,하) 생명과학(상,하) 지구과학(상,하)	
		고등학교 과학 I을 완성하고 싶은 사람 / 고등 수준 창의력을 키우고 싶은 사람	
4F	고등 II	물리(상,하) 화학(상,하) 생명과학(영재학교편,심화편) 지구과학 (영재학교편,심화편)	
		고등학교 과학 II을 완성하고 싶은 사람 / 고등 수준 창의력을 숙달하고 싶은 사람	
5F	영재과학고 대비 파이널	물리 · 화학 생명 · 지구과학	
		고급 문제, 심화 문제, 융합 문제를 통한 각 시험과 대회를 대비하고자 하는 사람	

세페이드 모의고사	세페이드 고등 통합과학	세페이드 고등학교 물리학 I (상,하)
내신 + 심화 + 기출, 시험대비 최종점검 / 창의적 문제 해결력 강화	고1 내신 기본서	고등학교 물리 I (2권) 내신 + 심화

---

* 무한상상의 〈세페이드 과학 시리즈〉는 국내 최초로 중고등과정의 과학의 전부와 과학 창의력 문제의 전부를
　1F [중등기초] – 2F [중등완성] – 3F [영재학교 I] – 4F [영재학교 II] – 실전 문제 풀이 의 5단계로 구성하였습니다.
　창의력과학 세페이드시리즈와 함께 이제 편안하게 과학 공부를 즐길 수 있습니다. cafe.naver.com/creativeini

창의력과학

세페이드

시리즈

세페이드

무한상상 교재 활용법

무한상상은 상상이 현실이 되는 차별화된 창의교육을 만들어갑니다.

아이앤아이 시리즈

특목고, 영재교육원 대비서

	아이앤아이 영재들의 수학여행		아이앤아이 꾸러미	아이앤아이 꾸러미 120제	아이앤아이 꾸러미 48제	아이앤아이 꾸러미 과학대회	창의력과학 아이앤아이 I&I
	수학 (단계별 영재교육)		수학, 과학	수학, 과학	수학, 과학	과학	과학
6세~초1		수, 연산, 도형, 측정, 규칙, 문제해결력, 워크북 (7권)					
초1~3		수와 연산, 도형, 측정, 규칙, 자료와 가능성, 문제해결력, 워크북 (7권)		 수학, 과학 (2권)	 수학, 과학 (2권)		
초3~5		수와 연산, 도형, 측정, 규칙, 자료와 가능성, 문제해결력 (6권)				 과학토론 대회, 과학산출물 대회, 발명품 대회 등 대회 출전 노하우	
초4~6		수와 연산, 도형, 측정, 규칙, 자료와 가능성, 문제해결력 (6권)					
초6							
중등		수와 연산, 도형, 측정, 규칙, 자료와 가능성, 문제해결력 (6권)		 수학, 과학 (2권)	 수학, 과학 (2권)	 과학토론 대회, 과학산출물 대회, 발명품 대회 등 대회 출전 노하우	 물리(상,하), 화학(상,하), 생명과학(상,하), 지구과학(상,하) (8권)
고등							